计算机应用基础

（修订版）

JISUANJI YINGYONG JICHU

主　编　王　宇　王黎明　孔德元
副主编　季庆玲　谌德志　唐　华
　　　　钟　洁　陈寄儒
参　编　王　强　王燕红

湖南师范大学出版社
·长沙·

图书在版编目（CIP）数据

计算机应用基础／王宇，王黎明，孔德元主编．—长沙：湖南师范大学出版社，2015.7（2024.1重印）
　　ISBN 978-7-5648-2253-8

　　Ⅰ.①计…　Ⅱ.①王…②王…③孔…　Ⅲ.①电子计算机-高等学校-教材　Ⅳ.①TP3

中国版本图书馆 CIP 数据核字（2015）第 208613 号

计算机应用基础
JISUANJI YINGYONG JICHU

王　宇　王黎明　孔德元　主编

◇全程策划：王　强
◇组稿编辑：杨海云
◇责任编辑：仇红方　柳　丰
◇责任校对：郭靖宜
◇出版发行：湖南师范大学出版社
　　　　　　地址／长沙市岳麓山　邮编／410081
　　　　　　电话／0731-88872751
　　　　　　网址／https://press.hunnu.edu.cn
◇经　销：全国新华书店
◇印　刷：涿州汇美亿浓印刷有限公司

◇开　本：787mm×1092mm　1/16
◇印　张：17.5
◇字　数：436 千字
◇版　次：2015 年 7 月第 1 版
◇印　次：2024 年 1 月第 3 次印刷
◇书　号：ISBN 978-7-5648-2253-8
◇定　价：36.00 元

（教学资料包索取电话：刘老师 13269653338）

前　言

　　计算机应用基础是高等院校必修的基础课，本书是我院课程改革的成果之一，我们针对全国计算机一级等级考试和四川省计算机一级等级考试将计算机基础的知识点以贴近学生生活实际的项目进行组织，整个过程由教师引导学生完成项目，让学生在实践中亲身体验，从而掌握知识点的应用领域，学会融会贯通。

　　学习贯彻党的二十大精神，深刻领会教育科技人才、法治建设、国家安全等方面的重大部署。在教育科技人才上，要坚持教育优先发展、科技自立自强、人才引领驱动，加快建设教育强国、科技强国、人才强国，办好人民满意的教育，完善科技创新体系，加快实施创新驱动发展战略，深入实施人才强国战略，不断塑造发展新动能新优势。

　　本书由七个单元构成，每个单元由几个项目构成，每个项目以任务的形式进行分解。

　　由于时间紧迫，以及作者水平有限，书中难免有错误和不妥之处，敬请读者批评指正。

编　者

目 录 Contents

第1单元 个人计算机的配置与使用——计算机基础知识 ... 1
项目1 规范键盘操作 ... 2
项目2 不同进制转换的演算 ... 12
项目3 收集市场最新微机配置与报价 ... 24
项目4 个人计算机的维护 ... 37

第2单元 Windows 7 操作系统 ... 48
项目1 熟悉 Windows 7 环境 ... 49
项目2 个性化设置 ... 53
项目3 个人学习资源创建和管理 ... 58

第3单元 自荐信制作——Word 2010 文字处理软件 ... 75
项目1 制作自荐信 ... 76
项目2 格式化自荐信 ... 87
项目3 自荐信封面制作 ... 100
项目4 个人简历制作 ... 106
项目5 数学试卷制作 ... 114
项目6 毕业论文格式设置 ... 120

第 4 单元　学生成绩表处理——Excel 2010 电子表格的应用 ……………………… **129**
　　项目 1　制作学生成绩表 ………………………………………………………… 130
　　项目 2　美化成绩表 ……………………………………………………………… 143
　　项目 3　学生成绩统计 …………………………………………………………… 149
　　项目 4　学生成绩表数据处理 …………………………………………………… 156
　　项目 5　生成学生成绩统计图 …………………………………………………… 163

第 5 单元　演示文稿——PowerPoint 2010 演示文稿的应用 ……………………… **172**
　　项目 1　"个人风采"演示文稿 …………………………………………………… 176
　　项目 2　"团队宣传"演示文稿 …………………………………………………… 198

第 6 单元　畅游网络——计算机网络基础知识 ……………………………………… **225**
　　项目 1　认识计算机网络 ………………………………………………………… 226
　　项目 2　认识局域网（LAN） …………………………………………………… 234
　　项目 3　认识 Internet …………………………………………………………… 244

第 7 单元　多媒体技术基础 …………………………………………………………… **262**
参考文献 ………………………………………………………………………………… **271**

第1单元 个人计算机的配置与使用
——计算机基础知识

单元简介:

从第一台电子计算机诞生至今已有近70年的历史，随着计算机技术特别是计算机网络技术的不断发展，因特网的普及和应用，计算机技术已经逐步渗透到了人们日常生活、工作、学习，智能手机、博客、微博、QQ、网络游戏、电子商务、电子政务……计算机正对人们的思维方式产生深远的影响。面对飞速到来的信息时代，学习计算机基础知识，掌握计算机基本技能，已成为当代社会对每一个现代人的基本要求。

本单元将从普通用户的角度简要介绍计算机的初步知识和一些重要概念，以期对计算机系统的组成有一个全局性的认识，为后续学习打下良好的基础。

单元安排:

项目	项目知识要点	参考学时
项目1 规范键盘操作	计算机的发展简史、分类、特点及应用；键盘主要键功能和标准指法	2
项目2 不同进制转换的演算	不同进制之间的转换；数据单位的使用；计算机中数、字符、汉字的表示方法	2
项目3 收集市场最新微机配置与报价	计算机系统的组成及其工作原理，计算机中常用部件的功能；软件分类	2
项目4 个人计算机的维护	计算机安全知识；维护软件的使用	2

单元单词:

计算机 Computer、硬件 Hardware、软件 Software、键盘 Keyboard、鼠标 Mouse、液晶显示器 LCD、中央处理器 CPU（Central Processing Unit）、主板 Main Board、存储器 Memory、随机存储器 RAM（Random Access Memory）、只读存储器 ROM（Read Only Memory）、硬盘 Hard Disk、打印机 Printer、操作系统 OS（Operating System）、病毒（Virus）等。

项目1　规范键盘操作

项目描述：我们每次使用计算机都离不开键盘，键盘操作的不规范直接导致打字速度变慢，规范键盘操作需要从平时的每一次操作做起。

任务清单：

任务	名称	操作技能
任务1	规范键盘操作	1. 键盘布局与正确指法；2. 常用键及其功能；3. 输入法切换；4. 计算机发展史；5. 计算机分类；6. 计算机特点；7. 计算机应用；8. 计算机发展史

任务　规范键盘操作

【步骤1】分类练习，努力实现盲打

运行打字软件，如"金山打字通"，"输入新用户名后回车或者双击现有用户名→英文打字"，依次进行"键位练习（初级）→键位练习（高级）→单词练习→文章练习→数字键盘"的分类练习。如图1-1所示。

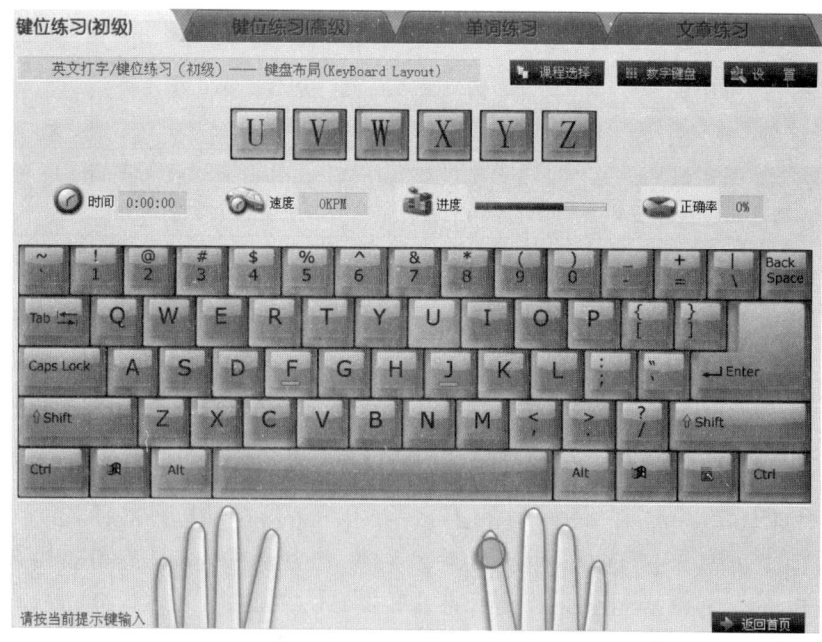

图1-1　在金山打字通中练习指法

【诀窍】盲打技巧

输入时手略抬起,在基准键以外击键后,要立刻返回基准键。熟记键盘指法后,眼睛不要看键盘,开始不要怕慢,当习惯后录入速度会很快提高。

【步骤2】运用各种技巧,加快中文录入速度

(1)搜狗拼音输入法是很多同学采用的打字方法,其优势能将常用到的字、词优先出现,不需要把拼音中的声母、韵母都打全。

(2)尽量快速输入词组、短句,避免长句子。如果打了一长串,中间出现一个错字,那么整句话就要重打,浪费时间。

(3)有一些不认识的字可以使用拆分法来打。比如"垚",是由三个土组成,先输入字母"u",接着输入"tututu",搜狗就自动把这个字显示出来。

……

【提示】快速切换输入法

用鼠标点击或者快捷键选择汉字输入法;用 Ctrl+Space 打开/关闭汉字输入法。

相关知识

1. 标准键盘的布局和正确指法

(1)标准键盘的布局。标准键盘的布局通常分为主键盘区、功能键区、编辑键区和数字小键盘区。如图1-2所示。熟记键盘上每个键的位置是指法练习和实现盲打的基础。

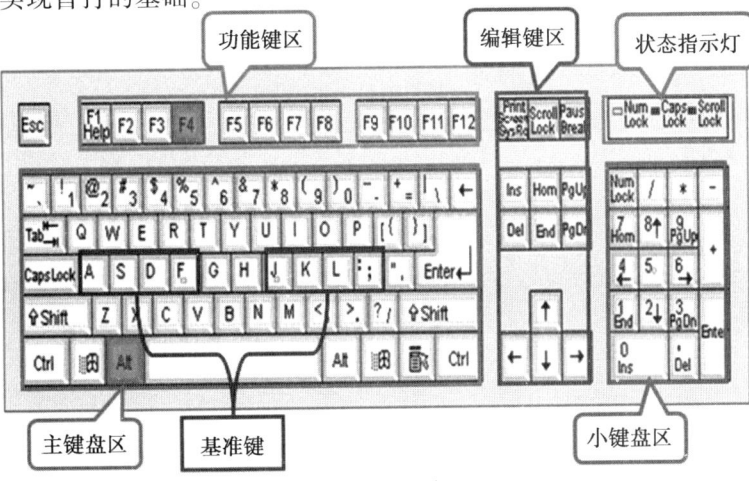

图1-2 键盘布局

(2) 正确指法。指法就是将计算机键盘上最常用的 26 个字母和常用符号依据位置分配给除大拇指外的 8 个手指，敲击这些键时，总是使用指定的那个手指。时间一长会形成习惯，一看见字母，相应的手指就会伺机而动，不用看键盘就可正确地敲击到所需的按键，这样极大地提高了录入速度。

(3) 基准键。"A、S、D、F、J、K、L、;"为主键盘区的 8 个基准键，分别对应左手小指、无名指、中指、食指、右手食指、中指、无名指、小指，其中 F、J 为定位键。

主键盘的指法分工如图 1-3 所示。

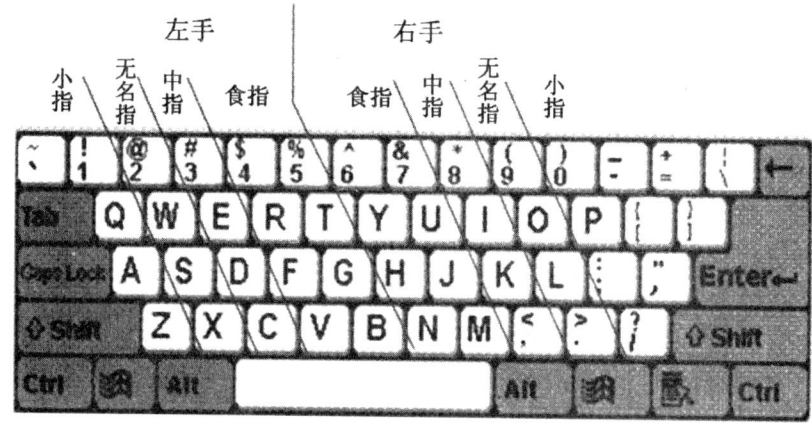

图 1-3　键盘的指法分工

(4) 小键盘区的正确指法。小键盘区集中排放了 0~9 十个数字键，便于录入大量数据时使用。按一下 Num Lock 键，当指示灯亮时，可以录入数字。操作小键盘区数字键的正确指法是：基准键位是"4、5、6"，分别由右手的食指、中指和无名指负责，定位键是"5"。在基准键位基础上，小键盘左侧自上而下的"7、4、1"三键由食指负责；同理中指负责"8、5、2"；无名指负责"9、6、3"和"."；右侧的"-、+、Enter"由小指负责；大拇指负责"0"。

2. 常用键符、键名及功能

表 1-1　常用键符、键名及功能

键符	键名	功能及说明
A~Z（a~z）	字母键	字母键有大写和小写字符之分
0~9	数字键	数字键的下档为数字，上档为符号
Shift（↑）	换档键	用来选择双字符键的上档字符或单个大小写字母的切换
CapsLock	大小写字母切换键	计算机默认状态为小写，CapsLock 指示灯亮时字母为大写
Enter	回车键	确定、换行、执行 DOS 命令

第1单元 个人计算机的配置与使用——计算机基础知识

续表

键符	键名	功能及说明
Backspace（←）	退格删除键	删除当前光标左边一字符，光标左移一位
Space	空格键	在光标当前位置输入空格
PrtSc 或（PrintScreen）	屏幕复制键	DOS 系统：打印当前屏（整屏）；Windows 系统：将当前屏幕复制到剪贴板（整屏）
Ctrl	控制键	单独使用不起作用，与其他键组合使用
Alt	组合键	单独使用不起作用，与其他键组合使用
Pause/Break	暂停键	暂停正在执行的操作
Tab	制表键	在制作图表时用于光标定位；光标跳格（8 个字符间隔）
F1~F12	功能键	各键的具体功能由使用的软件系统决定
Esc	退出键	一般用于退出正在运行的系统，不同软件其功能也有所不同
Del（Delete）	删除键	删除光标后面的字符
Ins（Insert）	插入键	插入字符、替换字符的切换
Page Up	翻页键	翻到上一页
Page Down	翻页键	翻到下一页
Home	功能键	光标移至屏首或当前行首
End	功能键	光标移至屏尾或当前行末
Num Lock	数字锁定键	当 Num Lock 指示灯亮时，数字键区（小键盘区）的数字才起作用

3. 有关输入法的快捷键

有关输入法的快捷键，可整合为下表。

表 1-2 有关输入法的快捷键

快　捷　键	功　　能
Ctrl+Shift 或 Alt+Shift	各种输入法的依次切换
Shift+Space	全角/半角切换
Ctrl+Space	中英文的快速切换
Ctrl+.	中文/英文标点符号切换

计算机概述

计算机是20世纪人类最伟大的发明之一。如果说蒸汽机的发明标志着用机器替代人类体力劳动的开始,那么电子计算机的应用提高人类脑力劳动的效能,开启了机器部分替代人类脑力劳动的新篇。

计算机俗称电脑,顾名思义,它与人脑有相似之处,即都可以进行信息处理。

一、计算机的发展简史

1. 计算机的诞生

世界上第一台电子计算机诞生于1946年,由美国宾夕法尼亚大学研制,其全称为电子数字积分计算机(Electronic Numerical Integrator And Computer,英文缩写为ENIAC),简称埃尼阿克。

ENIAC做加法的运算速度为每秒5 000次,比当时已有的非电子计算机要快1 000倍,当时它只是美国陆军用于计算炮弹轨迹的机器。这台机器的诞生,开创了计算机时代的新纪元。

我国的计算机研究始于20世纪50年代,1983年,第一台亿次巨型电子计算机"银河Ⅰ号"诞生。

2. 计算机的发展阶段

继第一台计算机之后,随着科学技术的发展和计算机应用范围的扩大,计算机在不断更新换代。计算机的发展阶段是按照所采用的电子器件的不同来划分的,到目前为止,计算机的发展已经历了四代,正向第五代过渡,各阶段的特征归纳如表1-3所示。

表1-3 计算机发展各阶段的特征比较

发展阶段	年份	电子器件	存储器	软件特征	应用领域
第一代	1946—1959年	电子管	延迟线、磁鼓	机器语言、汇编语言	科学计算
第二代	1959—1964年	晶体管	磁芯、磁盘	高级语言、操作系统	科学技术、信息处理
第三代	1964—1972年	中、小规模集成电路	半导体	各种高级语言、完善的操作系统	科学技术、信息处理、过程控制
第四代	1972至今	大规模、超大规模集成电路	高集成度的半导体	面向对象程序设计语言、数据库管理系统、网络操作系统等	人工智能、数据通信及社会的各领域

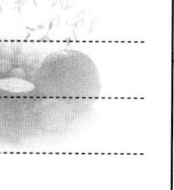

二、计算机的分类

按不同的标准，计算机有不同的分类方法。按原理不同，可分为模拟计算机和电子数字计算机；按用途不同，可分为通用计算机和专用计算机；按结构不同，可分为单片机、单板机、多芯片机、多板机；按计算机的性能、规模和处理能力，如体积、字长、运算速度、存储容量、外部设备和软件配置等，可将计算机分为巨型机、大型通用机、微型机、工作站、服务器等。

1. 巨型机

巨型机的主要特征是运算速度快、存储量大和功能强大。巨型机主要用于尖端科技方面，它的研制水平标志着一个国家科学技术和工业发展的程度。

2. 大型通用机

大型通用机的特点是通用性强，具有较高的运算速度、极强的综合处理能力和极大的性能覆盖。主要应用在科研、商业和管理部门。通常人们称大型机为"企业级"计算机，其通用性强，但价格较贵。

3. 微型机

微型机是大规模集成电路的产物。它具有价格低、体积小、功耗小、使用方便等优点。个人计算机（PC 机）属于微型机。

4. 工作站

工作站是一种高档微机系统。它具有较强的图形功能和数据处理能力，一般配有大屏幕和大容量的内外存，因此在工程领域，特别是在计算机辅助设计领域得到广泛应用。

5. 服务器

服务器是网络环境中的高性能计算机，是网络上的其他计算机（客户机）提交的服务请求，并提供相应的服务，为此，服务器必须具有承担服务并且保障服务的能力。它的高性能主要体现在高速度的运算能力、长时间的可靠运行、强大的外部数据吞吐能力等方面。

服务器是网站的灵魂，是打开网站的必要载体，没有服务器的网站用户无法浏览。

三、计算机的特点

计算机是一种按程序自动进行信息处理的通用工具，它具有以下几个特点：

1. 高速、精准的运算能力

目前世界上已经有超过每秒万万亿次运算速度的计算机。2014 年 11 月公布的世界超级计算机排名显示，排名第一的是中国国防科技大学的"天河二号"超级计算机，其浮点运算速度达到 33.86 千万亿次/秒。

2. 准确的逻辑判断能力

计算机除了可以进行算术运算外，还可以对文字、符号等进行判断、比较，对事件进行逻辑推理。如空调、冰箱、全自动洗衣机等设备利用计算机芯片对环境温度、湿度进行逻辑判断后启动或停止，从而实现自动化。

3. 强大的存储能力

计算机能够存储成千上万乃至上亿个原始数据、中间结果、计算机指令等信息。现在微机主存储器容量一般为2GB、4GB以上，辅助存储器容量达到数百GB以上。

4. 自动功能

计算机采用存储程序方式工作，把人们事先编好的程序存储在计算机中，由程序按程序命令序列控制计算机自动、有序地进行工作，直到得出需要的结果，而不需人工干预。

5. 网络与通信功能

计算机网络与通信的发展，使网上的所有计算机用户共享网上资源，交流信息，互相学习，将世界变成地球村，人类交流的方式和信息获取的途径发生很大的改变。

在计算机的众多特点中，其最主要的特点是存储程序与自动控制。

四、计算机的应用

经过几十年的发展，计算机的应用已经渗透到国民经济的各个部门以及社会生活的各个领域。根据应用性质，计算机的应用领域可概括为以下几个方面。

1. 科学计算

科学计算又称数值计算，这是计算机最早的应用。利用计算机的运算速度快、存储功能强和连续运算能力，可以完成许多人工无法实现的计算问题。

2. 信息处理

信息处理又称数据处理，是指对原始数据进行收集、整理、存储、输出等加工的全过程。例如，办公自动化（OA）系统，使用计算机计算和管理职工工资、人事、财力、仓库、金卡工程等各种管理信息系统（MIS），生产管理自动化、军事指挥自动化、医疗诊断专家系统等等。信息处理方面的应用占全部计算机应用的80%以上，这类应用的特点是数据量大，而且要经常处理。

3. 过程控制

过程控制又称实时控制，是指实时采集、检测数据，并进行判定和处理，按事先预设的方案自动进行调节的过程。例如，在化工、电力、冶金等生产流水线上用计算机采集各种参数，监测并及时控制生产设备的工作状态；在导弹、卫星的发射中，用计算机随时精确地控制飞行轨道与姿态；在对人有害的工作场所，用计算机检测与控制炉窑的温度等。过程控制的应用将工业自动化推向了一个更高的水平。

4. 计算机辅助工程

计算机辅助工程包括计算机辅助设计（CAD）、计算机辅助测试（CAT）、计算机辅助制造（CAM）以及将 CAD/CAM 和数据库技术集成在一起形成计算机集成制造系统（CIMS）。利用计算机辅助工程，可以提高效率，节省人力、物力，实现工作的自动化。

5. 人工智能

人工智能又称智能模拟，是计算机理论科学的一个重要的领域，是探索和模拟人的感觉和思维过程的科学，它是在控制论、计算机科学、仿生学和心理学等基础上发展起来的新兴边缘学科。其主要研究感觉与思维模型的建立，图像、声音和物体的识别。例如，机器人可以完成各种复杂的工作，特别是承担有害、高危环境的任务，如水下机器人、防爆机器人等。

6. 家庭生活和现代教育

随着计算机的普及，一种新的生活、学习方式也应运而生，主要涉及休闲娱乐、上网、聊天、收发电子邮件、计算机辅助教学（CAI）、多媒体教室、网上教学和电子大学等领域。

五、计算机的发展趋势

目前，计算机正朝着巨型化、微型化、网络化、智能化和多媒体化方向发展。总的发展趋势是智能化，计算机不管怎么发展，也不可能完全替代人脑。

1. 巨型化

指运算速度快、存储容量大、功能强大、价格昂贵的计算机系统。巨型机多采用多处理器结构和并行处理技术，主要用于高科技和运算要求高的领域。

2. 微型化

微型化指体积越来越小、成本越来越低、功能更强大、性能更稳定、价格越来越便宜。

3. 网络化

计算机网络就是将分布在不同地点的不同机型的计算机和专门的外部设备由通信线路互连组成一个规模大、功能强的网络系统，使网络内众多的计算机系统能够收集、传递信息，实现计算机资源共享。

4. 智能化

让计算机模拟人的感觉、行为、思维机理，使计算机具备"视觉"、"听觉"、"语言"、"行为"、"逻辑推理"、"学习"等能力，形成智能型、超智能型计算机。

5. 多媒体化

多媒体计算机就是使用多媒体技术，具有综合处理文字、图像、动画等多种媒体的计算机系统。

新一代计算机是对第四代以后的各种未来型计算机的总称，能最大限度

地模拟人脑的思维功能，具有人类大脑所特有的联想、推理、学习等能力，具有对语言、声音、图像以及各种模糊信息的感知、识别和处理能力。

知识拓展

一、微型计算机的发展

当电子计算机发展到大规模集成电路计算机时代时，出现了微型计算机。1971年美国英特尔（Intel）公司首次把中央处理器制作在一块集成电路芯片上，研制出第一个4位的单片微处理器Intel 4004。微型机根据微处理器的集成度又可划分成八代，每个阶段都是以微处理器性能的阶跃性提高为根本特征。微型计算机的发展代次如下：

1. 第一代微机（1971—1973年）

微型计算机的初步发展阶段。其核心部件Intel 4004、Intel 8008等，组成4位及低水平的8位微型机。

2. 第二代微机（1973—1977年）

8位微型计算机发展阶段。这一阶段8位微处理器的集成度有了较大提高，典型产品是Intel公司的8080、Motorola公司的M6800和Zilog公司的Z80等微处理器。用这些微处理器作中央处理单元组成了多种型号的高档8位微型机系统。

3. 第三代微机（1978—1980年）

16位微型计算机发展阶段。典型产品是Intel公司的8086、80286、Motorola公司的M68000和Zilog公司的Z8000等。用这些微处理器作中央处理单元组成了高档的16位（或准16位）微型机系统。

4. 第四代微机（1981—1992年）

32位微型计算机发展阶段。随着半导体技术的飞速发展，产生了集成度更高的32位高档微处理器，典型产品是Intel公司的Intel 80386、80486和贝尔实验室的MAC2、HP32、M68020等。用这些微处理器组成的32位微型计算机，其使用功能已经达到或超过一般的小型计算机。

5. 第五代微机（1993—1997年）

1993年Intel公司推出了第五代微处理器Pentium（中文名"奔腾"）。Pentium实际上应该称为80586，但Intel公司出于宣传竞争方面的考虑，改变了"x86"传统的命名方法。其他公司推出的第五代CPU还有AMD公司的K5、Cyrix公司的6x86。1997年Intel公司推出了多功能Pentium MMX。

6. 第六代微机（1998—2002年）

1998年Intel公司推出了Pentium Ⅱ、Celeron，后来推出了Pentium Ⅲ、Pentium 4，主要用于高档微机。其他公司也推出了相同档次的CPU，如K6、Athlon XP、VIA C3等。

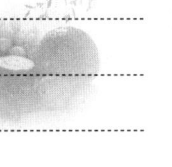

7. 第七代微机（2003—2004年）

2003年9月，AMD公司发布了面向台式机的64位处理器：Athlon 64和Athlon 64 FX，第六代CPU是目前流行的档次，标志着64位微机的到来。

8. 第八代微机（2005年—至今）

2005年4月18日，英特尔全球同步首发了基于双核技术处理器，吹响了双核时代来临的第一声号角。双核处理器（Dual Core Processor）是指在一个处理器上集成两个运算核心，从而提高计算能力。继双核处理器推出后，三核处理器、四核处理器、六核处理器、八核处理器相继问世，标志着微机多核时代的到来。

二、新一代计算机

未来新型计算机将可能在下列几个方面取得革命性的突破。

1. 光子计算机

光子计算机如图1-4所示，利用光子取代电子进行数据运算、传输和存储。在光子计算机中，不同波长的光表示不同的数据，可快速完成复杂的计算工作。

图1-4 光子计算机

2. 生物计算机（分子计算机）

生物计算机如图1-5所示，在20世纪80年代中期开始研制，其特点是采用了生物芯片，它由生物工程技术产生的蛋白质分子构成。在这种芯片中，信息以波的形式传播，速度快、能量耗低，并拥有巨大的存储能力。由于蛋白质分子能够自我组合，再生新的微型电路，使得生物计算机具有生物体的一些特点，能够自动修复芯片发生的故障，还能模仿人脑的思考机制。

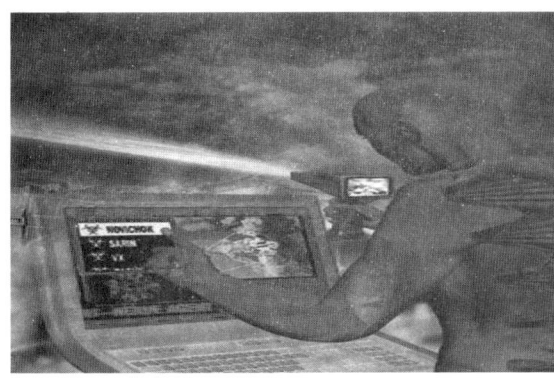

图1-5 生物计算机

3. 量子计算机

量子计算机如图1-6所示，是指利用处于多现实态下的原子进行运算的计算机，这种多现实态是量子力学的标志。与传统的电子计算机相比，量子计算机具有解题速度快、存储量大、搜索功能强和安全性较高等优点。

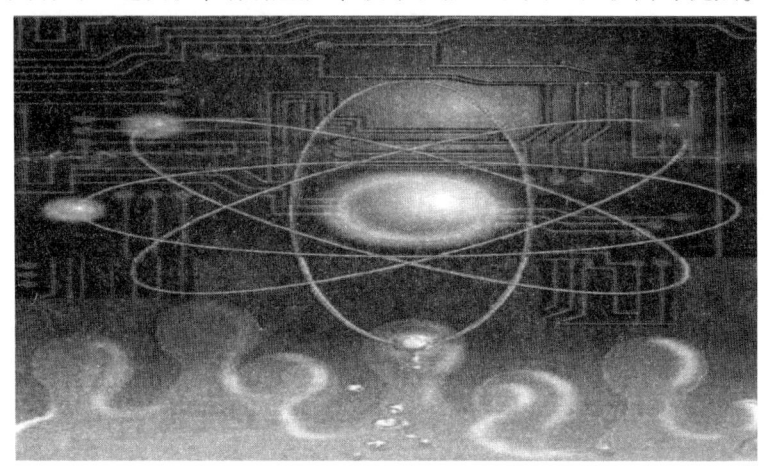

图1-6 量子计算机

项目2　不同进制转换的演算

项目描述：日常生活中，人们使用的数据一般是用十进制表示，而计算机中所有数据都是用二进制表示。为了书写方便，也采用八进制或十六进制形式表示。这四种进制之间有什么关系呢？

任务清单：

任务	名称	操作技能
任务1	认识数制的基本概念	1. 数制的概念；2. 基数与位权的概念
任务2	区分几种常用的进位计数制	1. 二进制、八进制、十进制、十六进制的概念
任务3	不同进制转换的演算	1. 二进制、八进制、十进制、十六进制之间的转换；2. 数据单位；3. 字符编码

任务1　认识数制的基本概念

计算机最基本的功能是进行数的计算和处理。人们利用符号来计数的科学方法称为数制。数制分为进位计数制（简称进位制）和非进位计数制两种，简要说明如图1-7所示。本项目主要讲解进位制。

数制 { 进位计数制：按进位的方式计数的数制，简称进位制。数码的数值大小与它在数中的位置有关。如十进制中的222中三个2表示的大小不同。
非进位计数制：数码的数值大小与其在数中的位置无关。如罗马数字，IV和VI中的I总是代表1。

图1-7 进位计数制与非进位计数制

在进位制中，逢十进一是十进制、逢八进一是八进制、逢二进一是二进制、逢十六进一是十六进制，但无论是哪种进位制，都涉及两个最基本的概念：基数和位权。

1. 基数

基数是指在进位制中每个数位上所能使用的数码个数。例如，人们常用的十进制的基数是10，因为在十进制中每一个数位上允许使用0、1、2、3、4、5、6、7、8、9这十个数中的任意一个，每位计满10后就向高位进1。

2. 位权

位权简称权，是指每个数位上1所代表的确定数值，位权等于基数的若干次幂。例如十进制中，小数点左边第一位是个位，位权是10^0；小数点左边第二位是十位，位权是10^1；小数点左边第三位是百位，位权是10^2……小数点右边第一位是十分位，位权是10^{-1}；小数点右边第二位是百分位，位权是10^{-2}……

任务2 区分几种常用的进位计数制

1. 十进制（Decimal notation）

十进制数n可以写成nD或n、$(n)_{10}$，在本书中一般写成后两者的形式。十进制的基本特点是：10个基本数码0，1，…，8，9，加法运算规则逢十进一；减法运算规则借一当十。十进制数的按权展开式举例：

【例1-1】 $123.25 = 1×10^2+2×10^1+3×10^0+2×10^{-1}+5×10^{-2}$

在计算机中，十进制一般作为输入/输出数据。

2. 二进制（Binary notation）

二进制数n可以写成nB或$(n)_2$，在本书中一般写成后者的形式。二进制的基本特点是：2个基本数码0和1，加法运算规则逢二进一；减法运算规则借一当二。二进制数的按权展开式举例：

【例1-2】 $(1101.011)_2 = 1×2^3+1×2^2+0×2^1+1×2^0+0×2^{-1}+1×2^{-2}+1×2^{-3}$

在计算机中，传送、存储、加工处理的数据或指令都是以二进制形式进行的。主要因为二进制有如下优点：

（1）容易实现（可行性、可靠性）。

二进制中只有"0"与"1"两种状态，能够很容易找到有两种稳定状态的电子元件，用二进制数表示电子元件的导通与断开性能最可靠、最经济，也最容易实现。

（2）运算规则简单（简易性）。

二进制数运算规则简单，大大简化了计算机实现运算的线路，既节省了成本，又提高了计算机的运算速度。

（3）适合逻辑运算（逻辑性）。

二进制的"0"和"1"与逻辑代数中的"假"和"真"吻合，使得采用二进制可以方便地进行逻辑运算。

但是，二进制的明显缺点是：数字冗长、书写繁且容易出错、不便阅读。所以，常用八进制数或十六进制数来表示二进制数。

3. 八进制（Octal notation）

八进制数 n 可以写成 nO、nQ 或 $(n)_8$，在本书中一般写成后者的形式。八进制的基本特点是：8 个基本数码 0，1，…，6，7，加法运算规则逢八进一；减法运算规则借一当八。八进制数的按权展开式举例：

【例 1-3】 $(123.25)_8 = 1 \times 8^2 + 2 \times 8^1 + 3 \times 8^0 + 2 \times 8^{-1} + 5 \times 8^{-2}$

4. 十六进制（Hexdecimal notation）

十六进制数 n 可以写成 nH 或 $(n)_{16}$，在本书中一般写成后两者的形式。十六进制的基本特点是：16 个基本数码 0，1，…，8，9，A，B，C，D，E，F，加法运算规则逢十六进一；减法运算规则借一当十六。十六进制数的按权展开式举例：

【例 1-4】 $(2C5.A8)_{16} = 2 \times 16^2 + 12 \times 16^1 + 5 \times 16^0 + 10 \times 16^{-1} + 8 \times 16^{-2}$

表 1-4 总结了四种进位计数制的特点，表 1-5 列出了四种进位计数制之间的关系。

表 1-4 计算机常用的四种进位计数制的特点

数制	二进制（B）	八进制（Q）	十进制（D）	十六进制（H）
基数	2	8	10	16
基本数码	0，1	0，1，2，…，7	0，1，2，…，9	0，1，…，9，A，B，C，D，E，F
权	2 的幂	8 的幂	10 的幂	16 的幂
进位规则	逢 2 进 1	逢 8 进 1	逢 10 进 1	逢 16 进 1
借位规则	借 1 当 2	借 1 当 8	借 1 当 10	借 1 当 16
舍入规则	0 舍 1 入	3 舍 4 入	4 舍 5 入	7 舍 8 入

表 1-5　四种进位计数制之间的关系

十进制	二进制	八进制	十六进制	十进制	二进制	八进制	十六进制
0	0	0	0	9	1001	11	9
1	1	1	1	10	1010	12	A
2	10	2	2	11	1011	13	B
3	11	3	3	12	1100	14	C
4	100	4	4	13	1101	15	D
5	101	5	5	14	1110	16	E
6	110	6	6	15	1111	17	F
7	111	7	7	16	10000	20	10
8	1000	10	8	17	10001	21	11

任务 3　不同进制转换的演算

1. 非十进制数转换成十进制数

任意一种非进位数转换成十进制数的方法都是一样的。把非十进制数按权展开式写成多项式和的形式，算出该多项式的结果即可。也就是说，把各数位的权和该位上的数码相乘，乘积逐项相加，和便是所对应的十进制数。转换方法简称为：按权展开求和。

【例 1-5】将二进制数 11001.01 转换成十进制数。

$(11001.01)_2 = 1×2^4+1×2^3+0×2^2+0×2^1+1×2^0+0×2^{-1}+1×2^{-2}$
$= 16+8+0+0+1+0+0.25$
$= (25.25)_{10}$

【例 1-6】将八进制数 137.2 转换成十进制数。

$(137.2)_8 = 1×8^2+3×8^1+7×8^0+2×8^{-1}$
$= 64+24+7+0.25$
$= (95.25)_{10}$

【例 1-7】将十六进制数 2B8.A 转换成十进制数。

$(2B8.A)_{16} = 2×16^2+11×16^1+8×16^0+10×16^{-1}$
$= 512+176+8+0.625$
$= (696.625)_{10}$

2. 十进制转换成非十进制数

十进制数转换成任意非十进制数的方法基本相同，整数部分与小数部分方法不同，故需要分开进行。

整数部分采用"除基取余法"。即将该数除以基数得一商数和余数；再将所得的商除以基数，又得到一个新的商数和余数；这样不断地用基数去除所得的商数,直到商0得余数为止。每次相除所得的余数对应一位非十进制数,最先得到的余数为最低有效位,最后得到的余数为最高有效位。

小数部分采用"乘基取整法"。即将十进制小数乘以基数,得一个整数部分和小数部分,用小数部分继续乘以基数,又得到一个新的整数部分和小数部分,直到小数部分为0或小数点后的位数达到精度要求为止。每次相乘得到的整数部分对应一个非十进制数,最先得到的整数为最高有效位,最后得到的整数为最低有效位。在许多情况下十进制小数转换成非十进制小数可能是无限的,这就要根据精度的要求在适当的位置上进行舍入截止。

(1) 十进制数转换为二进制。

转换方法是:整数部分采用"除二取余"法;小数部分采用"乘二取整"法。

【例1-8】 将十进制数13.375转换成二进制数。

解析: 整数部分13的转换过程如下:

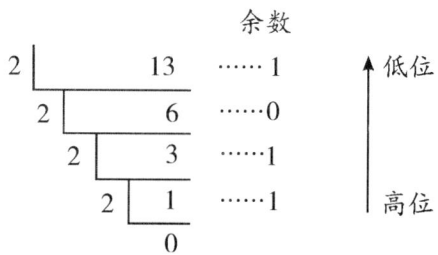

小数部分0.375的转换过程如下:

$$
\begin{array}{ll}
& \text{整数部分} \\
0.375 \times 2 = 0.75 & \cdots\cdots 0 \quad \text{高位} \\
0.75 \times 2 = 1.5 & \cdots\cdots 1 \\
0.5 \times 2 = 1.0 & \cdots\cdots 1 \quad \text{低位}
\end{array}
$$

转换结果:$(13.375)_{10} = (1101.011)_2$

【例1-9】 将十进制数0.64转换成二进制数,保留3位小数。

解析:

$$
\begin{array}{ll}
& \text{整数部分} \\
0.64 \times 2 = 1.28 & \cdots\cdots 1 \quad \text{高位} \\
0.28 \times 2 = 0.56 & \cdots\cdots 0 \\
0.56 \times 2 = 1.12 & \cdots\cdots 1 \\
0.12 \times 2 = 0.24 & \cdots\cdots 0 \quad \text{低位}
\end{array}
$$

要求保留3位小数,则在第4位小数上"0舍1入"。

转换结果：$(0.64)_{10} \approx (0.101)_2$

（2）十进制数转换为八进制。

转换方法是：整数部分采用"除八取余"法，小数部分采用"乘八取整"法。

【例1-10】将十进制数83.328125转换成八进制数。

解析：整数部分83的转换过程如下：

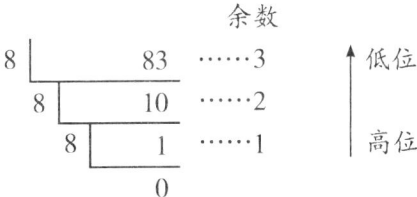

小数部分0.328125的转换过程如下：

整数部分
$0.328125 \times 8 = 2.625 \cdots\cdots 2$ ↓ 高位
$0.625 \times 8 = 5.0 \cdots\cdots 5$ ↓ 低位

转换结果：$(83.328125)_{10} = (123.25)_8$。

（3）十进制数转换为十六进制。

转换方法是：整数部分采用"除十六取余"法；小数部分采用"乘十六取整"法。

【例1-11】将十进制数709.65625转换成八进制数。

解析：整数部分709的转换过程如下：

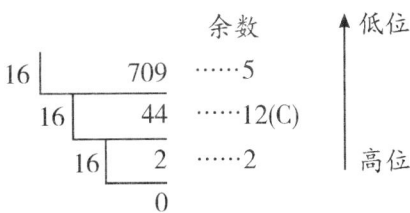

小数部分0.65625的转换过程如下：

整数部分
$0.65625 \times 16 = 10.5 \cdots\cdots 10\,(A)$ ↓ 高位
$0.5 \times 16 = 8.0 \cdots\cdots 8$ ↓ 低位

转换结果：$(709.65625)_{10} = (2C5.A8)_{16}$。

3. 二进制数与八进制数之间的转换

（1）二进制数转换为八进制数。

二进制数转换成八进制数的方法是"三位并一位"：以小数点为中心，整数部分自右向左分组，小数部分自左向右分组，每 3 位一组，不足的补零（即在整数的高位和小数的低位补零）。然后，将各组的 3 位二进制数按 2^2、2^1、2^0 位权展开后相加，得到 1 位八进制数，把各组得到的数值组合起来，就得到了一个八进制数。

【例 1-12】将二进制数 11001110.0101 转换成等值的八进制数。

$$(\underline{011}\ \underline{001}\ \underline{110}.\underline{010}\ \underline{100})_2$$
$$(\ 3\quad 1\quad 6\ .\ 2\quad 4\ )_8$$

由此可见，当使用八进制数表示二进制数时，位数可以减少到原来的 1/3。

（2）八进制数转换为二进制数。

八进制数转换成二进制数的方法是"一位拆三位"：把每位八进制数按十进制整数转换成二进制整数的方法转换成 3 位二进制数（不足 3 位在前面加 "0"），然后按顺序连接，再去掉整数前面和小数后面的 "0" 即可。

【例 1-13】将八进制数 351.24 转换成二进制数。

$$(\ 3\quad 5\quad 1\ .\ 2\quad 4\ )_8$$
$$(011\ 101\ 001.010\ 100)_2 = (11101001.0101)_2$$

4. 二进制数与十六进制之间的转换

（1）二进制数转换为十六进制数。

二进制数转换成十六进制数的方法是"四位并一位"：以小数点为中心，整数部分自右向左分组，小数部分自左向右分组，每 4 位一组，不足的补零（即在整数的高位和小数的低位补零）。然后，将各组的 4 位二进制数按 2^3、2^2、2^1、2^0 位权展开后相加，得到 1 位十六进制数，把各组得到的数值组合起来，就得到了一个十六进制数。

【提示】

十进制数的 10~15 分别用十六进制数的 A~F 表示。

【例 1-14】将二进制数 101101.1011 转换成十六进制数。

$$(\underline{0010}\ \underline{1101}.\underline{1011})_2$$
$$(\ 2\quad D\ .\ B\ )_{16}$$

由此可见，当使用十六进制数表示二进制数时，位数可以减少到原来的 1/4。

(2) 十六进制数转换为二进制数。

十六进制数转换成二进制数的方法是"一位拆四位":把每位十六进制数(对应的十进制数)按十进制整数转换成二进制整数的方法转换成4位二进制数(不足4位在前面加"0"),然后按顺序连接,再去掉整数前面和小数后面的"0"即可。

【例1-15】将十六进制数26C.E转换成等值的二进制数。

(2　6　C.E)$_{16}$
(0010 0110 1100.1110)$_2$ = (1001101100.111)$_2$

【例1-16】十六进制数100000相当于2的(　　)次方。

解析:十六进制数1后面5个零等于二进制数1后面20个零,相当于十进制数2的20次方。

八进制数与十六进制数之间不能直接转换,只有通过二进制数或十进制数进行转换。

【例1-17】将十六进制数3AD转换成八进制数。

(　3　　A　　D　)$_{16}$
(0011　1010　1101)$_2$
(1　6　5　5)$_8$

可以把不同的进制数转换为同一的进制数来进行比较,由于十进制数是自然语言的表示方法,大多把不同的进制转换为十进制。非十进制转换成十进制的方法是按权展开求和。

【例1-18】找出(5E)$_{16}$、(135)$_8$、(1010011)$_2$、(95)$_{10}$中最小的数。

解析:先将非十进制数统一转换成十进制数,再比较其大小。

(5E)$_{16}$ = 5×16^1+14×16^0 = (94)$_{10}$
(135)$_8$ = 1×8^2+3×8^1+5×8^0 = (93)$_{10}$
(1010011)$_2$ = 1×2^6+0×2^5+1×2^4+0×2^3+0×2^2+1×2^1+1×2^0 = (83)$_{10}$

与(95)$_{10}$比较结果,可见最小的是(1010011)$_2$。

相关知识

计算机的数据与编码

一、数据与信息

在现实生活中处处离不开信息,人们要收集信息、加工信息、利用信息来为社会的各个领域服务,信息已成为人类一切社会活动的基本条件之一,

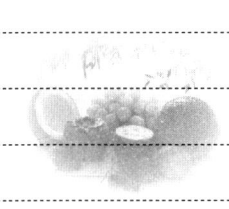

人们把它与物质、能量并列为三大基本要素。

信息是人们对客观世界的认识,是对客观事物存在方式和运动状态的反映。信息的基本属性有知识性、价值性、共享性、传输性和存储性、无限性和可压缩性、时效性、可再生性、动态性和可度量性。当要用计算机处理信息时,必须将信息转换成计算机能识别的符号,这便产生了数据的概念。数据通常是指由描述事物的数字、字母、符号等组成的序列,是计算机操作的对象,在存储器中都是用二进制数"0"或"1"来表示。

数据是信息的表现形式,是信息的载体,信息是数据所表达的含义。数据处理称为信息处理,包括数据采集、数据传输、数据处理、数据检索等。

二、计算机中数据的单位

1. 位（bit,简写为b）

位是计算机中最小的数据单位,一位只能存储一位二进制数,即"0"或"1"。

2. 字节（Byte,简写为B）

字节是信息组织和存储的基本单位,每8个二进制"位"构成一个字节,计算机中常以字节为单位来表示文件或数据的长度以及存储容量的大小。一个字节表示:2位十六进制数,一个ASCII码,256种状态,一个字节最大的二进制数为11111111。

k（千）、M（兆）、G（吉）、T（太）、P（皮）都是常用单位。在数学和物理中用k表示1 000,例如,1 000克为1kg等,在计算机中,1k＝1 024＝2^{10},即比日常生活中所说的1 000稍大一点。

千字节（kB）：1 kB ＝ 1 024 B ＝ 2^{10} B

兆字节（MB）：1 MB ＝ 1 024 kB ＝ 2^{20} B

吉字字（GB）：1 GB ＝ 1 024 MB ＝ 2^{30} B

太字节（TB）：1 TB ＝ 1 024 GB ＝ 2^{40} B

皮字节（PB）：1 PB ＝ 1 024 TB ＝ 2^{50} B

【例1-19】如果一个存储单元能存放一个字节,那么一个32kB的存储器共有(　　)个存储单元。

解析：计算方法：1 024×32＝32 768 字节,每字节占一个存储单元,即32 768个存储单元。

【例1-20】假设某台计算机的内存储器容量为256MB,硬盘容量为20GB。硬盘的容量是内存容量的(　　)倍。

解析：计算方法为：将20GB转换为MB,再除以256MB。

$$\frac{1\ 024 \times 20}{256} = 80（倍）$$

3. 字长

计算机一次能够并行处理的二进制位称为该机器的字长,也称为计算机的一个"字"。随着电子技术的发展,计算机的并行能力越来越强,计算机的字长通常是字节的整倍数,如 8 位、16 位、32 位,发展到今天微型机的 64 位,大型机已达 128 位。

字长是计算机的一个重要指标,直接反映一台计算机的计算能力和计算精度。字长越长,计算机的数据处理速度越快。

三、字符的编码

字符包括西文字符(字母、数字、各种符号)和中文字符。由于计算机是以二进制的形式存储和处理数据,因此字符也必须按特定的规则进行二进制编码才能进入计算机。

1. 西文字符的编码——ASCII 码

计算机中西文字符的编码最常用的是 ASCII 码。

ASCII 码是"美国信息交换标准代码"的简称,是国际上广泛采用的一种编码字符集,被国际标准化组织指定为国际标准。ASCII 码表如表 1-6 所示。

表 1-6 ASCII 码表(基本字符集)

	$b_6b_5b_4$	高 位						
$b_3b_2b_1b_0$		000	001	010	011	100	101	110	111
低位	0000	NUL	DLE	空格	0	@	P	`	p
	0001	SOH	DCI	!	1	A	Q	a	q
	0010	STX	DC2	"	2	B	R	b	r
	0011	ETX	DC3	#	3	C	X	c	s
	0100	EOT	DC4	$	4	D	T	d	t
	0101	ENQ	NAK	%	5	E	U	e	u
	0110	ACK	SYN	&	6	F	V	f	v
	0111	BEL	TB	,	7	G	W	g	w
	1000	BS	CAN	(	8	H	X	h	x
	1001	HT	EM	)	9	I	Y	i	y
	1010	LF	SUB	*	:	J	Z	j	z
	1011	VT	ESC	+	;	K	[	k	{
	1100	FF	FS	,	<	L	\	l		
	1101	CR	GS	-	=	M	]	m	}
	1110	SO	RS	.	>	N	^	n	~
	1111	SI	US	/	?	O	—	o	DEL

由表 1-6 可知：

标准 ASCII 码是 7 位码，用 7 位二进制数来表示一个字符的编码，包括 33 个控制符和 95 个可打印字符，共有 128 个字符，每一个字符对应一个数值，称为该字符的 ASCII 码值。每个 ASCII 码字符可存放在一个字节中，最高位用"0"填充。所以对 ASCII 编码的准确描述为使用 8 位二进制代码，最左一位为 0。编码的目的是要把字符转换成计算机能够识别和处理的二进制数串，以便在机器中存储和处理。

比较字符的大小实际是比较它们的 ASCII 码值大小，ASCII 码表中的三组常用字符：阿拉伯数字、大写英文字母、小写英文字母，它们的大小比较为：数字符<大写英文字母<小写英文字母，每组的编码数值又是依次增加的。也就是说，只要知道了每组字符中的第一个字符，则其他字符都可以推算出来。例如，大写字母"A"的 ASCII 值是 65，则"B"的 ASCII 值是 66，"D"的 ASCII 值是 68。另外还可以发现，"空格"的 ASCII 值在可打印字符中最小，小写字母的 ASCII 值比相应的大写字母的 ASCII 值大 $(32)_{10}$ 或 $(20)_{16}$。

2. 汉字的编码

汉字也是字符，汉字的计算机处理技术远比西文字符复杂。汉字是象形文字，结构复杂，而且汉字三要素中字音、字形、字义之间没有明显的规律可循，因此应对汉字采取特殊的编码方式。根据汉字处理过程中的不同要求，汉字的编码主要分为四类：汉字输入码、汉字国标码、汉字机内码和汉字字形码。汉字从输入计算机到输出各阶段的编码形式如图 1-8 所示。

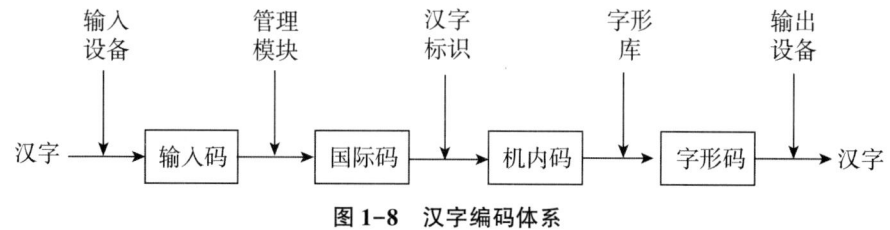

图 1-8 汉字编码体系

（1）汉字输入码。

汉字输入码简称输入码，通常只在汉字录入时使用，故又称为汉字的外码。目前流行的汉字输入码的编码方案很多，如全拼输入法、双拼输入法、五笔型输入法、自然码输入法、区位码等等。全拼输入法和双拼输入法是根据汉字的发音进行编码的，称为音码；五笔型输入法是根据汉字的字形结构进行编码的，称为形码；自然码输入法是以拼音为主，辅以字形字义进行编码，称为音形结合码，简称音形码；区位码由四位数字组成，前两位数字为区号（1~94）、后两位数字为位号（1~94），属于流水码，其最大的优点是一字一码的无重码输入，最大的缺点是难以记忆。

用快捷键切换中英文输入方法时按 Ctrl+空格键，在各种中文输入法之间切换用 Ctrl+Shift 键。

(2) 汉字国标码。

汉字国标码是中华人民共和国国家标准信息交换汉字编码，代号为"GB2312-80"，简称国标码。在国标码的《信息交换用汉字编码字符集——基本集》中，共对6 763个汉字和682个非汉字图形符号进行了编码。根据使用频率将6 763个汉字分为两级：一级为常用汉字3 755个，按拼音字母顺序排列，同音字以笔型顺序排列。二级为次常用汉字3 008个，按部首和笔型排列。国标码是汉字的交换码，由两个字节组成，每个字节的最高位为0。

(3) 汉字机内码。

汉字机内码是在计算机内部对汉字进行存储、处理的汉字编码，简称机内码。国标码是汉字信息交换的标准编码，因其前后字节的最高位均为0，易与ASCII码混淆。因此汉字的机内码采用变形国家标准码，以解决与ASCII码冲突的问题。将国标码的每个字节中的最高位改为1即为汉字机内码。

机内码、国际码、区位码之间的换算：国标码＝区位码＋2020H，即将区位码的十进制区号和位号分别转换成十六进制数，然后分别加上20H，就成了汉字的国标码。汉字机内码＝区位码＋A0A0H，即将区位码的十进制区号和位号分别转换成十六进制数，然后分别加上A0H，就成了汉字的机内码。机内码＝国标码＋8080H。

另外，使用汉字的编码还有Unicode码和BIG5码。Unicode码是为了兼容国际上各种语言文字符号，各国的文字统一为每个字符用两个字节表示所用的编码。BIG5码是通行于香港地区和台湾地区的繁体汉字编码。

【例1-21】已知汉字"中"的区位码是5448，则其国标码是(　　　　)。

解析：先将区位码的十进制区号54、位号48分别转换成十六进制数36H和30H，然后分别加上20H，即得到"中"的国标码"5650H"。

(4) 汉字字形码。

存储在计算机内的汉字要在屏幕或打印机上显示、输出时要用到汉字字形码，这种编码是通过点阵的形式产生的。汉字的字形码也称为汉字输出码。所有的汉字都可以在同样大的方块中显示，方块是由点组成的，所有的点构成一个点阵。每个点可以由二进制的一位组成，"0"、"1"分别代表"白"和"黑"两种颜色。这样一来，用一个0、1二进制串就可以表示一个点阵，利用这样的点阵就可以输出汉字了。

汉字的大小由汉字的点阵大小决定，如16×16点阵、24×24点阵、32×32点阵、48×48点阵，等等。点阵越大，字形美观，所需的存储空间越大。例如，如果用16×16点阵表示一个汉字，则一个汉字占16行，每行有16个点，在存储时用两个字节存放一行上16个点的信息，存储一个汉字的字形需用16×16/8＝32个字节。汉字点阵所占存储空间字节数的计算公式为：字节数＝点阵行数×点阵列数/8。

汉字字库是由所有汉字的字形信息构成的，字形信息又称为字模。需要显示汉字时，根据汉字机内码向汉字字库检索出该汉字的字形信息输出。一个汉字字形信息占若干字节，究竟占多少个字节由汉字的字形决定。

【例 1-22】存储 1 024 个 24×24 点阵的汉字字形码需要的字节数是( )。

解析：存储一个 24×24 点阵的汉字字形码需要的字节数为 24×24/8 = 72 个字节，1 024 为 1k，则存储 1 024 个 24×24 点阵的汉字字形码需要的字节数是 72kB。

项目 3　收集市场最新微机配置与报价

项目描述：上网或到计算机市场做配件价格调查，了解各种计算机配件与功能。

任务清单：

任务	名称	操作技能
任务 1	认识计算机的硬件系统	1. 计算机系统构成；2. 冯·诺依曼计算机工作原理；3. 中央处理器；4. 存储器；5. 输入设备；6. 输出设备
任务 2	了解计算机的软件系统	1. 计算机软件系统构成；2. 系统软件；3. 应用软件
任务 3	了解计算机系统的主要技术指标	1. 字长；2. 时钟频率；3. 运算速度；4. 存储容量；5. 存取周期等；6. 多媒体计算机
任务 4	收集市场最新微机配置与报价	计算机配置及报价查询

任务 1　认识计算机的硬件系统

一、计算机系统概述

1. 计算机系统的组成

计算机总体而言由硬件系统和软件系统两大部分组成，如图 1-9 所示。

计算机硬件通常指的是那些看得见、摸得着的实体部件，这些部件一般由电子器件和机械设备组成。计算机软件是指计算机运行所需的各种程序及其有关的文档资料。在计算机系统中，软件与硬件都同样重要，两者相辅相成，缺一不可。一台只有硬件没有软件的计算机称为"裸机"。

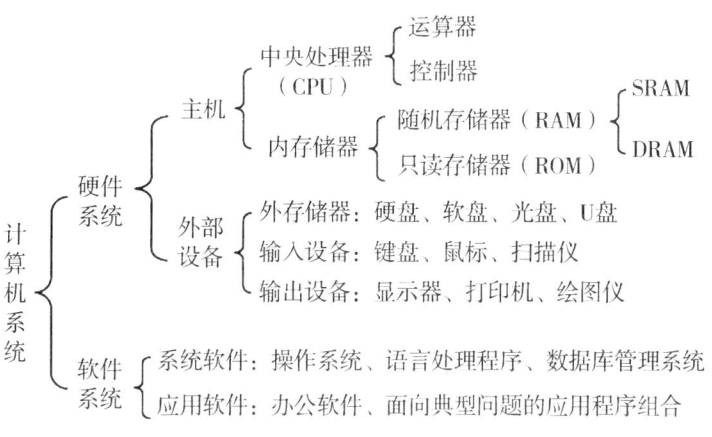

图1-9 计算机系统的组成

2. 冯·诺依曼计算机

1946年首台电子数字计算机ENIAC问世后，美籍匈牙利科学家冯·诺依曼（Von Neumann）在研制EDVAC计算机时提出两个重要的改进：采用二进制和存储程序控制，计算机在人们预先编制好的程序控制下，实现工作自动化。这一思想也确定了冯·诺依曼计算机的基本结构：输入设备、运算器、控制器、存储器、输出设备。计算机各硬件部件之间的关系如图1-10所示。

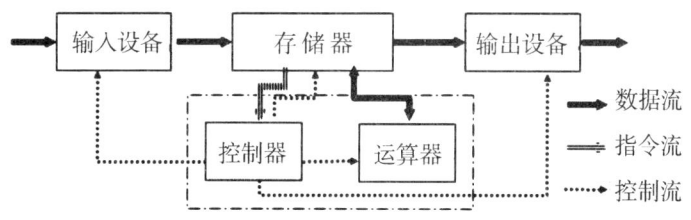

图1-10 冯·诺依曼计算机的基本结构

运算器（ALU）主要由一个加法器、若干个寄存器和一些控制线路组成，是计算机处理数据形成信息的加工厂。加法器用于对二进制数码实施算术运算和逻辑运算，寄存器用于存放参加运算的各类数据及运算结果。

控制器（CU）发出控制信号，使整个机器自动并协调工作，能理解、翻译、执行所有的指令，控制器是整个计算机系统的心脏。通常把运算器和控制器合称为中央处理器或中央处理单元，简称CPU。

存储器是用来存放数据和程序的部件，是计算机中各种信息存储和交流的中心。把中央处理器和主存储器合称为主机。

负责信息输入和输出的设备，分别称为输入设备和输出设备，输入设备和输出设备统称为外部设备。

3. 微机系统的基本结构

微机系统的基本结构是以系统总线为中心的结构，各个部件通过系统总线来传递信息。CPU和主存通过系统总线相连；主机与输入/输出设备（简称I/O设备）要通过系统总线、I/O接口才能相连接，并不是I/O设备直接与系统总线相连接。其基本结构如图1-11所示。

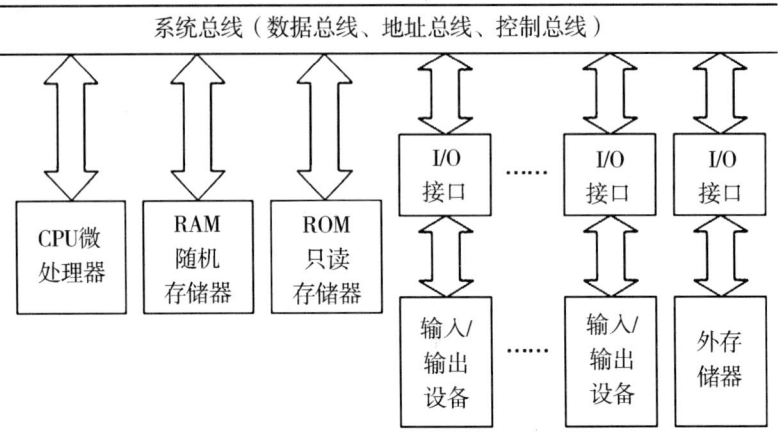

图1-11 微机系统的基本结构

总线（Bus）是连接微机各部件的公共信息通道。根据传递信息的不同，总线可分为数据总线（Data Bus，DB）、地址总线（Address Bus，AB）和控制总线（Control Bus，CB）三类。传递数据的通道称为数据总线（DB）、传递地址信息的通道称为地址总线（AB）、传输各种控制信号的通道称为控制总线（CB）。

假设CPU向外输出的地址总线有20位，则它能直接访问的存储空间可达1MB；24根地址线可寻址的范围是16MB。

输入/输出接口（简称I/O接口）的主要功能是使各种外部设备能与主机（系统总线）协调工作。I/O接口位于系统总线和I/O设备之间。

USB的中文名为"通用串行总线"，具有热插拔与即插即用的功能，在Windows 7下，使用USB接口连接的外部设备（如移动硬盘、U盘等）不需要单独安装驱动程序。目前常用的USB3.0、USB2.0、USB1.1的数据传输率分别是640MB/s、60MB/s、12MB/s。

二、中央处理器（CPU）

中央处理器（Central Processing Unit，CPU）由运算器和控制器组成，是一体积不大而元件的集成度非常高、功能强大的芯片。计算机的所有操作都受CPU控制，是计算机的核心部件，它的品质直接影响着整个计算机系统的性能。

微型计算机中的中央处理器又称为微处理器，是由制作在一块芯片上的控制器、运算器、若干寄存器以及内部数据通路构成的。微处理器是整个微型计算机系统的核心，它安装在主板的CPU插座中，如图1-12所示。在谈论微型计算机时，经常会提到386、486、586、PentiumⅢ或Pentium 4等指的是微处理器型号。

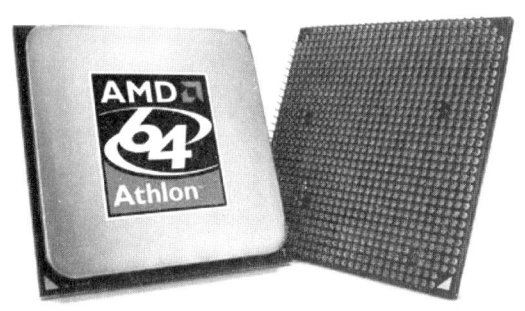

图1-12 常用微处理器（CPU）

三、存储器

在计算机中，存储器的工作类似于一台录音机。存入其中的数据可以被反复取出使用而不受破坏，这种从存储器中取出数据的操作称为读出；而向存储器中存入新信息并抹去原有内容的操作，称为写入。

根据性质不同，存储器可分为内存储器和外存储器两大类。这里主要讲述内存储器。

（一）内存储器

从计算机的基本结构看，图1-10中的存储器处于系统的中心，与运算器和控制器直接相连，CPU可从中直接读写信息，称为内存储器（简称内存），又称主存储器。

内存储器由许多存储单元构成，每个存储单元中可以存放若干个二进制位（一般为8位）。为区分不同的存储单元，可把所有存储单元均按一定的顺序编号，称为地址。

计算机内存通常由半导体材料制成，可分为随机存储器（Random Access Memory，缩写为RAM）和只读存储器（Read Only Memory，缩写为ROM）两大类。

1. 随机存储器RAM

随机存储器RAM如图1-13所示，是内存的主要部分，计算机运行中所需要的程序和数据大多存放在RAM中。RAM的特点是可读可写，但存放数据时需要周期性地补充电荷以保证所存储信息的正确即定期刷新，一旦切断电源，其中的数据全部丢失。

RAM根据工作方式不同可分为：静态RAM（简称SRAM）和动态RAM（简称DRAM）两大类。前者不用定期刷新，集

图1-13 随机存储器RAM

成度低，速度快；后者需要经常刷新，集成度高，速度慢。

CPU 主频不断提高，对 RAM 的存取更快了，为协调 CPU 与 RAM 之间的速度差问题，设置了高速缓冲存储器（Cache），它一般用 SRAM 来实现。

2. 只读存储器 ROM

只读存储器 ROM 中的数据只能读出、不能写入，主要用来存放固定不变的控制计算机的系统程序和数据，其中的程序和数据即使断电也不会丢失。ROM 中的信息是由计算机制造厂预先写入的。在微机系统中，对输入输出设备进行管理的基本系统是存放在 ROM-BIOS 中。

（二）外存储器

外存储器（简称外存）又称辅助存储器。与内存的区别在于，存放在辅助存储器中的数据必须调入内存后才能被 CPU 所使用。外存的特点是容量大、存储单位信息的价格便宜。在微机中，常用的外存储器包括磁盘、光盘和 U 盘、移动硬盘等，不常用的还有磁带。

根据日常学习、生活、工作中的经验，将图 1-14 所示的常见外存储器及相关设备的名称填写在图 1-14 的括号内。

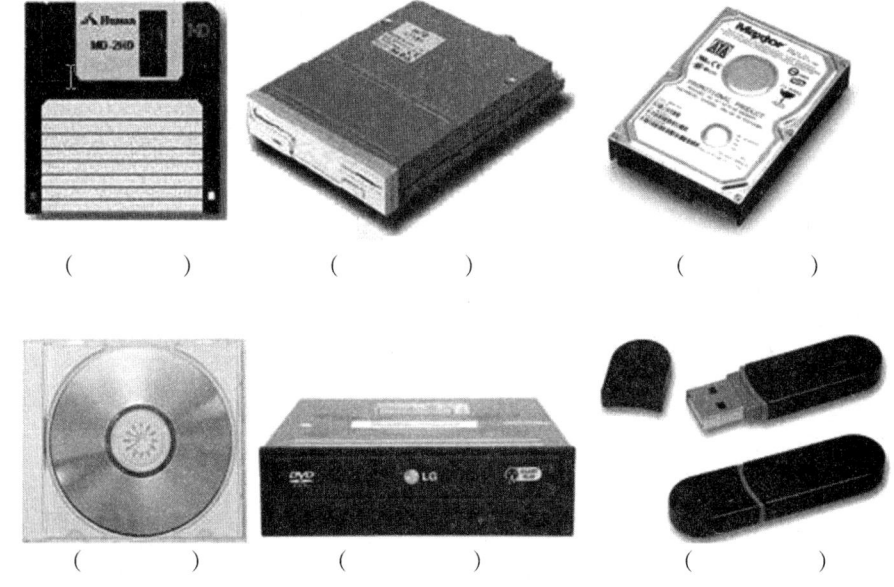

（　　）　　　　（　　）　　　　（　　）

（　　）　　　　（　　）　　　　（　　）

图 1-14　常用的外存储器及相关设备

1. 磁盘

磁盘是在金属或塑料片上涂一层磁性材料制成的。当附近有强磁场影响时，可能会改变磁盘中的磁性结构，进而破坏磁盘中的数据。当磁盘工作时，磁盘驱动器带动磁盘片高速转动，磁头掠过盘片的轨迹形成一个个同心圆，这些同心圆称为磁道，最外圈磁道的编号为 0。每个磁道又分为若干个扇区，信息就存放在这些扇区中，磁盘的存取单位是扇区。磁盘容量的计算公式为：

磁盘容量=磁面总数×磁道数×扇区数×扇区字节数

磁盘存储器包括磁盘驱动器、磁盘控制器和磁盘片3个部分。在计算机中，磁盘驱动器既可作为输入设备又可作为输出设备。把内存中数据传送到计算机的硬盘上去的操作称为写盘（输出）；把存储在硬盘上的程序传送到指定的内存区域中，这种操作称为读盘（输入）。

磁盘可分为软磁盘（简称软盘）和硬磁盘（简称硬盘）两大类。

（1）软盘。

软盘的尺寸有5.25英寸和3.5英寸两种。5.25英寸软盘已被淘汰，3.5英寸软盘仍有使用，但呈现逐步被U盘取代的趋势。在3.5英寸软盘上有2个盘面，每面80个磁道，每个磁道上有18个扇区，每个扇区存储512个字节，则总容量为1.44MB。3.5英寸软盘角上有一带黑色滑块的小方口，此为写保护口，当小方口被打开（透光）时，盘片所处的状态是只读（写保护）；反之，当小方口被关闭（不透光）时，则处于可读可写状态。软盘需要有软盘驱动器的支持才能使用。

（2）硬盘。

硬盘在计算机外部设备中占有相当重要的地位。硬盘由硬盘驱动器、磁盘片和硬盘控制器组成。硬盘的存储特性与软盘相似，同属于磁表面存储器，只是容量和速度不同而已。目前，硬盘容量已达到250GB、320GB、500GB以上，转速有3 600转/分钟、5 400转/分钟、7 200转/分钟、10 000转/分钟、15 000转/分钟等。根据硬盘所用的计算机不同分为笔记本硬盘、台式机硬盘、服务器硬盘等。

2. 光盘

光盘是一种大容量辅助存储器，呈圆盘状，与软盘类似，需要有光盘驱动器配合使用。但它不是用电磁转换的机制，而是用光学的方式进行。光盘根据工作方式不同可分为：只读型光盘（CD-ROM、DVD-ROM）、一次性写入光盘（CD-R、DVD-R）和可多次擦写型光盘（CD-RW、DVD-RW）等三大类。CD光盘的容量一般650MB左右；DVD光盘存储密度更高，一面光盘可以分单层或双层存储信息，一张光盘有两面，最多可以有4层存储空间，存储容量最大可达17GB。蓝光光盘是DVD之后的下一代光盘格式之一，用以存储高品质的影音以及大容量的数据存储，一张蓝光光盘的容量最大可达1TB。

3. U盘

U盘又称优盘，是利用闪存（Flash Memory）在断电后还能保存存储的数据不丢失的特点而制成的，其优点是重量轻、体积小、容量大、使用方便。U盘有基本型、增强型和加密型三种。基本型只提供一般的读/写功能，价格是最低的；增强型是在基本型上增加了系统启动等功能，可以代替软盘启动系统；加密型提供了文件加密和数据保护功能。U盘现在已逐步取代软盘。

以上各种存储器性能比较如表1-7所示。

表 1-7　几种存储器的比较

性能＼存储器	RAM	Cache	ROM	CD-ROM	外存储器
CPU 直接存取	可以	可以	可以	通过 RAM	通过 RAM
掉电后数据	丢失	丢失	不丢失	不丢失	不丢失
容量	小	最小	更小	大	大
速度	更快	最快	快	慢	慢
价格	高	最高	高	低	低
读写	读写	读写	只读	只读	读写

四、常用输入设备

输入设备是将数据、程序、命令或用户应答等信息送入计算机，并将它们转换成二进制代码存放到内存的设备。常用的输入设备包括键盘、鼠标、话筒（麦克风）、扫描仪、摄像头、光笔等，其中标准输入设备是键盘和鼠标。光笔是一种手写输入设备，使汉字输入变得更为方便、容易。

根据日常学习、生活、工作中的经验，将图 1-15 所示的常见输入设备的名称填写在图 1-15 的括号内。

（　　）　　　　（　　）　　　　（　　）

（　　）　　　　（　　）　　　　（　　）

（　　）　　　　（　　）　　　　（　　）

图 1-15　常用输入设备

五、常用输出设备

输出设备是将计算机的处理结果从内存中输出，并将它们转换成人或其他设备所能接受的形式的设备。常用的输出设备有显示器、打印机、绘图仪、投影机、扬声器（音响、耳机）等。

根据日常学习、生活、工作中的经验，将图 1-16 所示的常见输出设备的名称填写在图 1-16 的括号内。

图 1-16　常用输出设备

1. 显示器

通常在描述微机显示输出的性能时用到 EGA、VGA 等术语，它们指的是显示标准。显示器必须和显示卡匹配。目前常用的显示器包括 CRT 显示器和液晶（LCD）显示器两大类。显示器的大小用屏幕对角线长度来表示。

2. 打印机

打印机分击打式打印机和非击打式打印机。

针式打印机即点阵打印机,靠在脉冲电流信号的控制下,打印针击打的针点形成字符或汉字的点阵。一般说 24 针打印机是指打印头内有 24 根针。

非击打式打印机主要有喷墨打印机、激光打印机和静电打印机等。速度快、打印质量最好的打印机是激光打印机。

任务 2　了解计算机的软件系统

一、计算机软件系统概述

软件是计算机系统中不可缺少的重要组成部分。使用不同的软件,计算机就能实现不同的功能。计算机软件可分为系统软件和应用软件两大类。操作系统是计算机直接运行在"裸机"上的最基本、最核心的系统软件,通常没有操作系统的计算机是不能工作的。硬件、软件和用户的层次关系如图 1-17 所示。

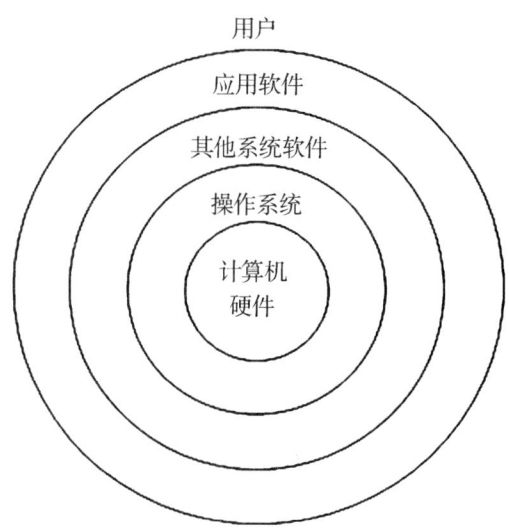

图 1-17　硬件、软件与用户的层次关系

计算机软件是指为方便使用计算机和提高使用效率而组织的程序以及用于程序开发、使用、维护的有关文档。程序是计算机完成某一任务的一系列有序指令。文档是软件开发过程中建立的技术资料。指令是 CPU 发布的用来指挥和控制计算机完成某种基本操作的命令,计算机所能完成的每个动作对应于一组二进制编码,它包括操作码和地址码。操作码又称指令码,告诉计算机要进行什么操作,即指令完成操作的类型;地址码又称操作数,告诉计算机如何取得操作数据,即参与操作的数据和操作结果存放的位置。一台计算机所能执行的全部指令的集合称为指令系统或指令集。不同计算机的指令

系统所具有的指令种类、指令格式和数目并不完全相同。

计算机的软件系统主要组成如图 1-18 所示。

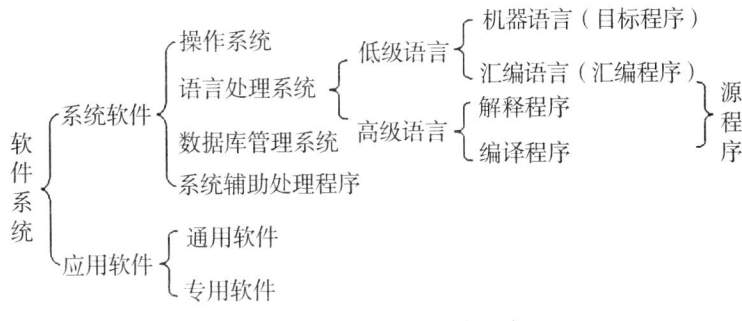

图 1-18 计算机的软件系统

二、系统软件

系统软件是一组用于管理计算机系统资源、提高机器使用效率、方便用户使用的程序的集合，其主要功能包括：启动计算机、存储、加载和执行应用程序，对文件进行排序、检索，将程序语言翻译成机器语言等。系统软件又可称为系统程序。应用软件的编制及运行，是在系统软件的支持下进行。

系统软件主要有操作系统、程序设计语言、数据管理系统、系统诊断程序。

（一）操作系统

1. 操作系统的概念

操作系统（简称 OS）是用来管理计算机软硬件资源、控制计算机工作流程并能方便用户使用的一系列程序的总和。计算机操作系统的作用是管理计算机系统的全部软、硬件资源，合理组织计算机的工作流程，以达到充分发挥计算机资源的效率，为用户提供使用计算机的友好界面。操作系统是用户与计算机之间的接口。

2. 操作系统的功能

通常以文件形式出现的程序和数据，构成了系统的软件资源。操作系统的五大功能有：处理器管理（即对 CPU 的管理）、存储管理（即对内存的管理）、设备管理（即对输入/输出设备的管理，操作系统以扇区为单元对磁盘进行读/写操作）、文件管理（按用户文件名来管理用户文件）和作业管理（即对软件资源的管理）。操作系统管理用户数据的单位是文件。

3. 操作系统的分类

按与用户交互的界面分类，操作系统分为字符界面操作系统（如 DOS）和图形界面操作系统（如 Windows）。

按能支持的用户数目分类，操作系统分为单用户操作系统（如 DOS、Windows 3X/9X/Me/2000/XP/Vista、Windows 7/8/9/10 家庭版）和多用户操作系统（如 Windows NT、Windows 2000 Server、Windows 2003 Server、

Windows 2008 Server、Linux、Unix、Windows 7/8/9/10 专业版）。

按是否能够运行多个任务分类，操作系统分为单任务操作系统（如 DOS）和多任务操作系统（如 Windows、Linux、Unix）。

按功能分类，操作系统分为：批处理操作系统（如 Windows XP）、分时操作系统（如 Unix、Linux）、实时操作系统、网络操作系统（如 Windows NT、Windows 2000 Server、Windows 2003 Server、Windows 2008 Server、Windows 2012 Server、Linux、Unix、NetWare）、分布式操作系统。

操作系统将 CPU 的时间资源划分成极短的时间片，轮流分配给各终端用户，使终端用户单独分享 CPU 的时间片，有独占计算机的感觉，这种操作系统称为分时操作系统。分时操作系统的主要特征就是在一台计算机周围挂上若干台近程或远程终端，每个用户可以在各自的终端上以交互的方式控制作业运行。UNIX 是目前国际上最流行的分时操作系统。

实时操作系统就是使计算机能及时响应外部输入信息，并在一个预定的时间内尽快完成对事件的处理给出应答。

（二）程序设计语言

程序设计语言是指用来编制和设计程序所使用的计算机语言，是人类和计算机之间信息交流的工具，通常分为机器语言、汇编语言和高级语言。

机器语言本身就是二进制代码语言，指令代码短，能够直接被计算机所识别和执行，执行速度快，又称为目标语言，所以其他语言必须转换成机器语言才能被计算机所识别。不同的计算机所使用的指令系统不同，所使用的机器语言也不一样。尽管能被计算机直接识别，且运行速度快，但不直观、可读性差、难编写、难记忆、易出错。机器语言编写的程序是机器化代码的集合，机器语言是第一代语言，从属于硬设备。CPU 的指令系统又称为机器语言。

汇编语言是用英文缩写和数字等帮助记忆的符号来代表机器指令的符号式语言。汇编语言和机器语言一样，随机器不同而异，它们都是面向机器的程序设计语言，又称为初级语言或低级语言。

高级语言诞生于 20 世纪 50 年代中期，所谓的"高级"是指这种语言与自然语言和数学公式相当接近，而且不依赖于计算机的型号，通用性好。高级语言是一种用表达各种意义的"词"和"数学公式"按照一定的语法规则编写程序的语言，设计程序时可较少考虑所用的机器，所以常把高级语言称为面向用户的语言。用高级语言编写的程序易读、易记、通用性强、独立于微机、可移植性好。

常用的高级语言包括：BASIC（计算机入门语言）、Visual Basic、COBOL（商业数据处理）、FORTRAN（工程/科学计算）、PASCAL（算法教学）、C、C++、C#、LISP（人工智能）、JAVA 等。机器上配有某种高级语言，是指该计算机配有这种高级语言的语言处理程序。

用汇编语言或高级语言编写的程序叫做源程序，CPU 不能执行它，必须翻译成对应的目标程序才行。

能把汇编语言源程序翻译成机器语言表示目标程序的程序称为汇编程序。高级语言源程序必须经过"编译"或"解释"才能成为可执行的机器语言程序（即目标程序）。

翻译程序有"解释"和"编译"两种执行方式。解释方式是对源程序的每个语句边解释边执行，适合初学者使用。例如，早期BASIC语言大都是以解释方式处理的。编译方式则是把全部源程序一次性翻译处理后，产生一个等价的目标程序，然后再去执行。一个高级语言源程序必须经过"编译"和"连接装配"两步后才能成为可执行的机器语言程序。这种方式使得程序执行速度快。目前使用的高级语言FORTRAN、PASCAL、C、C#等都采用这种处理方式。

目前使用最广泛的软件工程方法分别是传统方法和面向对象方法。软件工程是指计算机软件开发和维护的工程学科。软件产品有生命周期是具备软件的特征。软件危机是指在计算机软件的开发和维护过程中所遇到的一系列严重问题。

（三）数据库管理系统（DBMS）

FoxBASE、FoxPro、Visual FoxPro、SQL、Orcale等数据库管理系统，处理表格式数据。数据库语言也需将源程序转换成可执行的目标程序，才能在计算机上运行。

三、应用软件

应用软件是指用户编写或帮助用户完成具体工作的各种软件。比如专门为学习目的而设计的软件、人事管理系统、银行的储蓄程序、财务处理软件、金融软件、金山词霸、学籍管理系统、AutoCAD计算机辅助设计软件、Photoshop图形图像处理软件、Word字处理软件、Excel电子表格软件、PowerPoint演示文稿软件等等。应用软件的编制及运行，必须在系统软件的支持下进行。

所谓软件包（Package），就是针对不同专业用户的需要所编制的大量的应用程序，进而把它们逐步实现标准化、模块化所形成的解决各种典型问题的应用程序的组合，例如图形软件包、会计软件包、MS Office、WPS Office、360安全卫士等。

应用软件又分为专用软件和通用软件。各种软件包一般属于通用软件。

任务3　了解计算机系统的主要技术指标

一、计算机系统的主要技术指标

计算机的性能指标涉及体系结构、软硬件配置、指令系统等多种因素，一般说来主要有下列技术指标：

（1）字长：是指计算机运算部件一次能同时处理的二进制数据的位数（bit）。常见的微机字长有 8 位、16 位、32 位和 64 位，字长为 16 位表示这台计算机的 CPU 一次能处理 16 位二进制数。Intel 486 和 Pentium（奔腾）机均属于 32 位机，Pentium 机字长都是 32 位。32 位指计算机一次能够处理 32 位二进制数。

（2）时钟主频：是指 CPU 的时钟频率，它的高低在一定程度上决定了计算机速度的高低。用 MHz、GHz 来衡量 CPU 的时钟主频。Pentium II 300 中的"II"是指奔腾第二代芯片，300 是指 CPU 的时钟频率，即主频。Pentium III 500 中"500"的含义即 CPU 的时钟频率，即主频，它的单位是 MHz（兆赫兹）。在微机的配置中常看到"P4 2.4G"字样，其中数字"2.4G"表示 CPU 的时钟主频为 2.4GHz。

（3）运算速度：计算机的运算速度通常是指每秒钟所能执行加法指令的数目，一般用百万次/秒（MIPS）为单位。

（4）存储容量：存储容量通常分内存容量和外存容量，这里主要指内存储器（RAM）的容量。度量存储器空间大小的基本单位是字节（Byte），一般以 kB、MB、GB 为单位。

（5）存取周期：是指 CPU 从内存储器中存取数据所需的时间。

（6）其他：用来度量计算机网络数据传输速率（比特率）用 bps（每秒传送多少个二进制位）、kbps、Mbps 来表示。数据通信系统的主要技术指标之一的是误码率。显示器的主要技术指标有分辨率、像素的点距、显示器的尺寸。

微型计算机的性能主要取决于 CPU 的性能。

二、多媒体计算机

多媒体一方面指存储信息的物理实体，另一方面指信息的表现形式，如文字、声音、图形、图像等。对于各种多媒体信息，必须转换成二进制数才能识别。

多媒体技术赋予计算机综合处理声音、图像、动画、文字、视频和音频信号的功能，是 20 世纪 90 年代计算机的时代特征。

多媒体技术的特点有多样性、集成性（将多种媒体信息有机组织在一起）、交互性、实时性等，其中主要特点是集成性和交互性。

通常把能够综合处理文字、声音、图形、图像等多媒体信息，使多种信息之间建立联系，并且具有交互性的计算机系统，称为多媒体计算机。

在大多数多媒体计算机上都配有光驱（如 CD-ROM，多媒体技术的最终产品存放在 CD-ROM 中）、视频卡、麦克风、声卡和音箱，可以完成一些多媒体操作。

任务4　收集市场最新微机配置与报价

上网或到计算机市场做配件价格调查，了解各种计算机配件与功能，最后完成下列一台多媒体微机配置报价表的填写，填写在表1-8中。

表1-8　多媒体微机配置报价

编号	配件名称	品牌	型号	单价
1				
2				
3				
4				
5				
6				
7				
8				
9				
10				
11				
12				
13				
14				
15				
合计				

填表人：

项目4　个人计算机的维护

项目描述：个人计算机随着使用周期的延长性能在下降，开机速度、运行软件速度也越来越慢，如何提高计算机性能并进行日常维护呢？

任务清单：

任务	名称	操作技能
任务1	个人计算机的维护	1. 杀毒软件的下载、安装与使用；2. 计算机病毒的概念；3. 计算机病毒的种类及传播途径；4. 计算机病毒的防治措施；5. 计算机安全与法律法规

任务　个人计算机的维护

步骤1：杀毒软件的下载、安装、使用。

上网下载一款杀毒软件，安装并对所用计算机进行病毒查杀。

步骤2：维护软件的下载、安装、使用。

上网下载一款维护软件，对个人计算机进行维护：清理临时文件和垃圾文件、加快开机速度、阻止一些程序开机自动执行、加快上网和关机速度、系统个性化、清除恶意软件和网站、安装系统补丁、系统备份和还原等。

计算机的安全操作

一、计算机安全的基本知识

1. 计算机安全的内容

计算机安全包括系统资源安全和信息资源安全。信息系统的安全主要考虑硬件、软件、环境方面的安全。安全法规、安全管理和安全技术是计算机信息系统安全保护的三大组成部分。

计算机信息系统安全通常包括实体安全、信息安全、运行安全和人员安全等几个部分。其中实体安全的主要内容包括环境安全、设备安全和媒体安全三个方面。信息安全是指防止信息财产被故意地或偶然地泄露、更改、破坏或被不可用的系统辨识、控制的策略和过程。人员安全主要是指计算机使用人员的安全意识、法律意识、安全技能等。

2. 计算机安全的硬件防范措施

（1）开机时先开显示器后开主机电源，关机时先关主机后关显示器电源。

（2）更换插件板时，因手上有静电，所以不能用手接触线路板，在带电情况下拆连接线，可能造成接口电路的损坏。

（3）从数据的安全性考虑，应对硬盘中的重要数据定期备份。

（4）UPS电源对计算机能起到保护作用。

（5）尘土、湿度和温度都会直接影响计算机，但噪声不会直接对计算机产生影响。

二、计算机病毒及其防治

1. 计算机病毒的概念

计算机病毒是指编制或者在计算机程序中插入的破坏计算机功能或者破

坏数据，影响计算机使用并且能够自我复制的一组计算机指令或者程序代码。计算机病毒（Computer Virus）是属于计算机犯罪现象的一种，它隐藏在计算机系统的数据资源或程序中，借助系统运行和共享资源而进行繁殖、传播和生存，扰乱计算机系统的正常运行，篡改或破坏系统和用户的数据资源及程序。计算机病毒并非可传染疾病给人体的那些病毒。

2. 计算机病毒的种类

计算机病毒按其传染方式可分为三种类型，分别是引导型、文件型和混合型病毒。

3. 计算机病毒的特点

计算机病毒的特点：传染性、破坏性、隐蔽性、潜伏性、触发性，其中最主要的特点是传染性和破坏性。

4. 计算机病毒的传播途径

计算机病毒的传播途径主要是计算机网络和读/写移动存储器。

"蠕虫"病毒是网络病毒的典型代表，它不占用除内存以外的任何资源，不修改磁盘文件，利用网络功能搜索网络地址，将自身向下一地址进行传播。目前网络病毒中影响最大的是"特洛伊木马"病毒。

5. 计算机病毒的防治措施

预防计算机病毒的主要方法是：

（1）不随便使用外来软件，对外来盘必须先检查、后使用。

（2）严禁在微型计算机上玩游戏。

（3）不用非原始盘引导机器，在计算机网络中，尽量多用无盘工作站。

（4）不要在系统引导盘上存放用户数据和程序。

（5）保存重要软件的复制件。定期或不定期地进行磁盘文件备份，确保每一个细节的准确、可靠，在万一系统崩溃时最大限度地恢复系统。对付病毒破坏最有效的办法就是制作备份。

（6）给系统盘和文件加以写保护。

（7）安装并及时升级杀毒软件，定期对硬盘作检查，及时发现病毒、消除病毒。后台实时扫描病毒能对 E-mail 的附加部分、下载的 Internet 文件（包括压缩文件）、外来盘以及正在打开的文件进行实时扫描检测，确认无异常后再继续向下执行，若有异常，则提问并停止执行。目前预防病毒最好的办法就是在计算机中安装具有实时监控功能的防病毒软件，并及时升级。

（8）工作站采用防病毒芯片，这样可防止引导型病毒。

（9）使用无毒的系统盘启动后，对带毒的磁盘格式化可以较为彻底地清除病毒。

任何一种反病毒软件总是滞后于计算机新病毒的出现，先出现某个计算机病毒，然后出现反病毒软件。防病毒软件的主要使用是检查计算机是否被已知病毒感染，并清除该病毒。即使有了杀毒软件，但也不可掉以轻心，因为杀毒软件只能检测清除已知病毒，没有一个杀毒软件可以完全杀掉所有病

毒。瑞星、金山和360杀毒都是国内著名的杀毒软件品牌，而诺顿是知名的国际杀毒软件品牌。

三、计算机安全法律法规

我国的计算机立法工作开始于20世纪80年代。1981年，公安部开始成立计算机安全监察机构，并着手制定有关计算机安全方面的法律法规和规章制度。1986年4月开始草拟《中华人民共和国计算机信息系统安全保护条例》（征求意见稿）。1988年9月5日第七届全国人民代表大会常务委员会第三次会议通过了《中华人民共和国保守国家秘密法》。1989年，我国首次在重庆西南铝厂发现计算机病毒后，立即引起有关部门的重视。公安部发布了《计算机病毒控制规定（草案）》。1991年5月24日，国务院第八十三次常委会议通过了《计算机软件保护条例》，这是我国颁布的第一个有关计算机的法律。1992年4月6日机械电子工业部发布了《计算机软件著作权登记办法》，规定了计算机软件著作权管理的细则。1991年12月23日，国防科学技术工业委员会发布了《军队通用计算机系统使用安全要求》。1994年2月18日，国务院令第147号发布了《中华人民共和国计算机信息系统安全保护条例》，这是我国的第一部计算机安全法规，是我国现行计算机信息系统安全工作的总纲。它的颁布和实施，标志着我国计算机信息系统安全工作走上规范化、法制化、科学化的轨道，促进了计算机的应用和发展。

针对国际互联网的迅速普及，为保障国际计算机信息交流的健康发展，1996年2月1日国务院令第195号发布了《中华人民共和国计算机信息网络国际联网管理暂行规定》，1997年5月20日，国务院对这一规定进行了修改并重新发布。1997年6月3日，国务院信息化工作领导小组宣布中国互联网络信息中心（CNNIC）成立，并发布了《中国互联网络域名注册暂行管理办法》和《中国互联网络域名注册实施细则》。1997年12月8日，国务院信息化工作领导小组根据《中华人民共和国计算机信息网络国际联网管理暂行规定》，制定了《中华人民共和国计算机信息网络国际联网管理暂行规定实施办法》。与此同时，公安部颁布了《计算机信息网络国际联网安全保护管理办法》，原邮电部也出台了《国际互联网出入信道管理办法》。1996年3月14日，国家新闻出版署发布了《电子出版物暂行规定》。

1997年10月1日起我国实行的新刑法，第一次增加了计算机犯罪的罪名，包括非法侵入计算机系统罪，破坏计算机系统功能罪，破坏计算机系统数据程序罪，制作、传播计算机破坏程序罪等。这表明我国计算机法制管理正在步入一个新阶段，并开始和世界接轨，计算机法的时代已经到来。国家保密局发布的《计算机信息系统国际联网保密管理规定》自2000年1月1日起施行。2000年3月30日公安部发布《计算机病毒防治管理办法》。2000年11月7日信息产业部发展《互联网电子公告服务管理规定》。2000年11月17日信息产业部发布《互联网站从事登载新闻业务管理暂行规定》。2000年12

月 28 日九届全国人大常委会第十九次会议通过了《关于维护互联网安全的决定》。2001 年 4 月 29 日信息产业部发布《公用电信网间互联管理规定》。2002 年 5 月 8 日经济贸易委员会发布《电网和电厂计算机监控系统及调度数据网络安全防护规定》。2002 年 8 月 1 日新闻出版总署和信息产业部联合发布《互联网出版管理暂行规定》。2003 年 2 月 10 日国家广播电影电视总局发布《互联网等信息网络传播视听节目管理办法》。2003 年 7 月 1 日文化部发布《互联网文化管理暂行规定》。2006 年 11 月 20 日最高人民法院关于修改《最高人民法院关于审理涉及计算机网络著作权纠纷案件适用法律若干问题的解释》的决定经最高人民法院审判委员会第 1406 次会议通过。

四、计算机使用的道德

计算机使用道德包括负责任地使用信息技术系统及软件，养成良好的计算机使用习惯和责任意识；不制造、不浏览、不传播不良信息，不沉溺于虚拟空间；树立正确的知识产权意识，遵照法律和道德行为，负责任地使用信息技术等等。

单元总结

第一台电子数字计算机 ENIAC 诞生于 1946 年。计算机的发展经历四个阶段，按照所采用的电子器件的不同划分为电子管、晶体管、中小规模集成电路、大规模和超大规模的集成电路四代。计算机具有高速精准的运算能力、准确的逻辑判断能力、强大的存储能力、自动功能、网络与通信功能等特点。

首台计算机诞生后，美籍匈牙利科学家冯·诺依曼提出了存储程序、程序控制和计算机采用二进制的思想。这一设计思想一直沿用至今，也确定了冯·诺依曼型计算机由输入设备、运算器、控制器、存储器、输出设备五大硬件组成。

输入设备是向计算机输入程序和数据的设备；运算器是进行算术运算和逻辑运算的部件；控制器是统一控制和指挥计算机各部件协调工作的部件；存储器是用来存储程序和数据的部件；输出设备是将计算机处理数据后的结果显示、打印或存储到外存上的设备。

计算机系统由硬件系统和软件系统组成，两者缺一不可。

计算机的性能指标主要有字长、时钟主频、运算速度、存储容量、存取周期等。

多媒体技术的特点有多样性、集成性、交互性、实时性等，其中主要特点是集成性和交互性。

计算机是以二进制的形式存储和处理数据，数据的最小单位是位（b），存储容量的基本单位是字节（B），还有 kB、MB、GB、TB 等。常用的数制有二进制、八进制、十进制、十六进制。

计算机中最常用的西文字符编码是ASCII码，它用7位二进制数来表示一个字符的编码，包括英文字母，数字、标点符号和控制符共128个字符，每一个字符对应一个数值，即该字符的ASCII码值。每个ASCII码字符可存放在一个字节中，最高位用"0"填充。中文字符即汉字的编码是用两个字节来表示一字汉字。

计算机病毒是人为编写的一段程序代码或是指令集合，具有传染性、破坏性、隐蔽性、潜伏性、触发性等特点，其中最主要的特点是传染性和破坏性。为了确保计算机系统和数据的安全，应安装有效的杀毒软件，并定期升级；同时采取防范措施，养成良好的计算机使用习惯和责任意识，阻止计算机病毒的破坏和传播。

习题1

一、单项选择题

1. 世界上第一台电子计算机诞生于1946年，由美国宾夕法尼亚大学研制，该机的英文缩写为(　　)。
   A. EDVAC　　　　B. EDSAC　　　　C. ENIAC　　　　D. IBM650
2. 按电子计算机传统的分代方法，第一、二、三、四代的计算机依次是(　　)。
   A. 机械计算机，电子管计算机，晶体管计算机，集成电路计算机
   B. 晶体管计算机，集成电路计算机，大规模集成电路计算机，光器件计算机
   C. 电子管计算机，晶体管计算机，小、中规模集成电路计算机，大规模集成电路计算机
   D. 机械计算机，电动机械计算机，电子管计算机，晶体管计算机
3. 当代微机所采用的主要功能部件是(　　)。
   A. 晶体管　　　　　　　　　　B. 中小规模集成电路
   C. 电子管　　　　　　　　　　D. 大规模和超大规模集成电路
4. 不属于计算机发展趋势的是(　　)。
   A. 智能化　　　B. 微型化　　　C. 国产化　　　D. 巨型化
5. 计算机最主要的特点是(　　)。
   A. 高速度与高精度　　　　　　B. 可靠性和可用性
   C. 具有逻辑推理和判断功能　　D. 存储程序与自动控制
6. 现在广泛使用的管理信息系统（MIS），按计算机应用的分类，它属于(　　)。
   A. 数值计算　　B. 数据控制　　C. 过程控制　　D. 辅助工程
7. 计算机应用中，计算机辅助教学的英文缩写是(　　)。

A. CIMS　　　　B. CAM　　　　C. CAD　　　　D. CAI

8. 计算机的主要技术性能指标是指（　　）。
   A. 计算机所配备语言、操作系统、外部设备
   B. 硬盘的容量和内存的容量
   C. 显示器的分辨率、打印机的性能等配置
   D. 字长、运算速度、内/外存容量和 CPU 的时钟频率

9. 下列指标中，（　　）不属于显示器主要技术指标。
   A. 分辨率　　　　　　　　　B. 重量
   C. 像素的点距　　　　　　　D. 显示器的尺寸

10. 根据数制的基本概念，下列各进位计数制的整数中，（　　）值最小。
    A. 十进制数 10　　　　　　B. 八进制数 10
    C. 十六进制数 10　　　　　D. 二进制数 10

11. 执行八进制算术运算 15×12 =（　　）。
    A. 17　　　　B. 252　　　　C. 180　　　　D. 202

12. 下列一组数据中的最小数是（　　），最大数是（　　）。
    A. 2260　　　　B. 1EAH　　　　C. 1010000B　　　　D. 789D

13. 计算机中的数据是指（　　）。
    A. 数学中的实数　　　　B. 字符
    C. 数学中的整数　　　　D. 一组可以记录、可以识别的记号或符号

14. 在计算机中，存储信息的最小单位是（　　），最大单位是（　　）。
    A. 位（b）　　　　B. 字节（B）　　　　C. TB　　　　D. MB

15. 假设某台式计算机的内存储器容量为 512MB，硬盘容量为 128GB，硬盘的容量是内存容量的（　　）。
    A. 4 倍　　　　B. 512 倍　　　　C. 256 倍　　　　D. 128 倍

16. 在计算机中 1 字节无符号整数的取值范围是（　　）。
    A. 0~256　　　　B. 0~255　　　　C. -128~128　　　　D. -128~127

17. 在微机中，应用最普遍的字符编码是（　　）。
    A. BCD 码　　　　B. ASCII 码　　　　C. 汉字编码　　　　D. 补码

18. 在 ASCII 码表中，根据码值由小到大的排列顺序是（　　）。
    A. 数字符、空格字符、大写英文字母、小写英文字母
    B. 数字符、大写英文字母、小写英文字母、空格字符
    C. 空格字符、数字符、大写英文字母、小写英文字母
    D. 空格字符、数字符、小写英文字母、大写英文字母

19. 在微型计算机内部，对汉字进行传输、处理和存储时使用汉字的（　　）。
    A. 输入码　　　　B. 国标码　　　　C. 机内码　　　　D. 字形码

20. 计算机病毒可以使整个计算机瘫痪，危害极大。计算机病毒是（　　）。

A. 特殊的计算机部件　　　　　　　B. 游戏软件
C. 人为编制的特殊程序　　　　　　D. 能传染致病的生物病毒

21. 反病毒软件(　　)。
A. 只能检测清除已知病毒　　　　　B. 可以让计算机用户永无后顾之忧
C. 自身不可能感染计算机病毒　　　D. 可以检测清除所有病毒

22. 下列设备中,断电会使存储数据丢失的存储器是(　　),属于输入设备的是(　　),属于输出设备的是(　　)。
A. CPU　　　　B. 鼠标　　　　C. 打印机　　　　D. 内存

23. 在以下所列出的六个软件中:①字处理软件,②Linux,③Unix,④学籍管理系统,⑤Windows 7,⑥Office 2010,属于系统软件的有(　　)。
A. ①②③　　　B. ②③⑤　　　C. ①②③⑤　　　D. ①④⑥

24. 下列系统软件中,最重要的是(　　),属于低级语言的是(　　),属于高级语言的是(　　)。
A. 操作系统　　B. Office 软件　　C. Java 语言　　D. 汇编语言

25. 下列设备中,多媒体计算机所特有的是(　　)。
A. 键盘　　　　B. 显示器　　　C. 硬盘　　　　D. 视频卡

二、多项选择题

1. 电子计算机按用途分类,包括(　　)。
A. 便携式计算机　　　　　　　　B. 通用型计算机
C. 台式计算机　　　　　　　　　D. 专用型计算机

2. 电子计算机的特点是(　　)。
A. 计算速度快　　　　　　　　　B. 具有对信息的记忆能力
C. 具有思考能力　　　　　　　　D. 具有逻辑处理能力

3. 与二进制数 00110101 相等的数包括(　　)。
A. 十进制数 55　　　　　　　　　B. 十进制数 53
C. 八进制数 65　　　　　　　　　D. 十六进制数 35

4. 计算机中采用二进制的主要原因是(　　)。
A. 两个状态的系统容易实现,成本低
B. 运算法则简单
C. 十进制无法在计算机中实现
D. 可进行逻辑运算

5. 计算机中字符 a 的 ASCII 码值是 $(01100001)_2$,那么字符 c 的 ASCII 码值是(　　)。
A. $(01100010)_2$　　　　　　　B. $(143)_8$
C. $(01100011)_2$　　　　　　　D. $(63)_{16}$

6. 以下关于中央处理器的叙述中,正确的有(　　)。
A. 是计算机系统中最核心的部件
B. 是由运算器和控制器组成

C. 简称主机

D. 具有计算能力

7. 计算机主机通常包括(　　)。

　A. 显示器　　　　B. 控制器　　　　C. 运算器　　　　D. 存储器

8. CPU 能直接访问的存储器是(　　)。

　A. ROM　　　　　B. RAM　　　　　C. Cache　　　　D. 外存储器

9. 下列叙述正确的有(　　)。

　A. 外存中的程序只有调入内存后才能运行

　B. 计算机区别于其他计算工具的本质特点是能存储数据和程序

　C. 裸机是指不含外部设备的主机

　D. 计算机不能对实数进行运算

10. 随机存储器 RAM 的特点是(　　)。

　A. RAM 中的信息可读可写　　　　B. RAM 的存取速度高于磁盘

　C. RAM 中的信息可长期保存　　　D. RAM 是一种半导体存储器

11. 汇编语言是一种(　　)。

　A. 低级语言　　　　　　　　　　B. 高级语言

　C. 程序设计语言　　　　　　　　D. 目标程序

12. 计算机不能直接识别和处理的语言是(　　)。

　A. 汇编语言　　　B. 自然语言　　　C. 机器语言　　　D. 高级语言

13. 即使断电也不会使数据丢失的存储器是(　　)。

　A. RAM　　　　　B. 硬盘　　　　　C. ROM　　　　　D. 软盘

14. 关于中央处理器的叙述中，正确的为(　　)。

　A. 中央处理器的英文缩写为 CPU

　B. 中央处理器简称为主机

　C. 存储容量是中央处理器的主要指标之一

　D. 时钟频率是中央处理器的主要指标之一

15. 以下设备中，属于输出设备的有(　　)。

　A. 打印机　　　　B. 键盘　　　　　C. 显示器　　　　D. 磁盘驱动器

三、判断题

1. 计算机是实现自动控制的必备设备。　　　　　　　　　　　(　　)

2. 专家系统属于人工智能范畴。　　　　　　　　　　　　　　(　　)

3. 在计算机中，利用二进制数表示指令和字符，用十进制数表示数字。

　　　　　　　　　　　　　　　　　　　　　　　　　　　　(　　)

4. 存储器容量的大小可用 kB 为单位来表示，1kB 表示 1024 个二进制数位。

　　　　　　　　　　　　　　　　　　　　　　　　　　　　(　　)

5. 在计算机内部，机器数的最高位为符号位，该位为 1 表示该数为负数。

　　　　　　　　　　　　　　　　　　　　　　　　　　　　(　　)

6. 对于特定的计算机，每次存放和处理数据的二进制数的位数是固定不

变的。 （　）
7. 每个汉字具有唯一的内码和外码。 （　）
8. 存入存储器中的数据可以反复取出使用而不被破坏。 （　）
9. 一般来说，不同的计算机具有不同的指令系统和指令格式。 （　）
10. SRAM 存储器是静态随机存储器。 （　）
11. 解释程序的功能是解释执行汇编语言程序。 （　）
12. 机器语言是人类不能理解的计算机专用语言。 （　）
13. 应用软件的编制及运行，必须在系统软件的支持下进行。 （　）
14. 磁盘既可作为输入设备又可作为输出设备。 （　）
15. 主存储器可以比辅助存储器存储更多信息，且读写速度更快。
　　　　　　　　　　　　　　　　　　　　　　　　 （　）
16. 一般来说计算机字长与其性能成正比。 （　）
17. 声卡是多媒体计算机的必备设备之一。 （　）
18. 计算机系统的功能强弱完全由 CPU 决定。 （　）
19. 打印机只能打印字符，绘图机才能绘图形。 （　）
20. 计算机病毒就是一种生物病毒。 （　）

四、填空题

1. 根据计算机发展阶段的划分，我们目前使用的计算机属于第_____代计算机。
2. 功能最强的计算机是巨型机，具有轻、小、价廉、使用方便的计算机是_____。
3. 在计算机中规定一个字节由_____个二进制位构成。
4. 在计算机的单位换算中，定义 1TB = _____ GB，1GB = _____ MB，1MB = _____ kB。
5. 一台 8 位机，它的机器数是有符号数时，能表示的最大正数是_____，最小负数是_____。
6. 计算机病毒的特点有_____、_____、_____、_____、_____。
7. 存储 100 个 16×16 点阵汉字，需要_____字节存储空间。
8. 汉字三要素为：_____、_____、_____。
9. 在计算机系统中通常把_____和_____合称为外部设备。
10. 计算机程序是完成某项任务的_____序列。
11. 从存储器中取出数据的操作称为_____；向存储器中存入新信息，并抹去原有内容的操作称为_____。
12. 操作系统的五大管理功能包括：处理器管理、_____、_____、设备管理和作业管理。
13. 高级语言翻译有_____和_____两种工作方式。
14. 当前微机系统最常使用的输出设备是_____和_____。

15. 通常用屏幕水平方向上显示的点数乘垂直方向上显示的点数来表示显示器清晰程度，该指标称为_____。

五、综合题

1. 把下列进位计数制转换为十进制数。
   （1）二进制数 10110101　　　　（2）八进制数 421
   （3）十六进制数 12C　　　　　　（4）二进制数 1100110.011

2. 把十进制数 1421 分别转换为二进制数、八进制数、十六进制数。

3. 把下列二进制数分别转换为八进制数和十六进制数。
   （1）1011　　（2）101011　　（3）11100111　　（4）111111111

4. 把下列八进制数转换为二进制数。
   （1）6　　（2）15　　（3）100　　（4）3516

5. 把下列十六进制数转换为二进制数。
   （1）7　　（2）15　　（3）1A0　　（4）FFEC

6. 计算机病毒的防治措施有哪些？

7. 结合实际，思考如何提高自身的道德修养。

第 2 单元　Windows 7 操作系统

单元简介

Windows 7 是由微软公司开发的、具有革命性变化的操作系统。该系统旨在让人们的日常电脑操作更加简单和快捷，为人们提供高效易行的工作环境。

微软开发的 Windows 系列视窗操作系统，目前企业版最高为 Windows Server 2008，个人版最高为 Windows 10，因其个人版简单易操作，一直深受个人用户的喜爱。

Windows 7 版本	主要功能
Windows 7 简易版	简单易用。Windows 7 简易版保留了 Windows 为大家所熟悉的特点和兼容性，并吸收了在可靠性和响应速度方面的最新技术进步
Windows 7 家庭普通版	使您的日常操作变得更快、更简单。使用 Windows 7 家庭普通版，您可以更快、更方便地使用最频繁的程序和文档
Windows 7 家庭高级版	在您的电脑上享有最佳的娱乐体验。使用 Windows 7 家庭高级版，可以轻松地欣赏和共享您喜爱的电视节目、照片、视频和音乐
Windows 7 专业版	提供办公和家用所需的一切功能。Windows 7 专业版具备您需要的各种商务功能，并拥有家庭高级版卓越的媒体和娱乐功能
Windows 7 企业版	提供一系列企业级增强功能
Windows 7 旗舰版	集各版本功能之大全。Windows 7 旗舰版具备 Windows 7 家庭高级版的所有娱乐功能和专业版的所有商务功能，同时增加了安全功能以及在多语言环境下工作的灵活性

第 2 单元　Windows 7 操作系统

单元安排

项目	项目知识要点	参考学时
项目 1 熟悉 Windows 7 环境	1. 了解 Windows 7 的运行环境 2. 熟悉并掌握 Windows 7 的启动、退出与注销 3. 认识 Windows 7 的桌面与图标	
项目 2 个性化设置	1. 熟悉并掌握鼠标的操作方法 2. 学习并能熟练设置主题、桌面背景、窗口边框颜色、声音、屏幕保护程序 3. 学习并能熟练使用开始按钮与任务栏 4. 学习并能熟练设置任务栏与开始按钮 5. 学习并能熟练使用通知区域内的日期时间调整正确的时间	2
项目 3 个人学习资源创建和管理	1. 认识计算机、资源管理器 2. 认识文件和文件夹 3. 认知剪贴板和回收站 4. 熟练掌握文件和文件夹组织管理（视图更改、新建、复制、移动、删除、重命名、属性设置、搜索、建立快捷方式）	2

项目 1　熟悉 Windows 7 环境

任务清单：

任务	名称	操作技能
任务 1	了解 Windows 7 的运行环境	Windows 7 操作系统的最低硬件要求
任务 2	熟悉并掌握 Windows 7 的启动、退出与注销	1. 启动 Windows 7 操作系统；2. 退出与注销 Windows 7 操作系统
任务 3	认识 Windows 7 的桌面与图标	1. Windows 7 桌面背景；2. Windows 7 桌面图标；3. Windows 7 任务栏

任务 1　了解 Windows 7 的运行环境

微软推荐安装运行 Windows 7 的最低硬件要求：
（1）1 GHz 32 位或 64 位处理器；

（2）1 GB 内存（基于 32 位）或 2 GB 内存（基于 64 位）；

（3）16 GB 可用硬盘空间（基于 32 位）或 20 GB 可用硬盘空间（基于 64 位）；

（4）带有 WDDM 1.0 或更高版本的驱动程序的 DirectX 9 图形设备；

（5）分辨率在 1024×768 像素及以上（低于该分辨率则无法正常显示部分功能）。

任务 2　熟悉并掌握 Windows 7 的启动、退出与注销

1. 启动 Windows 7

启动步骤：

连接好计算机的电源，按主机上的电源开关。

计算机首先执行自检，检测自身基本输入/输出单元是否有误，没有错误则进入系统引导。

进入用户登录界面，如图 2-1 所示。

图 2-1　登录界面

选择用户，输入用户密码，计算机自动加载用户的个性设置信息完成启动。

2. 退出与注销 Windows 7

点击"开始"、"关机"可以实现退出和注销 Windows，如图 2-2 所示。

（1）退出：点击"关机"可以退出 Windows 系统，并关掉电源。

【提示】

小提示：可以长按主机上的电源按钮实现关机，但这种操作是非常规手段，只能用在特殊环境下，即当 Windows 系统死机了（键盘和鼠标不能使用时）才使用这种非常手段实现关机。

（2）切换用户：将当前工作环境更换到另一个用户下。

(3)注销：将当前用户注销掉，进入登录界面。用户的所有正在执行的任务都要被关闭。

(4)锁定：将当前用户锁定。用户的所有正在执行的任务不会被关闭，而是放在后台去运行。

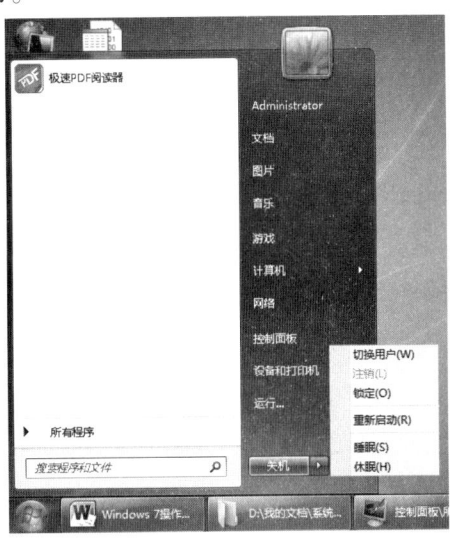

图 2-2　退出界面

【提示】

这个操作主要是用在用户需要离开一会儿计算机而又不希望别人在其不在时操作计算机。

(5)重新启动：重新启动计算机，不再做自检。

任务3　认识 Windows 7 的桌面与图标

Windows 7 启动之后，屏幕上显示 Windows 桌面，是 Windows 用户与计算机进行交互操作的平台。如图 2-3 所示。

桌面主要由以下部分组成：

1. 桌面背景

整个屏幕的背景。

2. 桌面图标

包括三类图标。

(1)系统图标：用户的文件、计算机、网络、回收站、控制面板等，可以在"个性化"设置这些"桌面图标"。

(2)程序快捷图标：是在安装程序时，自动在桌面上建立的图标，在图

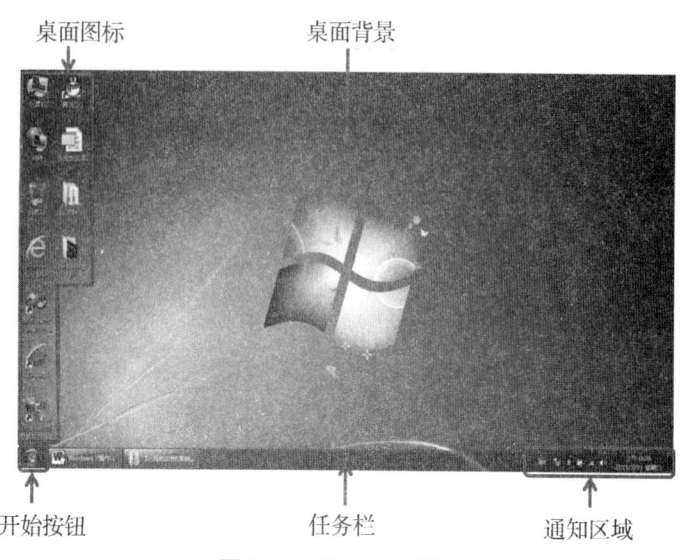

图 2-3 Windows 桌面

标左下角有一个向右上的 图形，它的作用是用来快速运行程序。

（3）用户自定义图标：用户建立的文件夹和文件。

【提示】

最好不要在桌面上放置数据文件，因为如果 Windows 系统崩溃了，要再找回这些文件有点困难。

3. 任务栏

屏幕下方长条就是任务栏，它包括计算机运行的所有程序按钮、开始按钮、通知区域。

（1）程序按钮：计算机运行的程序会在任务栏中产生相应的按钮，方便用户切换运行的程序。

（2）开始按钮：计算机中安装的所有程序及系统设置程序都组合在一个菜单下，方便用户操作，这个菜单提供了一个打开按钮，即开始按钮。

（3）通知区域：包含一些常用信息的设置按钮，如日期时间、声音、网络等。

项目 2　个性化设置

任务清单：

任务	名称	操作技能
任务1	熟悉鼠标的操作	1. 移动操作；2. 单击操作；3. 双击操作；4. 右击操作；5. 拖动操作
任务2	个性化设置	1. 设置桌面背景；2. 设置窗口颜色；3. 设置声音；4. 设置屏幕保护程序
任务3	Windows 7 的开始菜单与任务栏	1. 开始菜单使用；2. 任务栏设置

任务1　熟悉鼠标的操作

两键、三键或多键鼠标的基本操作方法都基本相同，主要包括移动、单击、双击、右击和拖动5个基本操作。在任何环境下操作方法都相同，不同环境下的作用有可能不一样。见表2-1。

表2-1　鼠标的简单操作

操作名称	操作方法	Windows 7 系统下的作用
移动	通过移动鼠标使屏幕上的鼠标指针做同步移动	移动鼠标指针到对象上
单击	移动鼠标指针指向对象，然后快速按下鼠标左键并弹起的过程	选定指向对象或执行命令
双击	移动鼠标指针指向对象，连续两次单击鼠标左键并弹起的过程	快速双击是打开指向对象，慢速双击是更新对象名称
右击	也称为右键单击，移动鼠标指针指向对象，快速按下鼠标右键并弹起的过程	弹出指向对象的右键设置菜单
拖动	按住鼠标左键的同时移动鼠标指针到其他位置，然后释放鼠标左键的过程	1. 拖动指向对象到新的位置去 2. 拖动出一个矩形框，完全框住的对象被选定，即框选

在使用三键鼠标时，正确把握鼠标的姿势是手掌掌心压住鼠标，大拇指和小指自然放在鼠标的两侧，食指和无名指分别控制鼠标的左键和右键，中指用来控制鼠标中间的滚轮键。

Windows 7 下对图标或其他对象的处理统一方法是：先选定，再设置。

任务2 个性化设置

1. 打开个性化设置窗口

移动鼠标到桌面空白区域，右击鼠标，打开对桌面设置的右键菜单，如图2-4所示。

图2-4 右击鼠标后的菜单

单击"个性化"，执行个性化命令，打开个性化设置窗口如图2-5所示。

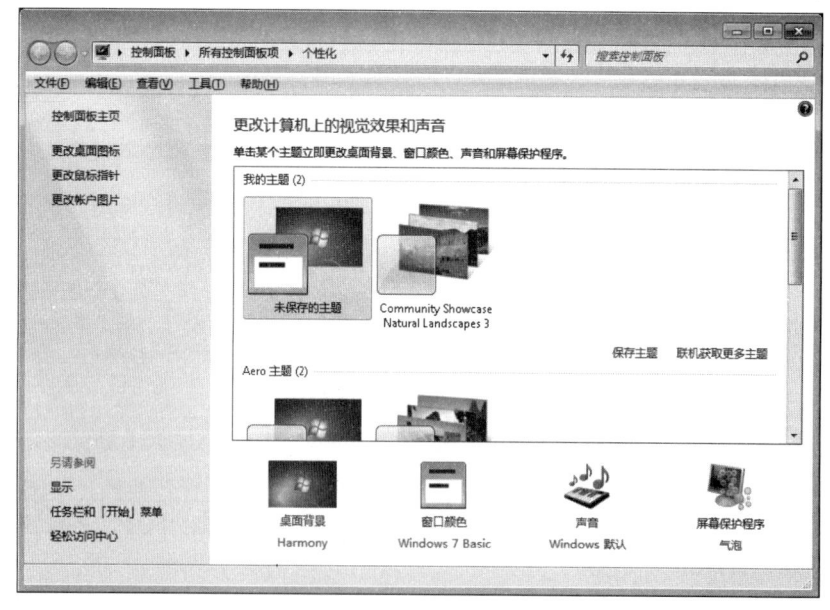

图2-5 个性化设置界面

2. 设置主题

主题：是Windows 7操作系统下的所有图片、颜色和声音的组合。它包括桌面背景、窗口颜色、声音和屏幕保护程序。

设置桌面背景：在"个性化"设置窗口单击"桌面背景"，打开"桌面背景"设置窗口如图2-6所示。

图 2-6　桌面背景设置

设置窗口边框颜色：在"个性化"设置窗口单击"窗口颜色"，打开"窗口颜色"设置窗口如图2-7所示。

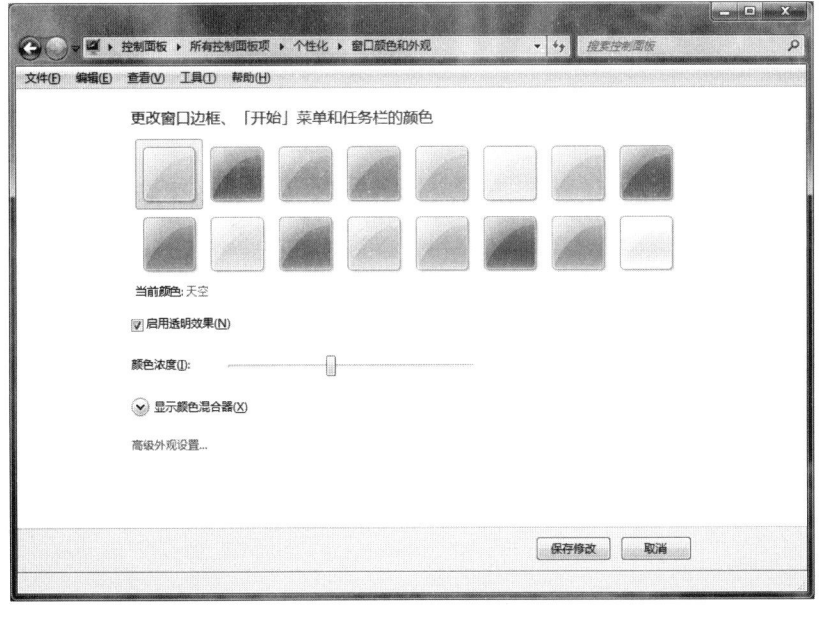

图 2-7　颜色设置界面

设置声音：在"个性化"设置窗口单击"声音"，打开"声音"设置窗口如图2-8所示。

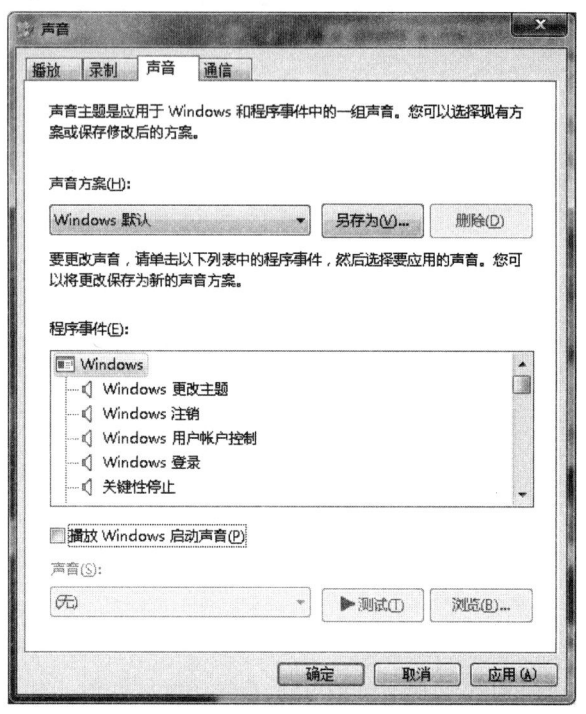

图2-8 声音设置界面

设置屏幕保护程序：在"个性化"设置窗口单击"屏幕保护程序"，打开"屏幕保护程序"设置窗口如图2-9所示。

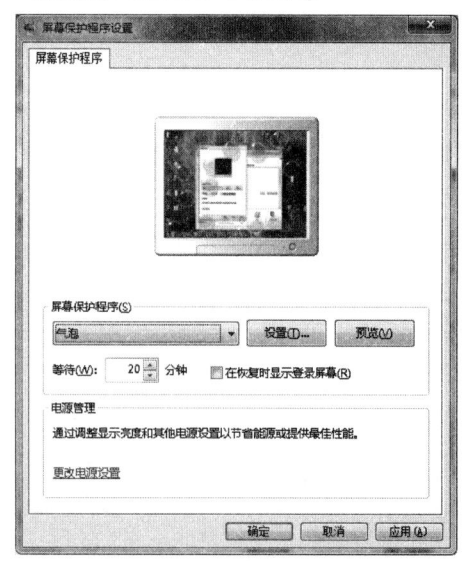

图2-9 屏幕保护程序设置界面

任务3　Windows 7 的"开始"与任务栏

1. "开始"

点击"开始"按钮会打开一个菜单，如图 2-10 所示。主要包含：近期运行的程序排列窗格、"所有程序"列表、运行输入框、用户文档命令组、计算机与网络命令组、计算机设置命令组。

图 2-10　"开始"设置界面

2. 任务栏设置

屏幕下方长条就是任务栏，它包括计算机运行的所有程序按钮、开始按钮、通知区域。右击任务栏空白处，选择属性，可以打开"任务栏和开始设置"对话框。如图 2-11 所示。

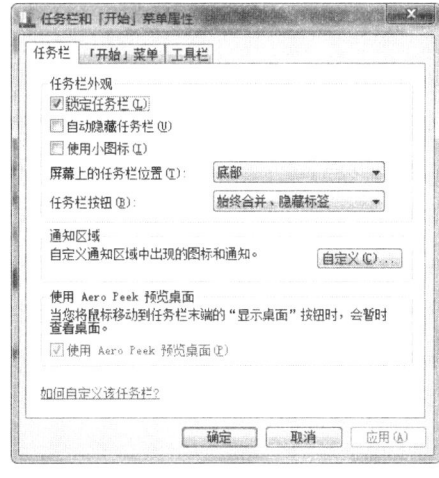

图 2-11　任务栏设置界面

可以设置任务栏是否被锁定、自动隐藏、使用小图标，可以更改任务栏的位置，可以更改任务栏按钮是否合并隐藏标签。

点击开始菜单选项卡下的"自定义"，打开"自定义开始菜单"设置对话框，如图2-12所示。

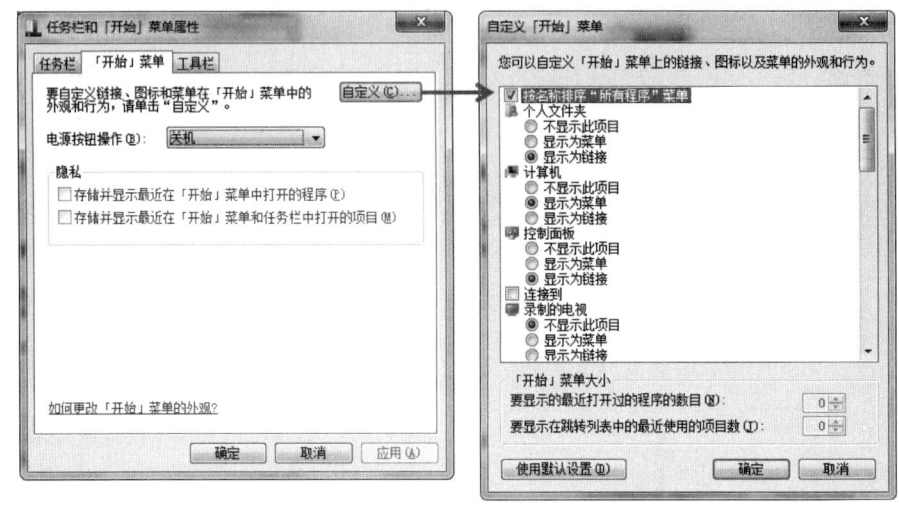

图2-12 自定义开始菜单设置界面

项目3　个人学习资源创建和管理

任务清单：

任务	名称	操作技能
任务1	了解并分析任务	分析项目任务
任务2	分离系统图标、程序快捷图标和用户数据文档	1. 查找系统图标；2. 查找程序快捷图标；3. 查找用户文档
任务3	将用户数据文档分类归档	1. 文档存储大小；2. 磁盘存储空间；3. 文档备份；4. 创建文件夹；5. 移动文档

相关知识

一、认识计算机（资源管理器）

计算机程序和资源管理器程序是同一个程序，用于组织管理计算机的资源（主要是通过文件和文件夹来实现组织管理）。组织管理是利用窗口和对话框实现的，如图2-13所示。

计算机（资源管理器）窗口分为：标题栏、地址栏、菜单栏、工具栏、

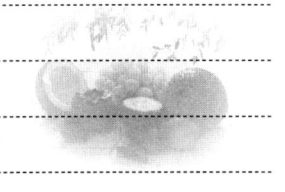

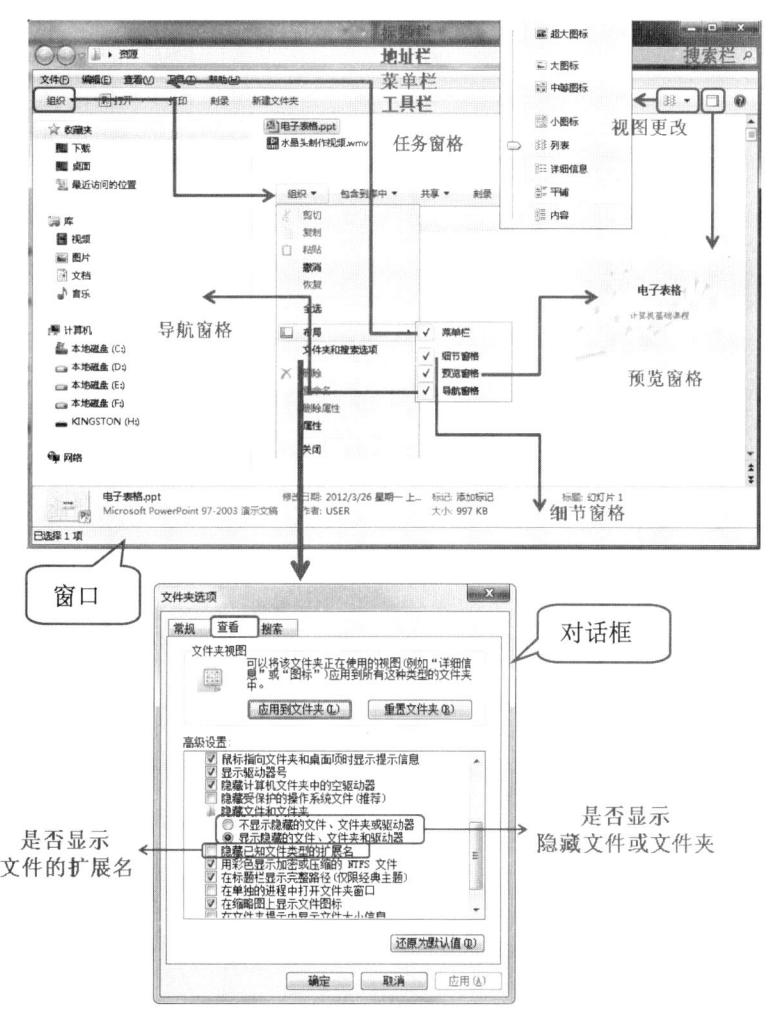

图 2-13 组织管理设置界面

导航窗格、预览窗格、细节窗格和中间的任务窗格。

"组织"工具用于对计算机资源进行组织，还可以对窗口布局做调整（包括：菜单栏、导航窗格、预览窗格、细节窗格），可通过文件夹选项控制是否显示隐藏文件和文件夹、是否显示文件的扩展名等。

"视图更改"工具用于控制任务窗格内的文件和文件夹的显示视图方式。

二、认识文件和文件夹

计算机中的文档、图形、图片、声音、视频等数据资料都是以文件的形式保存在外存中（如硬盘、优盘、光盘等）。所以文件是存储数据信息的基本单元。

文件的类型有许多种，如文本文档、可执行程序文件、图形文件、声音文件、视频文件等，通常用文件存放位置和文件名称来区分不同的文件，用不同的图标或文件扩展名来区分不同的文件类型。

为了更有效地组织文件，常常将文件存储在文件夹中，使得文件更为有序、高效处理。文件夹除了能存储文件外，还能存储文件夹，文件夹中的文件夹被称为"子文件夹"，在计算机地址栏中有效的表示了这种关系，其格式如下：

磁盘：\ 文件夹 \ 一级子文件夹 \ 二级子文件夹 \ …… \ N 级子文件夹

计算机中的文件名称非常重要，其组成格式如下：

文件名．扩展名

"文件名"可以根据需要进行更改，但扩展名不能随意更改。因为不同类型文件的扩展名是不相同的。任意类型文件必须使用相对应的软件才能打开处理。

在 Windows 7 中的文件名称命名中，不能使用这些字符：\ / * ? * <> |

常见文件类型及对应编辑处理软件如表 2-2 所示。

表 2-2　文件扩展名

扩展名	类型	对应软件
txt	文本文档	记事本、Word 等所有具有文本编辑功能的程序
docx	Word 文档	Microsoft Word、Wps Word
xlsx	Excel 文档	Microsoft Excel、Wps Excel
pptx	PowerPoint 文档	Microsoft PowerPoint、Wps PowerPoint
gif/jpg/bmp	图形文件	位图、PhotoShop 等图形处理软件
avi/mp4	视频文件	视频处理软件
rar/zip	压缩文件	WinRAR、WinZip 等压缩程序
exe	可执行文件	这是一种应用程序

三、剪贴板和回收站

（1）剪贴板：是内存中的一块特殊区域，它是复制和移动文件和文件夹时的中间存储的中转站。其作用模拟图示如图 2-14 所示。

剪贴板的内容是最后一次复制或剪切的内容。复制到剪贴板的内容可以粘贴无限次，而剪切的内容只能粘贴一次。

（2）回收站：是外存中的一块特殊区域，用于存放被用户删除的文件。如图 2-15 所示。

删除：包括逻辑删除和物理删除，逻辑删除是把选定的文件或文件夹删除到回收站，在回收站内还能还原回来。物理删除则是直接删除文件或文件夹，不放入回收站，不能还原。

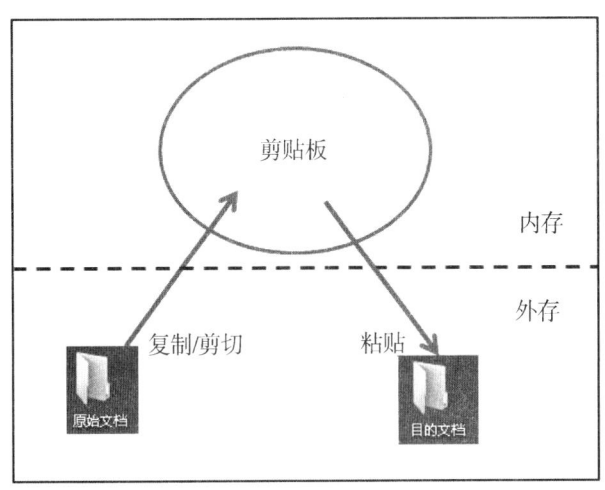

图 2-14 剪贴板作用示意图

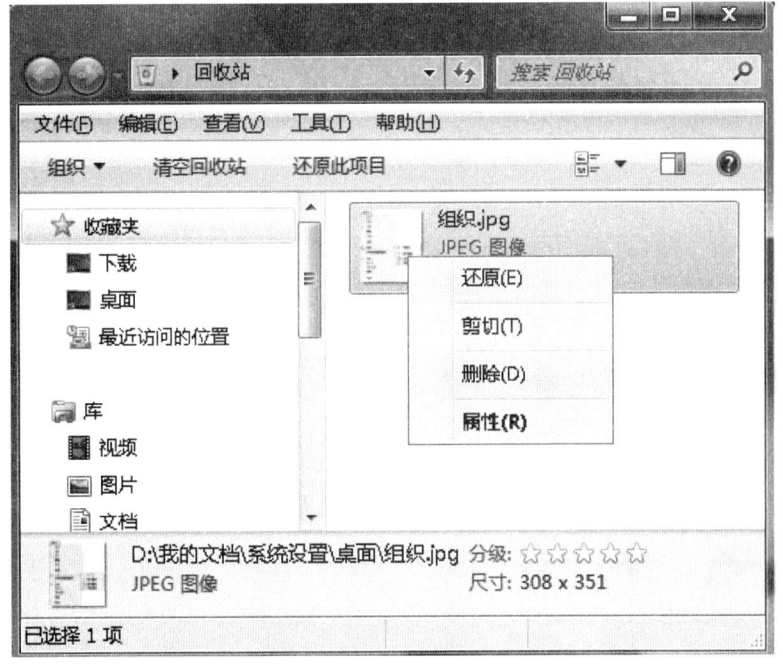

图 2-15 回收站界面

四、文件和文件夹组织管理

文件和文件夹组织管理在"计算机"和"资源管理器"中都可以完成，组织管理操作的原则是"先选定再操作"。常见选定操作见表 2-3。

表 2-3 "复制"快捷键使用

种类	鼠标操作	键盘操作	鼠标+键盘操作
单选	鼠标指向对象再单击	输入要选定的对象名称的首字母，再连续按此字母直到选中对象为止	
连续多选	矩形选定，从起始空白处按下左键，拖动鼠标完全框住需选定对象，再释放左键	全选，按 Ctrl+A	先单选起始对象，再按住 Shift 键同时移动鼠标到结束对象再单击
非连续多选			先按上面两种选定方法首次选定对象，再按住 Ctrl 键，同时按上面两种选定方法选定其他对象

文件和文件夹组织管理操作包括新建、复制、移动、删除、重命名、属性设置、搜索、建立快捷方式等。每类操作都有许多种不同实现方式，常见三种操作方式归纳如下表 2-4，菜单命令见图 2-16。

表 2-4 快捷键使用

操作	鼠标单击菜单命令	键盘	鼠标+键盘
全选	全选	Ctrl + A	
新建	新建	Ctrl+shift+N（新建文件夹）	
复制	复制	Ctrl + C	Ctrl +鼠标拖动对象
	粘贴	Ctrl + V	
移动	剪切	Ctrl + X	Shift +鼠标拖动对象
	粘贴	Ctrl + V	
删除	删除：逻辑删除	Delete：逻辑删除 Shift + Delete：物理删除	Shift +单击菜单删除命令：物理删除
重命名	重命名	F2	
属性设置	属性	Alt+Enter	Alt+双击对象
搜索		Windows+F	
建立快捷方式	创建快捷方式		
取消上次操作	撤消	Ctrl+Z	
恢复取消的操作	恢复	Ctrl+Y	

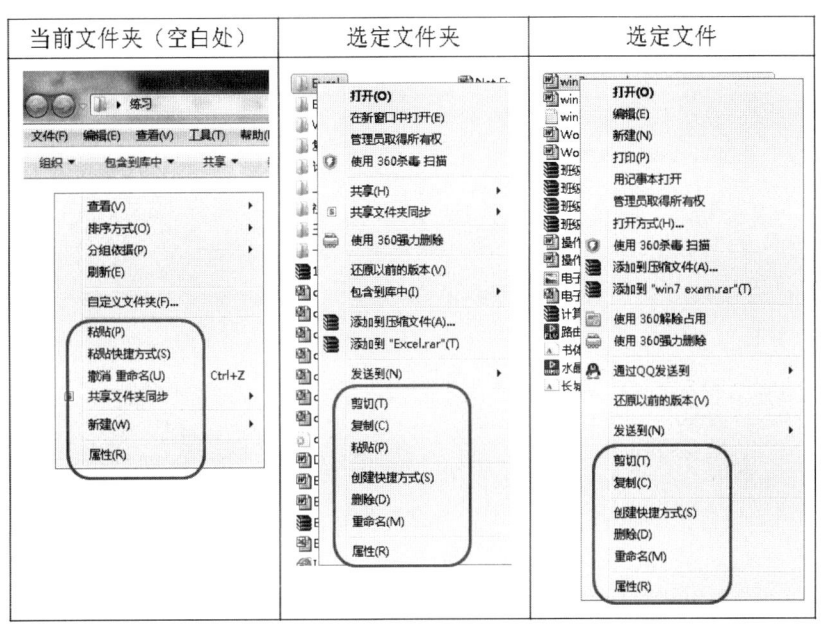

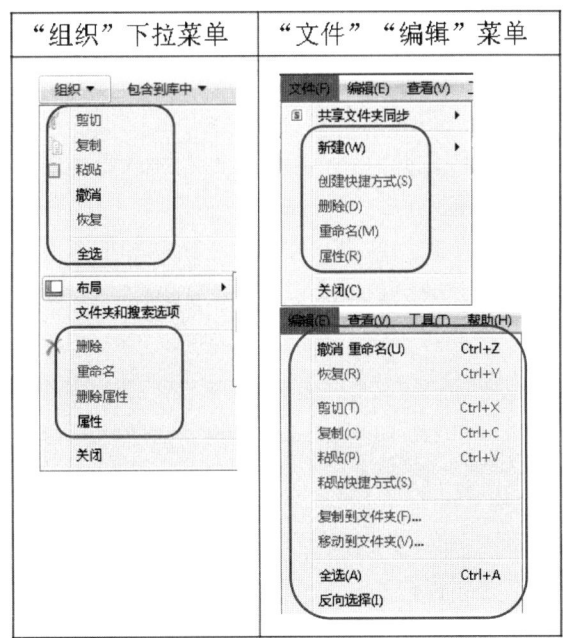

图 2-16 右键快捷菜单

1. 复制和移动

复制：是复制命令与粘贴命令结合。移动：是剪切命令与粘贴命令结合。
复制与移动的"鼠标+键盘"操作如图 2-17，此类操作不经过剪切板直接实现复制与移动。

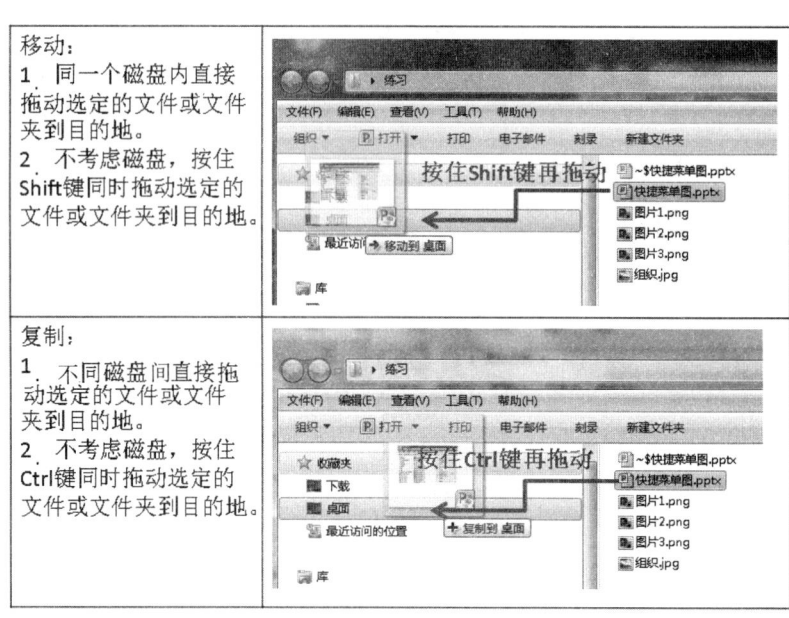

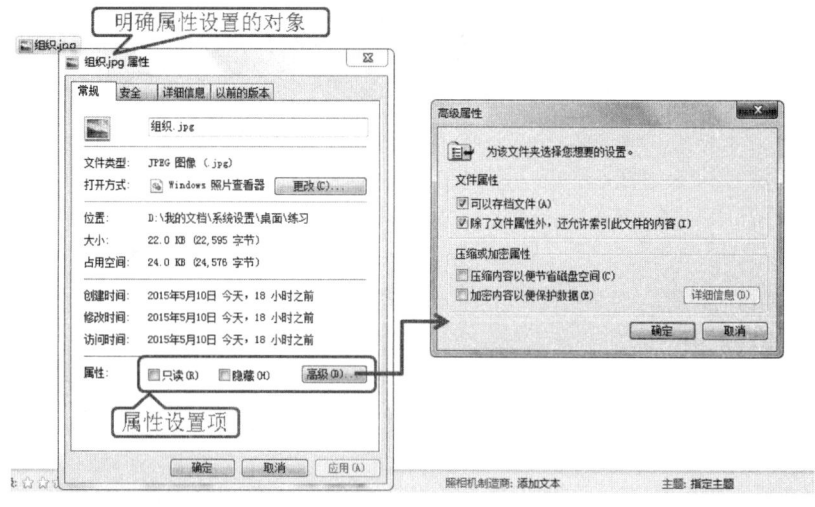

图 2-17　移动和复制使用方法

2. 属性设置

属性设置，如图 2-18 所示。

只读：只能读取、查看数据信息，不能更改、写入数据信息。

隐藏：把文件或文件夹隐藏，不可见。

高级：可以存档文件，允许索引文件内容，压缩和加密文档。

图 2-18　属性设置界面

3. 搜索

用于从某个磁盘或文件夹内查找出已知全部名称或部分名称的文件夹或文件。有全名匹配查找和模糊查找，操作方法见表 2-5：

表 2-5 搜索操作示意图

种类	操作	示例图
全名查找	在搜索栏内输入文件的全名	
模糊查找	?：通配任意一个字符。 *：通配任意一个字符串	

任务 1 　了解并分析任务

图 2-19 所示，是个人学习资源创建和管理任务的原始图，这是一个典型的计算机初学者的个人计算机桌面，上面有系统图标、程序快捷图标、大量

图 2-19　初学计算机界面

的个人数据文件和文件夹，其布局"杂乱无章"、"不堪入目"，对于计算机使用人员来说很不方便，并且这种布局有着其致命的地方：把数据文档放在了桌面上，当系统崩溃不可再启动进入桌面时，就要重新安装 Windows 7 操作系统，这时放在桌面上的文档就要被彻底删除从而造成重要文档的丢失。

通过以上分析，得出如下结论：

（1）计算机使用人员一定要注意，不能将数据文档长时间放置于桌面，以免 Windows 7 重新安装后，数据文档会丢失。

（2）文档应分类归档，可使操作环境更加清晰明了，并且方便查找。

如何对这个桌面上的数据文档进行归档操作？

①针对结论（1），需要将文档放置在非系统盘内。

②将文档分类，放在不同的文件类下。

任务 2　分离系统图标、程序快捷图标和用户数据文档

（1）先将系统图标隐藏：右击桌面选择"个性化"，再选择"更改桌面图标"打开"桌面图标设置"对话框，如图 2-20 所示。

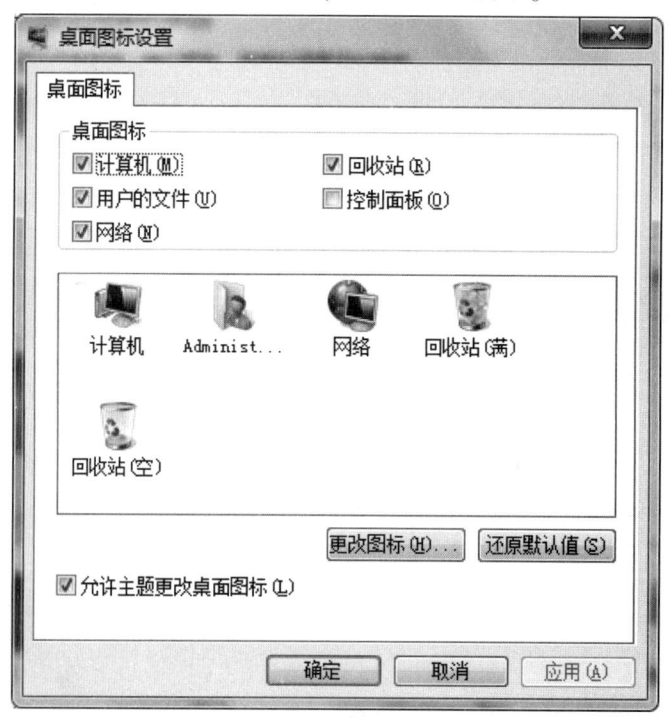

图 2-20　桌面图标设置

将所有桌面图标前的"√"去掉，再点"确定"，将所有系统图标隐藏。结果如图 2-21 所示。

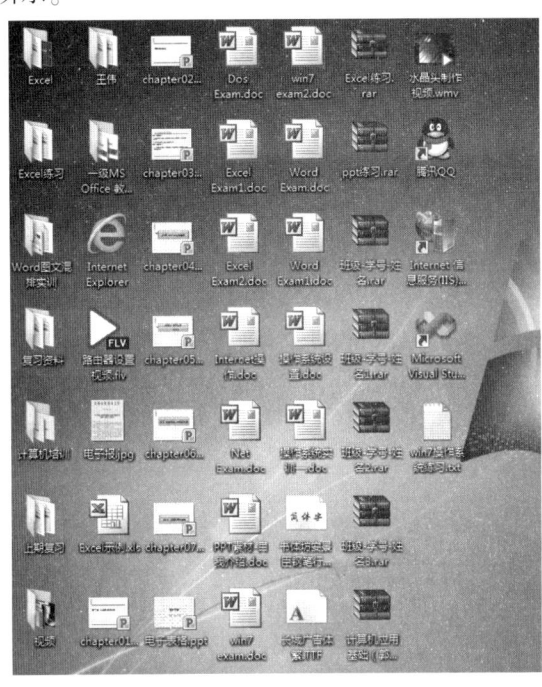

图 2-21　系统图标隐藏

（2）程序快捷图标是提供给用户在桌面环境下能快速运行程序的一种便捷方式，所以需要保留在桌面上，所以要将快捷图标与用户数据文档分开。操作如下：

右击空白桌面选择"查看"，再选择"自动排列图标"去掉前面的"√"，使桌面图标不自动排列，方便我们拖动图标来分类。如图 2-22 所示。

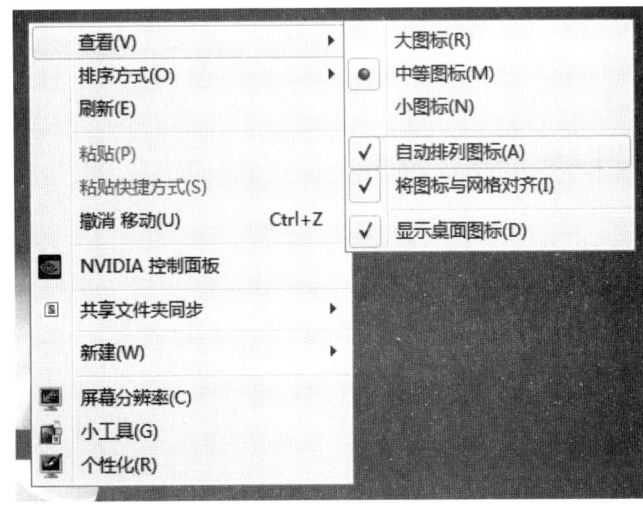

图 2-22　程序快捷图标

将桌面上的快捷图标拖动到桌面右边,使快捷图标与用户文档分类。结果如图 2-23 所示。

图 2-23 快捷图标与用户文档分类界面

 任务3 将用户数据文档分类归档

一、用户归档前准备工作

(1)了解所有用户文档的存储大小,方便选择足够大的存储磁盘。操作:使用框选办法,选择所有的用户文档,指向选定的任一图标,右击选择"属性",打开"属性"设置对话框。如图 2-24 所示。

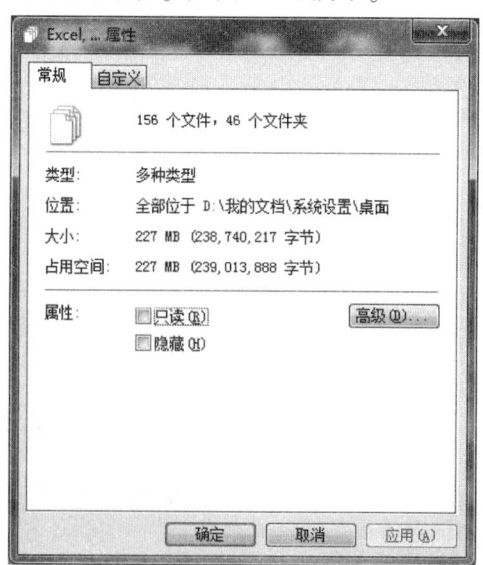

图 2-24 "属性"设置对话框

(2) 了解磁盘可用存储空间。

打开"计算机",由于之前是把系统图标"计算机"隐藏了,可以右击"开始"选择"打开 Windows 资源管理器","计算机"和"Windows 资源管理器"是同一个程序。如图 2-25 所示。

图 2-25　了解磁盘可存储空间

在"导航窗格"内单击"计算机"打开"计算机",再点击"更改你的视图"右侧"更多选项"选择"详细信息",打开每个磁盘的详细信息,了解磁盘的存储空间,选择一个能存储所有用户数据的磁盘。如图 2-26。

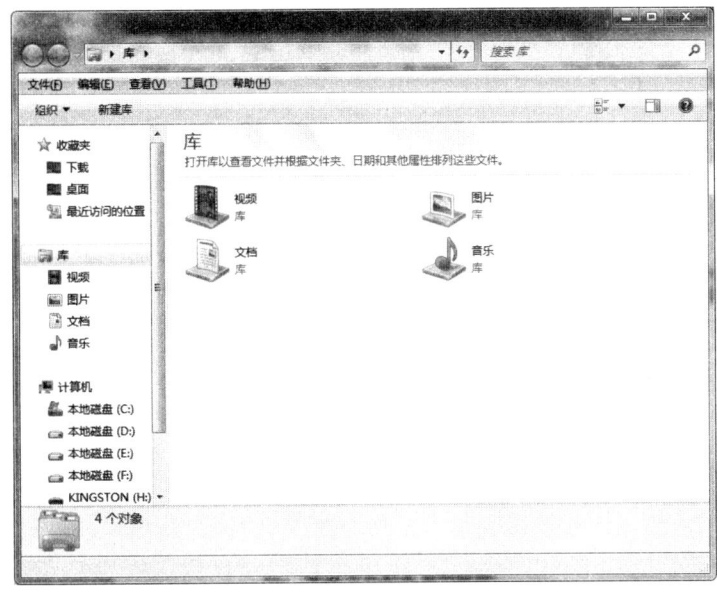

图 2-26　选择所存储的磁盘

桌面是存储在系统盘下的子文件夹，所以在选择数据文档存放的磁盘时，不能选择系统盘。默认情况下，C盘是系统盘。这里以"D盘"为例，将数据文档归档至D盘。

(3) 文档备份。

在进行归档时，有可能会误删除文档，所以需要将原始文档进行备份。这里就将桌面上的文档作为备份原始文档。在归档完毕前不做改动。所以先将所有用户数据文档复制到D盘下新建的"临时文档"文件夹下。

新建文件夹：方法有很多种，常用如下两种。

操作1：在D盘下单击"新建文件夹"按钮，再改名为"临时文档"。

操作2：在D盘下空白处，右击选择"新建"下的"文件夹"，再改名为"临时文档"。

复制用户数据文档：方法有很多种，常用如下三种。

操作1：选定用户数据文档，右击选择"复制"，再打开D盘"临时文档"文件夹，右击任务窗格空白处，选择"粘贴"。

操作2：选定用户数据文档，按住Ctrl键，拖动选定内容到导航窗格内的D盘"临时文档"文件夹中。

操作3：选定用户数据文档，按Ctrl+C键（复制），再打开D盘"临时文档"文件夹，按Ctrl+V（粘贴）。

二、分类归档

分析用户数据文档，大致分为"计算机基础课程学习资源"类文档和"用户信息"类文档。

"计算机基础课程学习资源"类包括"计算机基础课件"类文档、"计算机基础练习"类文档和"计算机基础视频"类文档。

"用户信息"类文档包括"个人信息"和"公司信息"两类。

如图2-27所示。

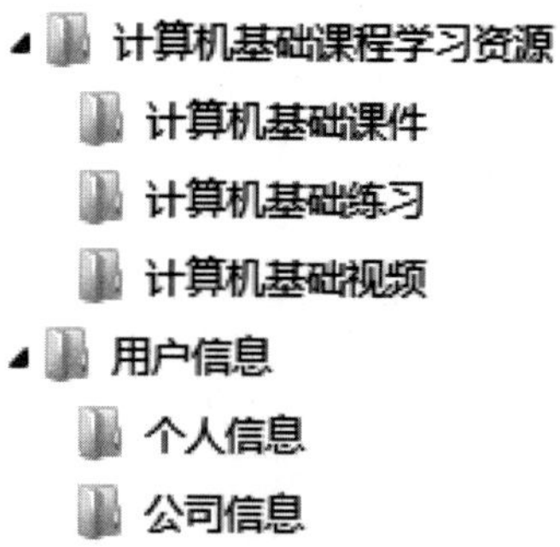

▷ 计算机基础课程学习资源
　　　计算机基础课件
　　　计算机基础练习
　　　计算机基础视频
▷ 用户信息
　　　个人信息
　　　公司信息

图2-27　用户信息文档分类

(1) 建立文件夹。

按基础知识讲述的方法，在D盘建立如图2-27所示文件夹结构。

(2) 移动文档。

按基础知识讲述的方法,把文档移动到对应的文件夹内。在移动过程中可能会不小心移动到别的文件夹下,有两种方法找回:一种采用搜索文件和文件夹的方法,另一种使用撤消上次移动的方法。

(3) 移动结束后,为了能方便打开文档,可以在桌面上为"计算机基础课程学习资源"、"用户信息"两个文件夹建立快捷方式。

(4) 核对原始数据与归档后的数据,无误后物理删除原始数据文档。

习题 2

一、单项选择题

1. 下列四种存储器中,存取速度最快的是(　　)。
   A. 磁带   B. 软盘
   C. 硬盘   D. 内存储器

2. 在操作系统中,文件管理程序的主要功能是(　　)。
   A. 实现文件的显示和打印   B. 实现对文件的按内容存取
   C. 实现对文件按名存取   D. 实现文件压缩

3. 软盘上第(　　)磁道最重要,一旦破坏,该盘就不能使用了。
   A. 1 磁道   B. 0 磁道
   C. 80 磁道   D. 79 磁道

4. 关于查找文件或文件夹,说法正确的是(　　)。
   A. 只能利用"计算机"打开查找窗口
   B. 只能按名称、修改日期或文件类型查找
   C. 找到的文件或文件夹由资源管理器窗口列出
   D. 有多种方法打开查找窗口

5. 关于 Windows 快捷方式的说法正确的是(　　)。
   A. 一个快捷方式可指向多个目标对象
   B. 一个对象可有多个快捷方式
   C. 只有文件和文件夹对象可建立快捷方式
   D. 不允许为快捷方式建立快捷方式

6. 任何时候想得到关于当前打开菜单或对话框内容的帮助信息,可以(　　)。
   A. 按 F1 键   B. 按 F2 键
   C. 使用菜单帮助   D. 单击工具栏帮助按钮

7. Windows "资源管理器"窗口中,左部显示的内容是(　　)。
   A. 所有未打开的文件夹
   B. 系统的树形文件夹

C. 打开的文件夹下的子文件夹及文件
D. 所有已打开的文件

8. "资源管理器"中,"剪切"一个文件后,该文件被(　　)。
   A. 删除　　　　　　　　　　B. 放到"回收站"
   C. 临时存放在桌面上　　　　D. 临时存放在"剪贴板"上

9. 在"记事本"程序默认的文件类型是(　　)。
   A. txt　　　　　　　　　　　B. doc
   C. lst　　　　　　　　　　　D. aif

10. 下面关于中文 Windows 文件名的叙述中,错误的是(　　)。
    A. 文件名允许使用汉字　　　B. 文件名允许使用多个圆点分隔符
    C. 文件名允许使用空格　　　D. 文件名允许使用竖线"|"

11. Windows 中,在某些窗口中可看到若干小的图形符号,这些图形符号在 Windows 中称为(　　)。
    A. 文件　　　　　　　　　　B. 窗口
    C. 按钮　　　　　　　　　　D. 图标

12. Windows 的"计算机"窗口中,若已选定了文件或文件夹,为了设置其属性,可以打开属性对话框,其操作是(　　)。
    A. 用鼠标右键单击"文件"菜单中的"属性"命令
    B. 用鼠标右键单击该文件或文件夹名,然后从弹出的快捷菜单中选择"属性"项
    C. 用鼠标右键单击"任务栏"中的空白处,然后从弹出的快捷菜单中选择"属性"
    D. 用鼠标右键单击"查看"菜单中"工具栏"下的"属性"图标

13. Windows 中,若要利用鼠标来改变窗口的大小,则鼠标指针应(　　)。
    A. 置于窗口内　　　　　　　B. 置于菜单项
    C. 置于窗口边框　　　　　　D. 任意位置

14. Windows 中,为了启动一个应用程序,下列操作中正确的是(　　)。
    A. 键盘输入该应用程序图标下的名称
    B. 鼠标双击该应用程序图标
    C. 鼠标将应用程序图标拖曳到窗口最上方
    D. 应用程序图标最大化成窗口

15. 文件夹中不可存放(　　)。
    A. 文件　　　　　　　　　　B. 多个文件
    C. 文件夹　　　　　　　　　D. 字符

16. Windows 桌面上窗口在还原状态下的大小一般情况下(　　)。
    A. 仅变大　　　　　　　　　B. 大小皆可变
    C. 仅变小　　　　　　　　　D. 不能变大和变小

17. Windows 中，窗口最小化是将窗口（　　）。
   A. 变成一个小窗口　　　　　　B. 关闭
   C. 平铺　　　　　　　　　　　D. 缩小为任务栏的一个按钮

18. 如果 Windows 的回收站图标中没有纸屑，则表明该回收站（　　）。
   A. 不能用　　　　　　　　　　B. 已被清空
   C. 已满　　　　　　　　　　　D. 以上说法均不对

19. Windows 中文件名的命名规则为（　　）。
   A. 8.3 规则　　　　　　　　　B. 任意长
   C. 不超过 255 个字符　　　　 D. 16 个字符

20. 操作系统的主体是（　　）。
   A. 数据　　　　　　　　　　　B. 程序
   C. 内存　　　　　　　　　　　D. CPU

21. 下列启动运行某一应用程序的方法中，错误的是（　　）。
   A. 使用"计算机"或"资源管理器"浏览文件夹，在其中找出要启动的应用程序图标，移鼠标指针到该图标上双击
   B. 打开"开始"菜单，鼠标指针移至"程序"选项，在下一级或再下一级的文件夹中找到应用程序名（或图标）单击
   C. 按着 Alt 键，移鼠标指针到桌面上相应的应用程序快捷图标上双击
   D. 若桌面上有该应用程序的快捷图标，移鼠标指针到该快捷图标上双击

22. 下列操作中，能在各种中文输入法间切换的是（　　）。
   A. Ctrl+Shift　　　　　　　　B. Shift+Space
   C. Alt+Shift　　　　　　　　 D. 鼠标左键单击输入方式切换按钮

23. Windows 中剪贴板是（　　）。
   A. 硬盘上某个区域　　　　　　B. 软盘上的一块区域
   C. 内存中的一块区域　　　　　D. Cache 中一块区域

24. Windows 中，要删除已安装并注册了的应用程序，其操作是（　　）。
   A. 在资源管理器中找到对应的程序文件直接删除
   B. 在 MS-DOS 方式下用 DEL 命令删除指定的应用程序
   C. 删除"开始——程序"中对应的项
   D. 通过控制面板中"添加/删除程序"

25. Windows 的资源管理器窗口内，不能实现的操作为（　　）。
   A. 可以同时显示出几个磁盘中各自的树状文件夹结构示意图
   B. 可以同时显示出某个磁盘中几个文件夹各自下属的子文件夹树形结构示意图
   C. 可以同时显示出几个文件夹各自下属的所有文件情况
   D. 可以显示出某个文件夹下属的所有文件简要列表或详细情况

26. Windows 的"资源管理器"左部窗口中，若显示的文件夹图标前带有"▷"号，意味着该文件夹（　　）。

A. 含有下级文件夹　　　　　　B. 仅含有文件
C. 是空文件夹　　　　　　　　D. 不含下级文件夹

27. 在Windows的资源管理器中，为了能查看文件的大小、类型和修改时间，应该在"查看"菜单中选择（　　）显示方式。
A. "大图标"　　　　　　　　B. "小图标"
C. "详细资料"　　　　　　　D. "列表"

28. 在"格式化磁盘"对话框中，选中"快速"单选钮，被格式化的磁盘必须是(　　)。
A. 从未格式化的新盘　　　　B. 曾格式化过的磁盘
C. 无任何坏扇区的磁盘　　　D. 硬盘

29. 操作系统是现代计算机系统不可缺少的组成部分，它负责管理计算机的（　　）。
A. 程序　　　　　　　　　　B. 功能
C. 全部软、硬件资源　　　　D. 进程

30. 在Windows中，对话框是一种特殊的窗口，但一般的窗口可以移动和改变大小，而对话框(　　)。
A. 既不能移动，也不能改变大小　　B. 仅可以移动，不能改变大小
C. 仅可以改变大小，不能移动　　　D. 既能移动，也能改变大小

二、判断题

1. 在Windows中，要将当前窗口的内容存入剪贴板应按Print Screen键。（　　）
2. Windows的剪贴板只能存放文本信息。（　　）
3. 打开一个文档类似于DOS的TYPE命令只能显示不能修改。（　　）
4. 资源管理器只能管理文件和文件夹。（　　）
5. 在"写字板"窗口中按F1键会显示"帮助主题"对话框。（　　）
6. Windows的窗口是可以移动位置的。（　　）

三、填空题

1. 保存工作簿文件的操作步骤是：执行"文件"菜单中的"保存"命令，如果文件为新文件，屏幕显示"＿＿＿＿"对话框，如果该文件已保存过，则系统不出现该对话框。

2. Windows资源管理器中，如果要查看某个快捷方式的目标位置，应使用"文件"菜单中的＿＿＿＿命令。

3. 退出MS-DOS方式，返回到Windows窗口，可通过输入＿＿＿＿命令（请填英文大写）。

4. 在DOS方式下，执行CLS命令后，光标置于屏幕的＿＿＿＿。

5. 在资源管理器中要同时选定不相邻的多个文件，使用＿＿＿＿键。

6. Windows中的"剪贴板"是＿＿＿＿中的一块区域。

第 3 单元　自荐信制作
——Word 2010 文字处理软件

单元简介

本单元主要的内容是学习微软公司出品的办公自动化系列组件之一的 Microsoft Office Word 2010 软件的应用。Word 2010 是一个具有丰富的文字处理功能，文本、图片、表格等混排，所见即所得，界面操作简单易学的文字处理软件，是当前我们在学习办公过程中最常使用的软件之一。本单元以自荐信制作项目、毕业论文格式设置项目、数学试卷项目为案例，介绍Word的编辑文档、排版、页面设置、表格制作和图形图像处理等基本操作，将 Word 的操作融合在我们平时的学习和工作中。

单元安排

项目	项目知识要点	参考学时
项目1 制作自荐信	文档的打开、新建、保存、退出、文档字符输入、文字的查找和替换、项目符号和编号的使用、日期时间的插入	2
项目2 格式化自荐信	文字格式设置、段落格式设置、页面格式设置、格式刷的使用；了解文档打印选项设置的含义，能根据实际需要将文档打印输出	4
项目3 自荐信封面的制作	艺术字的处理，图形的处理和图文混排的方法，文本框的作用，学会使用文本框	4
项目4 简历表的制作	表格的制作、编辑、修饰	4
项目5 毕业论文排版操作	段落自动编号的方法；掌握样式的建立与应用的方法；掌握页眉页脚的方法及实际应用；初步掌握目录的创建方法	2
项目6 制作数学试卷	公式编辑器编辑数学公式，文本框的作用，学会使用文本框	2

课堂笔记

项目 1　制作自荐信

Word 2010 软件功能非常强大，随时随地都可以帮助我们完成各种各样文档的编排。当我们参加双选会的时候，急需写一封自荐信，让我们开始制作吧！

项目描述： 参加双选会时，相信大家都有一个共同的心愿——希望用人单位能够注意到自己。现在我们来制作出一份自荐信，介绍自己。

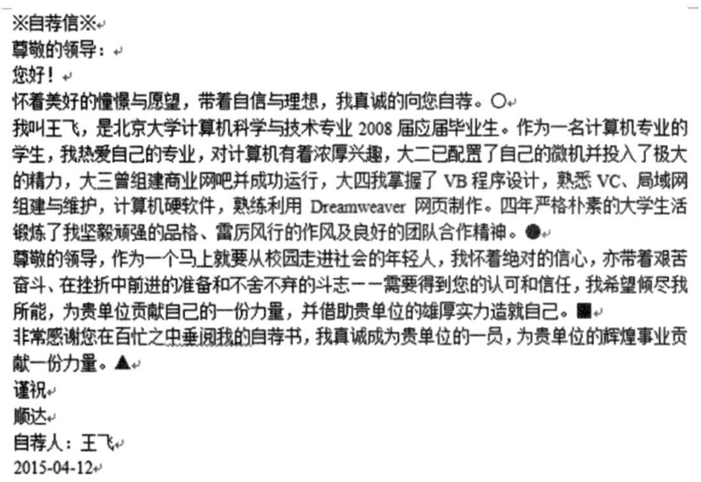

※自荐信※

尊敬的领导：

您好！

怀着美好的憧憬与愿望，带着自信与理想，我真诚的向您自荐。○

我叫王飞，是北京大学计算机科学与技术专业 2008 届应届毕业生。作为一名计算机专业的学生，我热爱自己的专业，对计算机有着浓厚兴趣，大二已配置了自己的微机并投入了极大的精力，大三曾组建商业网吧并成功运行，大四我掌握了 VB 程序设计，熟悉 VC、局域网组建与维护，计算机硬软件，熟练利用 Dreamweaver 网页制作。四年严格朴素的大学生活锻炼了我坚毅顽强的品格、雷厉风行的作风及良好的团队合作精神。●

尊敬的领导，作为一个马上就要从校园走进社会的年轻人，我怀着绝对的信心，亦带着艰苦奋斗、在挫折中前进的准备和不舍不弃的斗志——需要得到您的认可和信任，我希望倾尽我所能，为贵单位贡献自己的一份力量，并借助贵单位的雄厚实力造就自己。■

非常感谢您在百忙之中垂阅我的自荐书，我真诚成为贵单位的一员，为贵单位的辉煌事业贡献一份力量。▲

谨祝

顺达

自荐人：王飞

2015-04-12

图 3-1　自荐信

任务清单：

任务	名称	操作技能
任务 1	认识 Word	1. 启动 Word；2. Word 界面对象元素；3. 页面视图；4. 阅读版式视图；5. Web 版式视图；6. 草稿视图
任务 2	学会基本操作	1. 新建 Word；2. 输入文字；3. 输入符号和特殊字符；4. 插入日期时间；5. 保存文档；6. 加密文档；7. 退出 Word；8. 打开已保存的文档
任务 3	编辑 Word 文档	1. 选取文档的操作对象；2. 移动、复制、剪切、粘贴、删除操作

任务 1　认识 word

步骤 1： 启动 Word。

单击任务栏“开始”菜单→“所有程序”→“Microsoft Office”→“Microsoft Office word 2010"命令，启动 Word。

快捷方式启动 Word 有以下几种方式：

方法一：桌面上如果有 Word 应用程序 图标，双击该图标 。

方法二：在"资源管理器"中找带有图标 的文件（即 Word 文档，文档名后缀为".docx"或".doc"），双击该文件。

方法三：如果 Word 是最近经常使用的应用程序之一，则在 Windows 7 操作系统下，单击屏幕左下角"开始"菜单按钮后，执行"开始/ Microsoft Word 2010"命令。

相关知识

认识 Word 界面对象元素

Word 启动后的窗口界面如图 3-2 所示，根据表 3-1 中对窗口对象作用的描述，将图 3-2 中的对象名称、相关问题的答案填写到表 3-1 中。

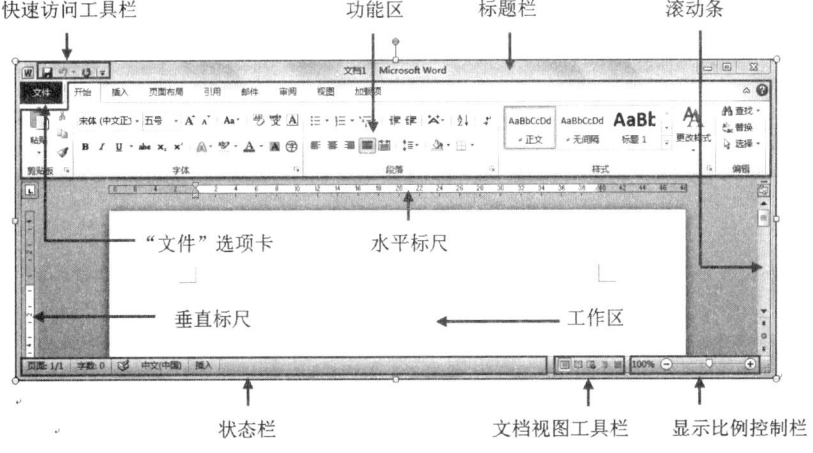

图 3-2 Word 2010 窗口对象

表 3-1 Word 窗口对象名称及作用

窗口对象	作用
	位于窗口顶端，标题栏中含有 Word 控制菜单按钮、Word 文档名、最小化、最大化\ 还原和关闭按钮
	使用户能够快速启动经常使用的命令
	提供了一组文件操作命令，完成文件的基本操作
	根据功能不同分为若干个命令组，涵盖了 Word 的各种功能
	可以打开一个文档，并对它进行文本输入、编辑、排版等操作
	用来显示状态，如当前页面、字数、视图方式、显示比例等

续表

窗口对象	作用
	显示文字所在的实际位置、页边距，设置段落格式等作用
	使用滑块或者按钮可滚动工作区内的文档内容
	闪烁的黑色竖条或称光标，指示当前位置

【提示】
在 Word 窗口中将鼠标指针移动到按钮图标的上面，在指针的尾部显示的文字就是该图标的名称。

相关知识

所谓视图，简单地说就是文档的查看方式。同一个文档在不同的视图下查看文档显示不一样，但是文档的内容是不变的。

（1）页面视图，主要用于版面设计，显示的所有内容与打印所得页面一样，不仅可以做文档内容的输入和格式的设置，也可以完整体现页面边距、文本框、分栏、页面页脚、图像图形等。但是该视图模式占用计算机资源较多，使处理速度变慢。

（2）阅读版式视图，适用于长篇文章的阅读。将文档编辑区域缩小，自动分为多屏，在该视图下仍然可以进行文字的编辑工作。

（3）Web 版式视图，该视图模式可查看在浏览器中的效果。

（4）大纲视图适用于编辑文档大纲，以便于快速地审阅和修改文稿结构。在大纲视图中，可以折叠或展开文档各级标题及内容。

（5）草稿视图仅显示标题和正文，是最节省计算机资源的视图方式。但是很多页面元素如页面边距、分栏、页眉页脚等，不能编辑查看到。

任务 2　学会基本操作

步骤 2：新建 Word。

启动 Word 的同时，系统自动创建了名为"文档 1.docx"的新文档。

单击"文件"选项卡→"新建"→"空白文档"→"创建"命令，新建 Word 文档。

创建文档的其他方法还有：

方法一：单击"文件"选项卡→"新建"→"样本模板"→任意选择已有模板→"创建"命令，新建 Word 文档。

方法二：使用快捷键 Ctrl+N 新建空白文档。

步骤 3：输入文字。

Word 进行文字处理的第一步就是要在新建空白文档中输入文字，利用前面介绍的中文输入知识，在新建的空白文档中输入如图 3-3 所示文字。

```
自荐信
尊敬的领导：
您好！
怀着美好的憧憬与愿望，带着自信与理想，我真诚的向您自荐。
我叫王飞，是北京大学计算机科学与技术专业 2008 届应届毕业生。作为一名计算机专业的
学生，我热爱自己的专业，对计算机有着浓厚兴趣，大二已配置了自己的微机并投入了极大
的精力，大三普组建商业网吧并成功运行，大四我掌握了 VB 程序设计，熟悉 VC、局域网
组建与维护，计算机硬软件，熟练利用 Dreamweaver 网页制作。四年严格朴素的大学生活
锻炼了我坚毅顽强的品格、雷厉风行的作风及良好的团队合作精神。
尊敬的领导，作为一个马上就要从校园走进社会的年轻人，我怀着绝对的信心，亦带着艰苦
奋斗、在挫折中前进的准备和不舍不弃的斗志——需要得到您的认可和信任，我希望倾尽我
所能，为贵单位贡献自己的一份力量，并借助贵单位的雄厚实力造就自己。
非常感谢您在百忙之中垂阅我的自荐书，我真诚成为贵单位的一员，为贵单位的辉煌事业贡
献一份力量。
谨祝
顺达
自荐人：王飞
2008 年 2 月
```

图 3-3 自荐信文字内容

（1）在 Word 的输入过程中，插入点所在的位置表示当前键入字符的位置，每输入一个字符，插入点自动右移一个位置，输入到行末时自动换行。如果在输入过程中需要另起一个自然段，可以使用回车键。

（2）中英文输入：中文 Word 既可输入汉字，又可输入英文。

（3）英文单词 3 种书写格式的转换：反复按 Shift+F3 键，会使选定的英文，在"首字母大写"、"全部大写"、"全部小写" 3 种格式中循环切换。

（4）插入和改写状态：单击状态栏上"插入"/"改写"或按 Insert 键，将会在"插入"和"改写"状态之间转换。

表 3-2 使用键盘改变插入点的位置

键	含义	键	含义
↑	插入点从当前位置向上移一行	Ctrl+↑	插入点从当前位置向上移一段
↓	插入点从当前位置向下移一行	Ctrl+↓	插入点从当前位置向下移一段
←	插入点从当前位置向左移动一个字符	Ctrl+←	插入点从当前位置向左移动一个单词
→	插入点从当前位置向右移动一个字符	Ctrl+→	插入点从当前位置向左移动一个单词

续表

键	含义	键	含义
Page Up	插入点从当前位置向上移动一页	Ctrl+Page Up	插入点从当前位置向上移至页的顶行
Page Down	插入点从当前位置向下移动一页	Ctrl+Page Down	插入点从当前位置向下至页的顶行
Home	插入点从当前位置移动到本行首	Ctrl+Home	插入点从当前位置移动到本行首
End	插入点从当前位置移动到本行末	Ctrl+End	插入点从当前位置移动到本行末

步骤 4：输入符号或者特殊字符。

为"自荐信"文本添加特殊字符，方法如下：

在输入文本时，一些键盘上没有的特殊的符号（如俄、日、希腊文字符，数学符号，图形符号等），除了利用汉字输入法的软键盘外，Word 还提供"插入符号"的功能。

插入符号的具体操作步骤如下：

（1）把插入点移至要插入符号的位置（插入点可以用键盘的上、下、左、右箭头键来移动，也可以移动"I"型鼠标指针到选定的位置并左击鼠标）。

（2）执行"插入/符号"命令，在随之出现的列表框中，上方列出了最近插入过的符号和"其他符号"按钮。如果需要插入的符号位于列表框中，单击该符号即可；否则，单击"其他符号"按钮，打开如图 3-4 所示的"符号"对话框。

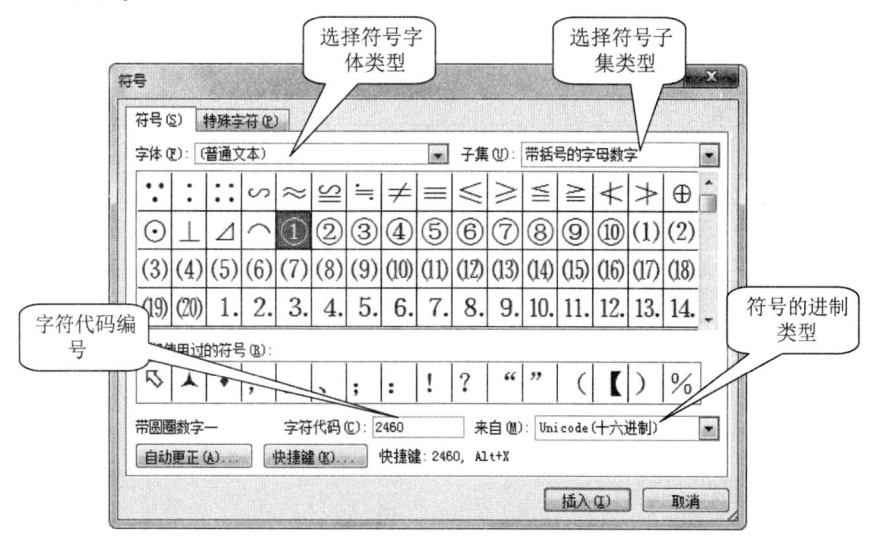

图 3-4 "符号"对话框

(3)在"符号"选项卡"字体"下拉列表中选定适当的字体项(如"普通文本"),在符号列表框中的选定所需插入几何符号,再单击"插入"按钮就可将所选择的符号插入到文档的插入点处。

单击"关闭"按钮,关闭"符号"对话框。

步骤5:插入日期时间。

为"自荐信"文本添加日期,方法如下:

(1)将插入点移动到要插入日期和时间的位置处。

(2)执行"插入/文本/日期和时间"命令,打开如图3-5所示的"日期和时间"对话框。

(3)在"语言"下拉列表中选定"中文(中国)"或"英文(美国)",在"可用格式"列表框中选定所需的格式。如果选定"自动更新"复选框,则所插入的日期和时间会自动更新,否则保持插入时的日期和时间。

(4)单击"确定"按钮,即可在插入点处插入当前的日期和时间。

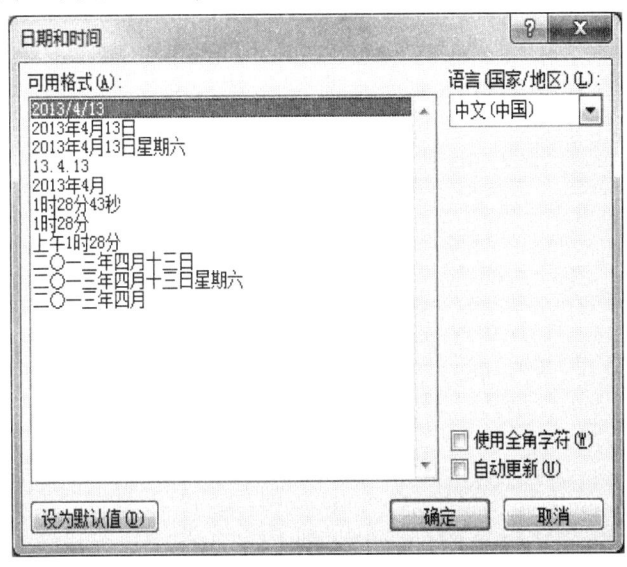

图3-5 "日期和时间"对话框

步骤6:保存文档。

为防止数据丢失,需要保存文档。单击选项卡"文件"→"保存"命令,打开"另存为"对话框,如图3-6所示,将文件名命名为"自荐信.docx",选择保存路径为桌面,最后单击"保存"按钮即可保存文档。

操作提示:

方法一:单击快速访问工具栏"保存"按钮。

方法二:执行"文件"选项卡→"另存为"命令。

方法三:按快捷键Ctrl+S。

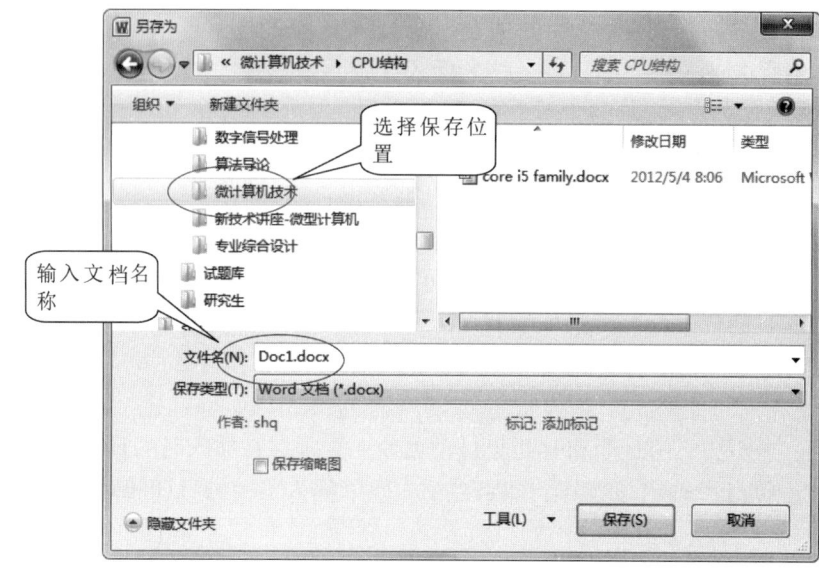

图 3-6 "另存为"对话框

【提示】

对已有的文件打开和修改后,同样可用上述方法将修改后的文档以原来的文件名保存在原来的文件夹中。此时不再出现"另存为"对话框(如果要更改文档的文件名或者保存路径可以用上述方法二)。输入或编辑一个大文档时,最好随时作保存文档的操作,以免计算机的意外故障引起文档内容丢失。

相关知识

Word 文档的扩展名,保存 Word 文档时,可以选择保存文档类型,文档类型以文档扩展名加以识别,见表 3-3。

表 3-3 Word 文档的扩展名及其类型与作用

扩展名	类型与作用
.docx 或 .doc	Word 文档,默认保存文件类型
.htm 或 .html	网页文档,用于网页制作,通过浏览器打开
.dot	文档模板,用于制作同类型的文档
.txt	纯文本
.rtf	跨平台文档格式

步骤 7：加密文档。

为"自荐信"文档添加密码 123，方法如下：

在文档存盘前设置了"打开文件的密码""修改文件的密码"后，那么再打开它时，Word 首先要核对密码，只有密码正确的情况下才能打开，否则拒绝打开。如果允许别人打开并查看一个文档，但无权修改它，则可以通过设置"修改权限时的密码"实现。

设置"打开文件的密码""修改文件的密码"可以通过如下步骤实现：

(1) 执行"文件/另存为"命令，打开"另存为"对话框。

(2) 在"另存为"对话框中，执行"工具/常规选项"命令，打开如图 3-7 所示的"常规选项"对话框，输入设定的密码。

(3) 单击"确定"按钮，此时会出现一个如图 3-8 所示的"确认密码"对话框，要求用户再重复键入所设置的密码。

(4) 在"确认密码"对话框的文本框中重复键入所设置的密码并单击"确定"按钮。如果密码核对正确，则返回"另存为"对话框，否则出现"确认密码不符"的警示信息。此时只能单击"确定"按钮，重新设置密码。

(5) 当返回到"另存为"对话框后，单击"保存"按钮即可存盘。

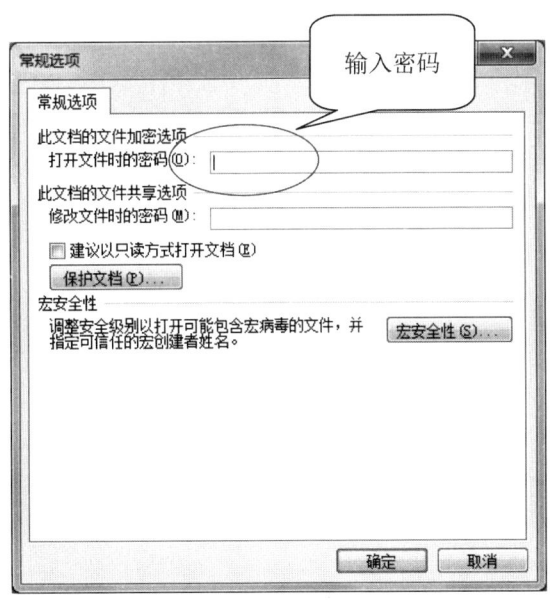

图 3-7 加密"常规选项"

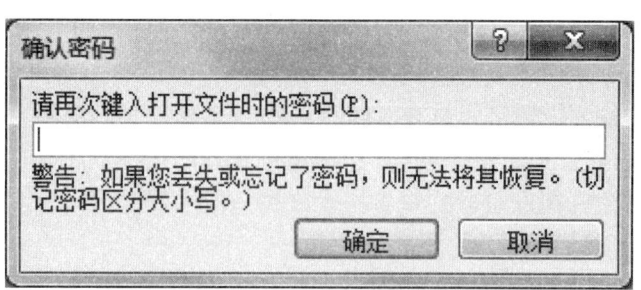

图 3-8 "确认密码"对话框

步骤 8：退出 Word。

完成文档编辑并且保存文档后。单击窗口右上角的"关闭"按钮或"文件"选项卡→"退出"命令即可退出 Word。

常见退出 Word 的方法有以下几种：

方法一：执行"文件"选项卡→"退出"命令；

方法二：执行"文件"选项卡→"关闭"命令；

方法三：单击标题栏右边"关闭"按钮；

方法四：双击 Word 窗口左上角的控制按钮；

方法五：单击 Word 窗口左上角的控制按钮，或右击标题栏，在弹出菜单中选择"关闭"；

方法六：单击任务栏中的 Word 文档按钮，在展开的文档窗口缩略图中，单击"关闭"按钮；

方法七：光标移至任务栏中的 Word 文档按钮停留片刻，在展开的文档窗口缩略图中，单击"关闭"按钮；

方法八：按快捷键"Alt+F4"。

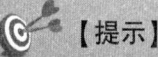

【提示】

退出 Word 操作时，若文档修改尚未保存，则 Word 将会给出一个对话框，询问是否要保存未保存的文档，若单击"保存"按钮，则保存当前文档后退出；若单击"不保存"按钮，则直接退出 Word；若单击"取消"按钮，则取消这次操作，继续工作。

步骤 9：打开已保存的文档。

打开一个或多个已存在的 Word 文档，常用方法：

方法一：执行"文件"选项卡→"打开"命令。

方法二：按快捷键 Ctrl + O。打开如图 3-9"打开"对话框，选择文档所在路径，然后选择要打开的文档，最后单击"打开"按钮，文档就打开了。

方法三：执行"文件"选项卡→"最近使用文件"命令（如图 3-10 所示）。

图 3-9 "打开"对话框

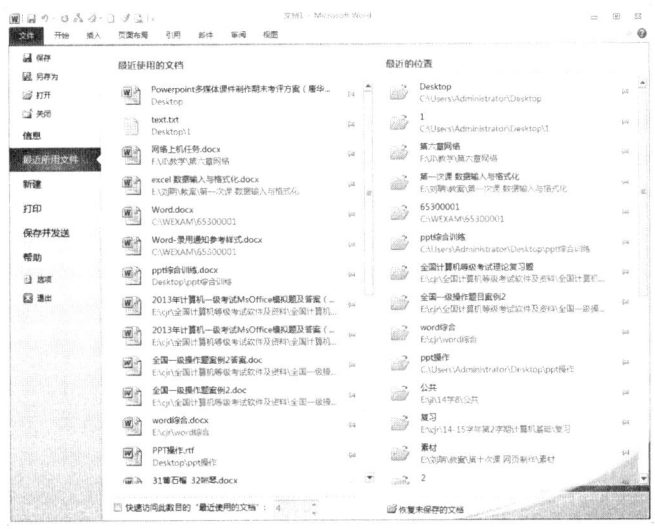

图 3-10 "最近"列表框

任务 3　编辑 word 文档

步骤 10：选取文档中的操作对象。

在"自荐信"文档中选取操作对象，操作方法如表 3-4 所示。

表 3-4　选取对象操作方法

选取操作	方法
一般选取	将鼠标指针移到对象前，按住左键拖曳鼠标到对象结尾
选取单词	双击单词

续表

选取操作	方法
选取一行	在行左侧的选定区当鼠标指针变成向右上方指的箭头时，单击一下
选取一个段落	将鼠标指针移到所要选定段落的任意行处连击三下。或者将鼠标指针移到所要选定段落左侧选定区，当鼠标指针变成向右上方指的箭头时双击之
选取句子	按住 Ctrl 键，将鼠标光标移动到所要选句子的任意处单击一下
选取不连续的多个文本块	先选中一个文本块，再按住 Ctrl 键拖动鼠标选中其他的文本块
选取对象	单击对象，如图形、文本框等；使用 Ctrl 键可以同时选取多个相同对象
选取全部文档	在文档左侧的选定区三击，或按 Ctrl+A 快捷键，或单击"开始选项卡"的"编辑"的选择按钮中的"全选"命令
选定大块文本	首先用鼠标指针单击选定区域的开始处，然后按住 Shift 键，再配合滚动条将文本翻到选定区域的末尾，再单击选定区域的末尾，则两次单击范围中包括的文本就被选定
撤销选取的文本	在除选定区外的任何地方单击

步骤 11：编辑文档基本操作。

编辑文档的基本操作包括移动、剪切、复制、粘贴和删除。下面对"自荐信"中的文档进行以下操作并将操作结果写在下画线上：

（1）将文档除标题外的第四自然段移动到文档最后。操作方法是：在选中的文字中按住鼠标左键，移动鼠标到目标位置，然后松开鼠标左键完成操作。

（2）如果在上述操作中，选中文字后按下 Ctrl 键不放的同时移动鼠标，结果是_____。

（3）将已经移动的文字还原，可以采用剪切与粘贴的方式完成。操作方法是：选取第一段文字，单击"剪贴板"→"剪切"命令，然后将光标移至文字原来的位置，单击"剪贴板"→"粘贴"命令即可完成操作。

（4）如果在上述操作中，不使用"剪切"命令，而使用"复制"命令，结果是_____。"剪切"命令快捷键是_____，"复制"命令快捷键是_____，"粘贴"命令快捷键是_____。

（5）将光标放在段落中任意位置，按 Backspace 键删除的是光标_____方的字符，按 Delete 键删除的是光标_____方的字符。选取某段文字，按 Backspace 键删除的内容是_____，按 Delete 键删除的内容是_____。

（6）"编辑"的"查找"按钮的作用_____，查找的步骤_____。

（7）"编辑"的"替换"按钮的作用_____，替换的步骤_____。

（8）快速访问工具栏的"撤销"按钮作用_____，

"恢复"按钮作用_____,"撤销"命令快捷键是_____,"恢复"命令快捷键是_____。

★体验与探索

校学生会将进行换届选举,有绘画特长的李晓想要竞选宣传部长一职,试用Word帮他写一份自荐信,完成后将文档保存为"竞选自荐信.docx"。

项目2　格式化自荐信

项目描述：上一堂课我们学习了Word的自荐信输入、编辑等基本操作,这节课我们来将自荐信美化好。

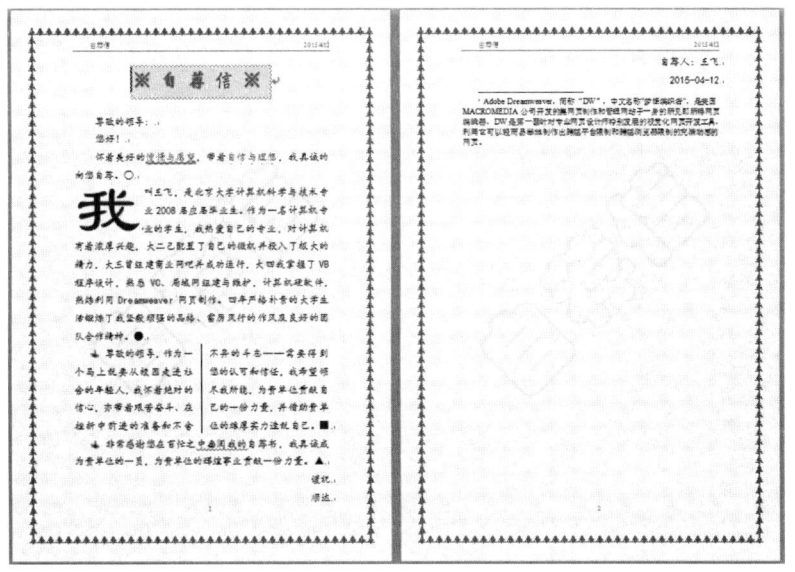

图3-11　自荐信样板

任务清单：

任务	名称	操作技能
任务1	对文档标题及正文部分分别进行文字格式设置	1. 标题文本设置；2. 正文文本设置；3. 格式刷操作
任务2	对文档各段落进行段落格式设置	1. 行间距设置；2. 首行缩进；3. 悬挂缩进；4. 左、右缩进；5. 项目符号设置；6. 边框和底纹设置
任务3	对文档整体进行页面格式设置	1. 页边距设置；2. 分栏设置；3. 首字下沉；4. 尾注设置；5. 水印设置；6. 页面边框设置；7. 打印设置

任务1　对文档标题及正文部分分别进行文字格式设置

步骤1： 选中文中标题"自荐信",将标题文字设置为华文新魏,字形加粗,字号为一号,颜色蓝色,并添加阴影,添加文字边框和底纹。

使用字体组的命令按钮完成,并完成下表按钮功能填充。

表3-5　字体组按钮功能

按钮	功能
宋体（中文正）	
五号	
A˄	
A˅	
Aa	
A≈	
wén 文	
A	
B	
I	
U	
abc	
x₂	
x²	
A	
ab	
A	
A	
字	

步骤 2：对正文第一自然段格式设置为，楷体，字号为四号，颜色黑色。

打开"字体"对话框做设置。点击字体组右下角的按钮。打开如图 3-12 所示的字体对话框。

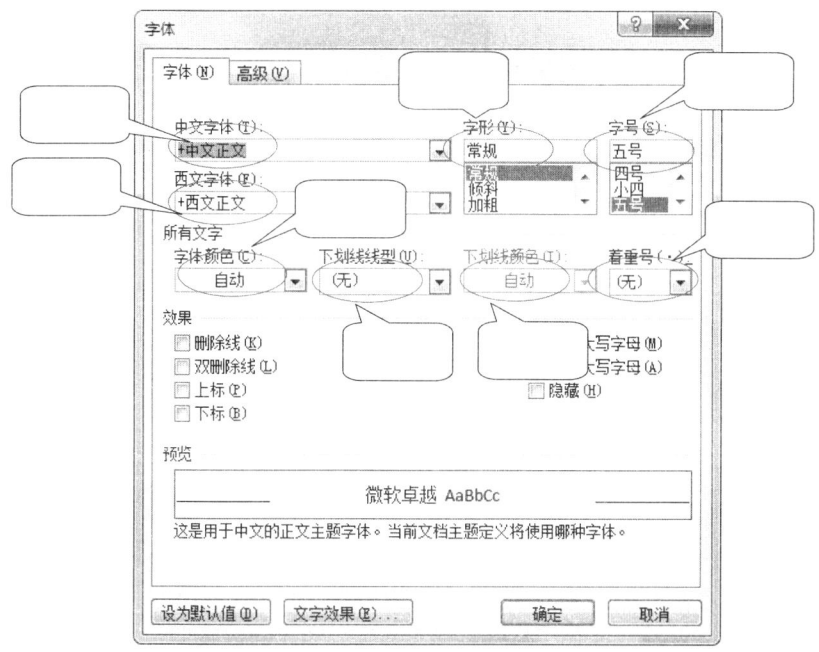

图 3-12 "字体"对话框

步骤 3：对标题文本的字符间距加宽 6 磅，位置提升 12 磅。

选中文本，打开"字体"对话框，点击选择如图 3-13 所示的高级选项卡。

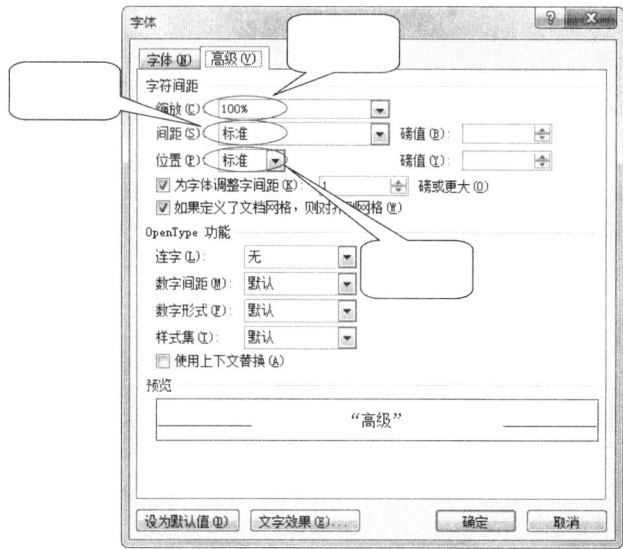

图 3-13 高级选项卡

步骤 4：复制格式。

选中已经设置好的格式文本正文第一自然段"尊敬的领导："，双击"剪贴板"组中的格式刷按钮，如图 3-14 所示。在其余正文上依次拖曳，直至再次单击格式刷工具取消格式复制。

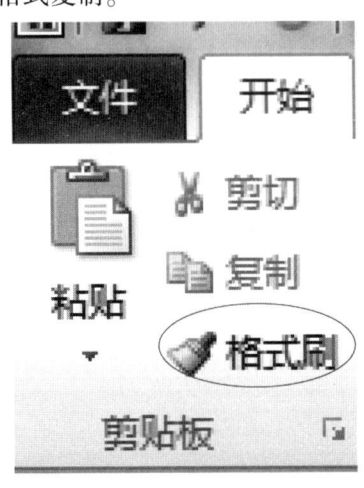

图 3-14 "格式刷"按钮

【提示】

单击格式刷按钮，只能复制一次，而双击格式刷可以复制多次，直到再次单击取消格式刷，在 Word 2010 中，复制格式也可以使用快捷键，按 Ctrl+Shift+C 键复制格式，按 Ctrl+Shift+V 键粘贴格式。

步骤 5：选中第三自然段"憧憬与愿望"，利用鼠标右键打开字体对话框，将选中文本设置为红色文本并添加玫红色双下划线，选中"自信与理性"，利用鼠标右键打开字体对话框，将选中文本设置为红色文本并添加着重符号。

任务 2　对文档各段落进行段落格式设置

步骤 6：将标题段设置为居中对齐，正文第一、二自然段设置为左对齐，第三、四、五、六自然段设置为两端对齐，剩余自然段右对齐。利用如图 3-15 所示的段落组对齐方式按钮。

图 3-15 段落组对齐方式按钮

步骤 7：将正文第一、二、三、四首行缩进 2 字符，行间距设置为固定值 24 磅。点击段落组右下角的按钮，打开如图 3-16 所示的"段落"对话框。

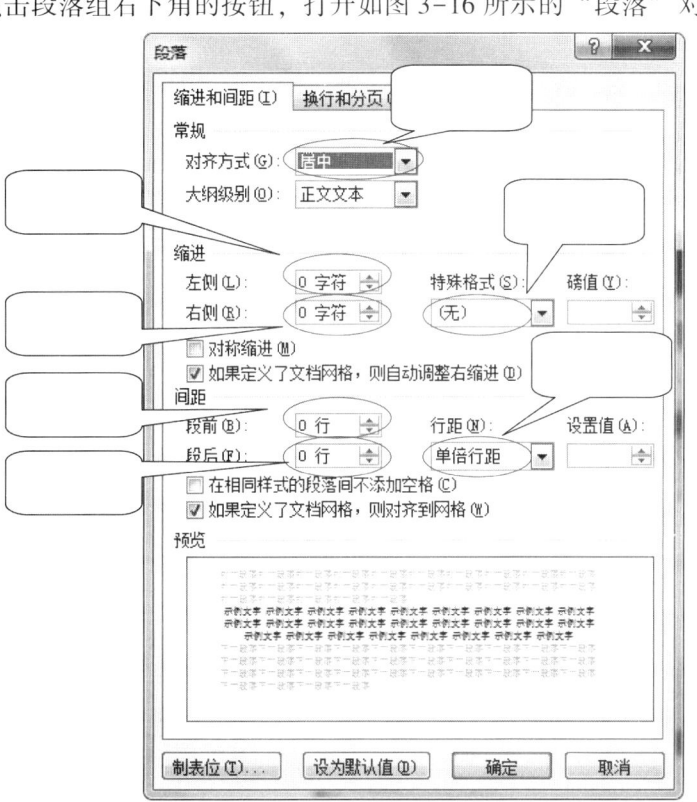

图 3-16 "段落"对话框

相关知识

用鼠标拖动标尺上的缩进标记：

（1）首行缩进标记：仅控制第一行第一个字符的起始位置。拖动它可以设置首行缩进的位置。

（2）悬挂缩进标记：控制除段落第一行外的其余各行起始位置，且不影响第一行。拖动它可实现悬挂缩进。

（3）左缩进标记：控制整个段落的左缩进位置。拖动它可设置段落的左边界，拖动时首行缩进标记和悬挂缩进标记一起拖动。

（4）右缩进标记：控制整个段落的右缩进位置。拖动它可设置段落的右边界。

步骤 8：利用如图 3-16 所示的"段落"对话框，将标题的段前距和段后距都设置为 0.5 行。

【提示】

行距、段间距的单位可以是厘米、磅、当前行距的倍数。

步骤9：为正文第五、六自然段添加项目符号""，并调整项目符号位置。选取相应段落，在"开始"选项卡的"段落"组中单击"项目符号"后三角形按钮，在项目符号库中选取符号，如图3-17所示。如果添加的是编号，就在"开始"选项卡的"段落"组中单击"编号"后三角形按钮，在编号库中选取编号，如图3-18所示。用标尺上的滑块可以直接调整项目符号位置。

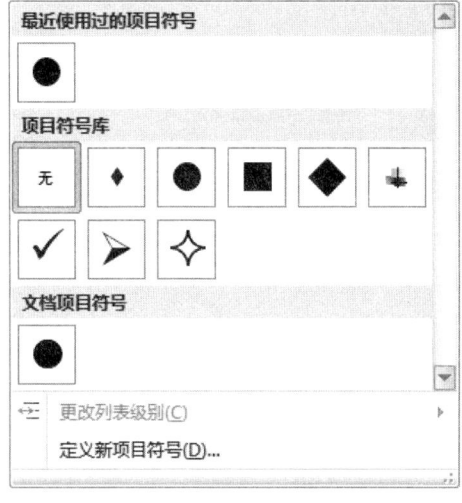

图3-17 "项目符号"列表框

图3-18 编号库

【提示】
如果未找到合适的项目符号和编号，可以选择"定义新项目符号"或者"定义新编号格式"并进行个性化设置。

步骤10：将文档标题的文字边框修颜色改为绿色波浪线边框。

选取标题段文字"自荐信"，在"开始"选项卡的"段落"组中，单击"无边框"下拉按钮，选择"边框和底纹"，打开"边框和底纹"对话框，在"边框"选项卡中，选择"自定义"，在"样式"中找到波浪线，选择"颜色"为绿色，"应用于"选择为"文字"，如图3-19所示。

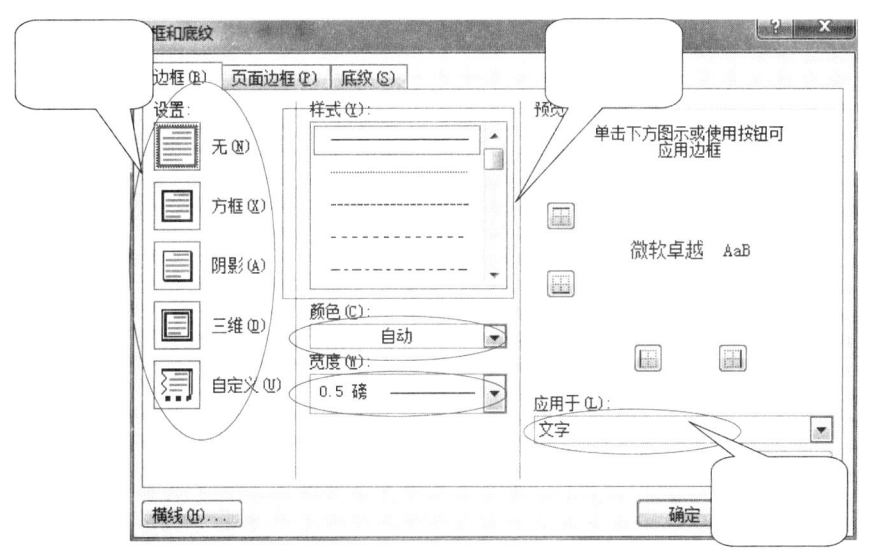

图3-19 "边框和底纹"对话框中"边框"选项卡

★探索
如果将"应用于"选择为"段落"，效果如何？

步骤11：将文档标题的文字底纹设置为"茶色，背景，10%"。

方法一：选取标题段文字"自荐信"，在"开始"选项卡的"段落"组中，单击"底纹"下拉按钮，选择颜色，如果没有合适颜色，可以选择"其他颜色"设置。

方法二：选取标题段文字"自荐信"，在"开始"选项卡的"段落"组中，单击"无边框"下拉按钮，选择"边框和底纹"，打开"边框和底纹"对话框，在"底纹"选项卡中，选择"填充"颜色为橙色，"应用于"选择为文字，如图3-20所示。

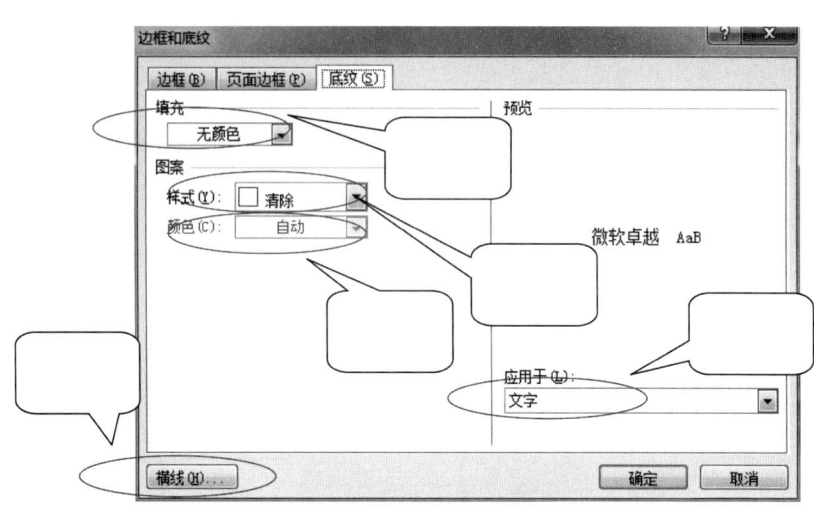

图 3-20 "边框和底纹"对话框中"底纹"选项卡

★探索

底纹中的图案样式是用来设置什么的？横线按钮的作用是什么？

任务3　对文档整体进行页面格式设置

步骤 12：将文档页边距设置为距上下各 2 厘米，左右各 3 厘米，纸张大小设置为 16 开。

在"页面布局"选项卡的"页面设置"组中，单击"页边距"下拉按钮，选择"自定义页边距"命令，打开如图 3-21 所示的页面，设置对话框，输入设置页边距。在"页面布局"选项卡的"页面设置"组中，单击"页边距"下拉按钮，选择"自定义页边距"命令，打开如图 3-22 所示的页面，设置对话框中"页边距"选项卡，输入设置页边距。在"页面布局"选项卡的"页面设置"组中，单击"纸张大小"下拉按钮，选择相应的纸张大小，如果没有需要的纸张大小可以选择"其他页面大小"命令，打开如图 3-23 所示的页面设置对话框中"纸张"选项卡进行纸张大小的输入。

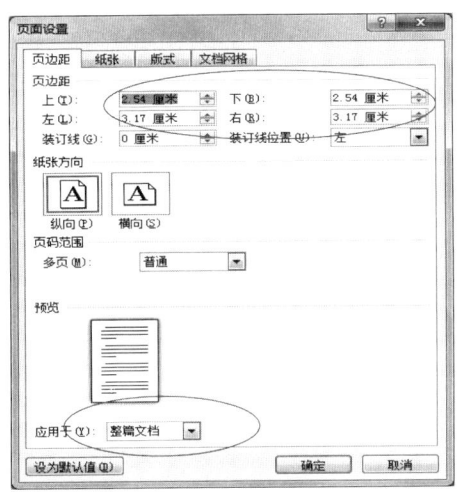
图3-21 "页面设置"对话框中"页边距"选项卡

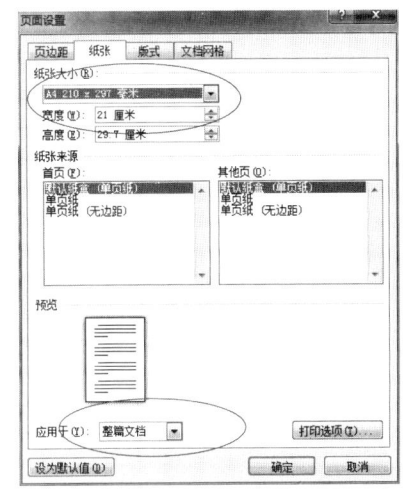
图3-22 "页面设置"对话框中"纸张"选项卡

相关知识

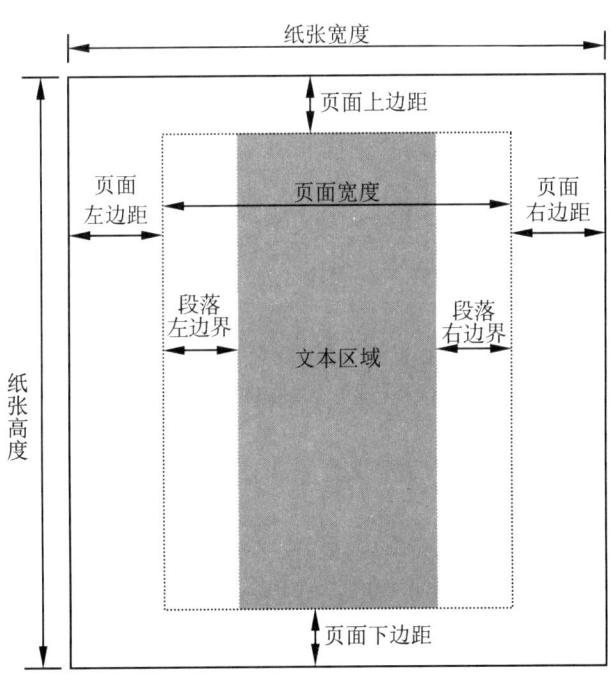
图3-23 页面专业术语

步骤13：将正文第五自然段分为两栏，添加显示分隔符。

选中正文第四自然段，在"页面布局"选项卡的"页面设置"组中，单击"分栏"下拉按钮，选择"更多分栏"命令，打开如图3-24所示的"分栏"对话框进行设置。

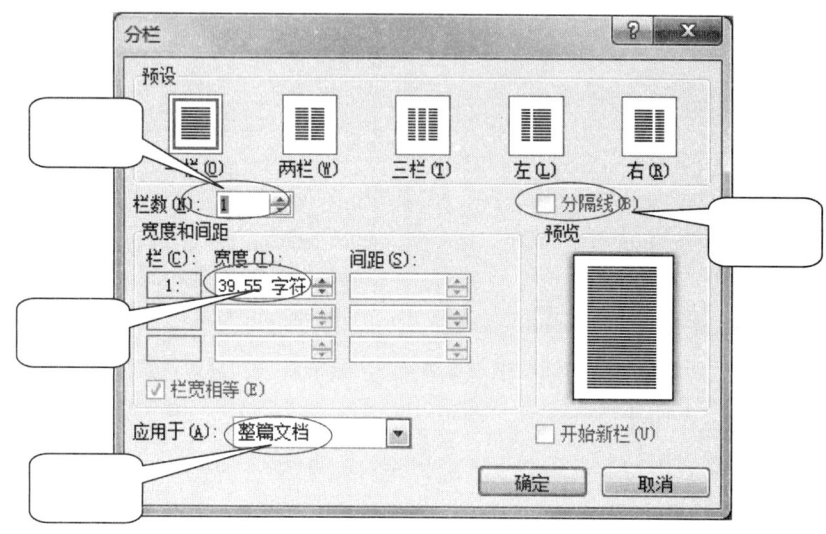

图3-24 "分栏"对话框

步骤14：将正文第四自然段设置为首字下沉，字体设置为"隶属"、下沉行数为3行，距正文距离为0.1厘米。在"插入"选项卡的"文本"组中，单击"首字下沉"下拉按钮，选择"首字下沉选项卡"命令，打开如图3-25所示的"首字下沉"对话框进行设置。

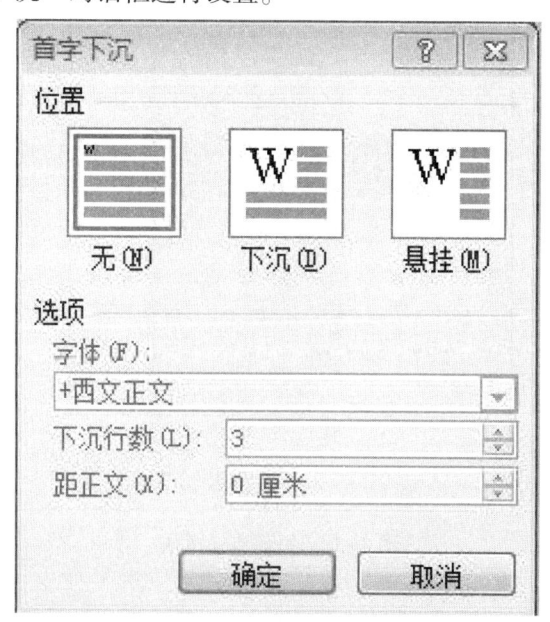

图3-25 "首字下沉"对话框

步骤 15：为正文添加页眉内容，页眉左边添加自荐信，右边添加日期。为正文页脚添加页码，设置为罗马字符的形式，居中显示。在"插入"选项卡的"页眉和页脚"组中，单击"页眉"或者"页脚"下拉按钮，选择"编辑页眉（页脚）"命令，来到"页眉和页脚"工具栏进行添加设置，如图3-26所示。

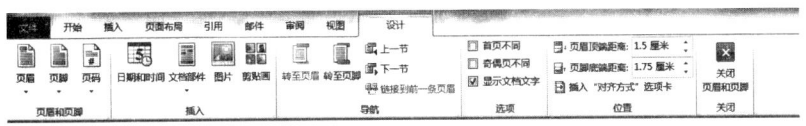

图3-26 "页眉页脚"工具

相关知识

执行"插入/页眉和页脚/页眉"下拉菜单中的"删除页眉"命令可以删除页眉；类似地，执行"页脚"下拉菜单中的"删除页脚"命令可以删除页脚；另外，选定页眉（或页脚）并按Delete键，也可删除页眉（或页脚）。

【提示】
页码是页眉页脚的一部分，要删除页码必须进入页眉页脚编辑区，选定页码并按Delete键。

步骤 16：将正文内容"DreamWeaver"添加尾注，说明"Adobe Dreamweaver"简称"DW"，中文名称"梦想编织者"，是美国MACROMEDIA公司开发的集网页制作和管理网站于一身的所见即所得网页编辑器，DW是第一套针对专业网页设计师特别发展的视觉化网页开发工具，利用它可以轻而易举地制作出跨越平台限制和跨越浏览器限制的充满动感的网页。把光标移至文本"DreamWeaver"后，在"引用"选项卡的"脚注"组中，单击"插入尾注"按钮，然后输入内容。

★探索填空
插入脚注的方法_____，删除脚注和尾注的方法_____。

步骤 17：将本文档水印，设置为文字自定义水印"自荐信"，字体"华文彩云"、版式"斜视"，页面颜色填充效果设置为纹理→"羊皮纸"，页面边框设置为艺术型、磅值12磅，圣诞树。

首先，选择"页面布局"选项卡，在"页面背景"组中，选择"水印"按钮，选择"自定义水印"命令，打开如图3-27所示的"水印"对话框设置水印。选择"页面颜色"按钮，选择"填充效果"命令，打开如图3-28所示的"填充效果"对话框设置填充效果。选择"页面边框"按钮，打开如图3-29所示的"页面边框"对话框设置艺术型边框效果。最后保存提交。

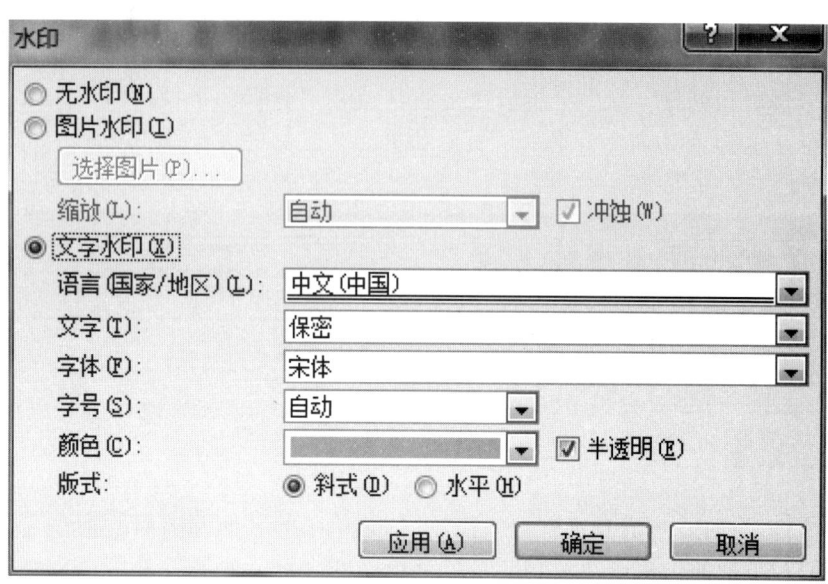

图 3-27 "水印"对话框

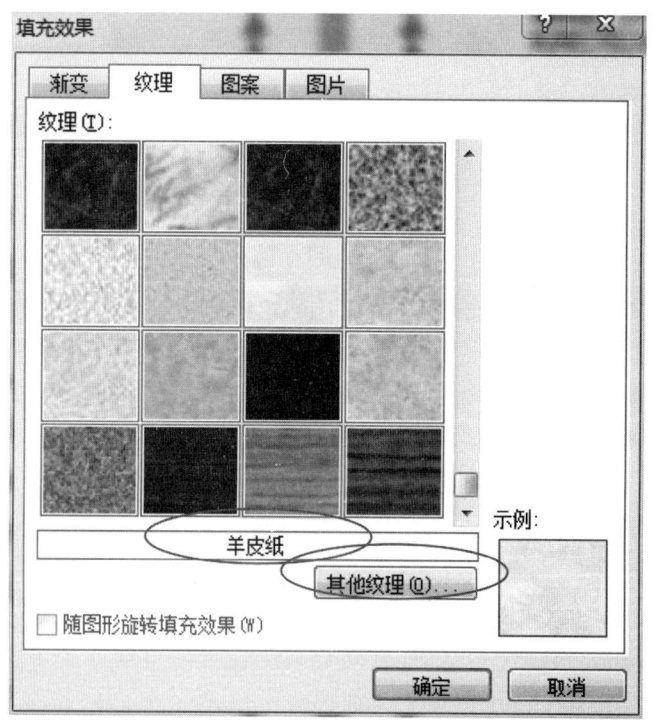

图 3-28 "填充效果"对话框

图 3-29 "页面边框"对话框

步骤 18：当文档所有格式设置完成后，我们可以使用上次课介绍的普通视图、页面视图、大纲视图、Web 版式视图和阅读版式来浏览文档。并可以选择"文件"选项卡选择"打印"按钮，设置如图 3-30 设置打印参数。

图 3-30 打印参数设置

★ 体验与探索

　　如果想还原部分格式设置应该怎么做？
　　打开项目库中课后作业"班规.docx"文件，按要求完成格式设置。

项目3 自荐信封面制作

项目描述：前面我们学习了自荐信的制作和格式的设置，今天我们来学习为自荐信添加一个精美的自荐信封面。

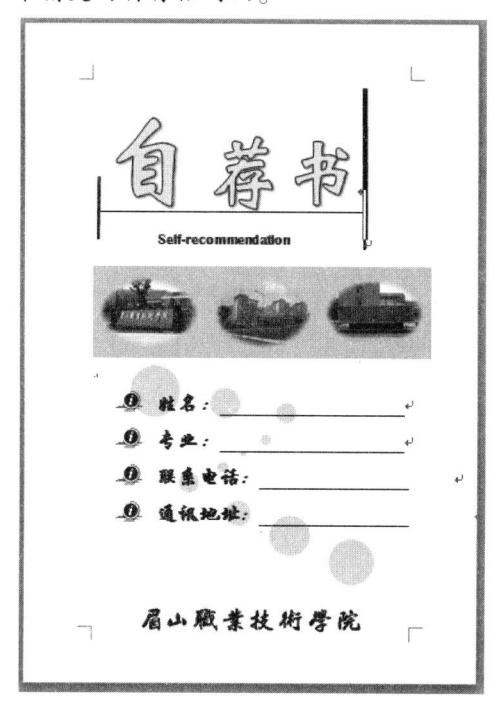

图 3-31 自荐信封面图

任务清单：

任务	名称	操作技能
任务1	插入和设置艺术字	1. 插入艺术字；2. 设置艺术字样式
任务2	插入和设置形状	1. 插入形状；2. 设置形状属性；3. 组合形状；4. 形状添加文本
任务3	插入和设置图片	1. 插入图片；2. 设置图片格式；3. 插入和编辑剪贴画

任务1　插入和设置艺术字

步骤1：新建空白 Word 文档，插入艺术字。

选择"插入"选项卡文本组，艺术字按钮第一行第一个，在文本框中输入"自荐信"三个字，在"开始"选项卡字体组将文本设置为"华文新魏"，字号大小为100，其中"自"文字大小为140。如图3-32所示，可以在"绘图工具"选项卡作艺术字的格式设置。

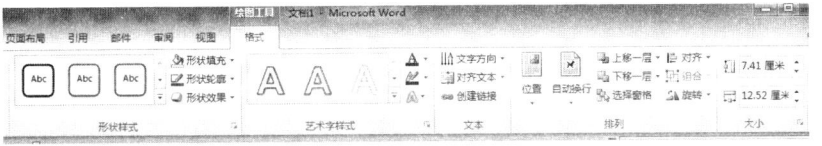

图3-32 "绘图工具"格式选项卡

【提示】

如果选中已经输入好的文字，也可以用该方法将文本转化为艺术字。

★体验与探索

绘图工具格式选项卡的其他没有用到的按钮有什么作用呢？

任务2 插入和设置形状

步骤2：插入并设置自选图形"直线"。

选择"插入"选项卡插图组，形状按钮线条中的"线条"第一个直线如图3-33所示，当鼠标变成十字架形状就开始在指定位置绘制直线，分别选中该直线在如图3-34和图3-35所示的在"绘图工具"选项卡将直线的形状轮廓颜色都设置为黑色，直线的线条粗细分别设置为短直线为3磅、长直线为6磅，横线为1磅。

步骤3：插入并设置自选图形"矩形"。

选择"插入"选项卡插图组，形状按钮线条中的"矩形"第一个长方形如图3-33所示，当鼠标变成十字架形状就开始在指定位置绘制长方形，分别选中该矩形在如图3-35所示的在"绘图工具"选项卡将矩形的形状填充都设置为浅灰色，形状轮廓为无。在如图3-36所示的"绘图工具"选项卡将自动换行设置为"衬于文字下方"，大小设置高为4.31厘米，宽为15.61厘米。

步骤4：插入并设置自选图形"圆形"。

选择"插入"选项卡插图组，形状按钮线条中的"基本形状"第三个椭圆形如图3-33所示，当鼠标变成十字架形状就开始在指定位置绘制椭圆形，按住Shift键不放拖动鼠标可以绘制正圆，分别选中该矩形在如图3-34和图3-35所示的在"绘图工具"选项卡将矩形的形状填充都设置为"水绿色，强调文字5，淡色80%"，形状轮廓为无。在如图3-36所示的"绘图工具"选项卡将自动换行设置为"衬于文字下方"，大小设置高和宽为2.33厘米。

图 3-33 "形状"按钮下拉菜单

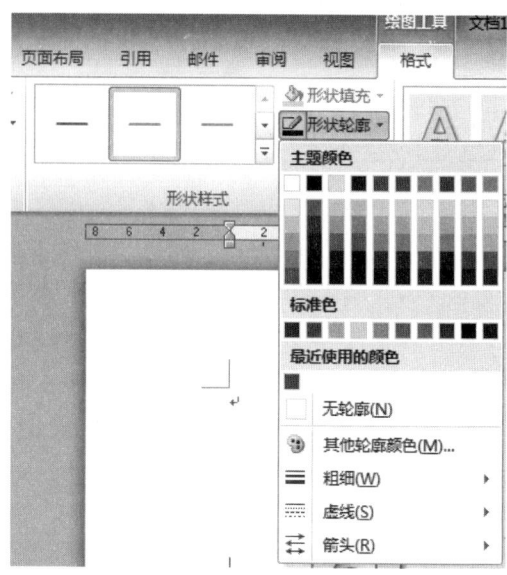

图 3-34 "绘图工具"格式选项卡"形状轮廓"下拉按钮

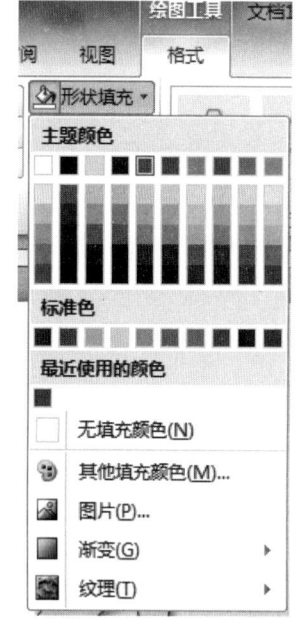

图 3-35 "形状填充"按钮下拉菜单

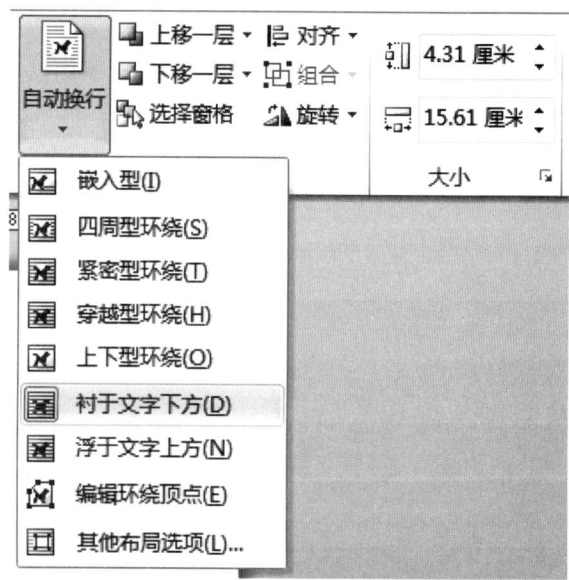

图 3-36 "自动换行"下拉菜单和"大小"设置框

步骤5：复制自选图形"圆形"。

可以用"开始"选项卡的剪贴板组的复制粘贴按钮来复制。

【提示】

如果选中圆形，按住 Ctrl 键不放拖动形状，也可以完成形状的复制。

步骤 6： 调整复制自选图形"圆形"的大小。

选中要调整大小的圆形，点击"绘图工具格式"选项卡点击"大小"右下角的按钮，打开如图 3-37 所示的布局对话框，将大小在锁定纵横比的情况下，按顺序调整缩放比例为 80%、60%、40%、20%、10%、20%、40%、60%、80%，并且按住鼠标左键将其放到指定的位置。

步骤 7： 组合自选图形"圆形"，使其成为一个形状，方便调整。

选中全部圆形，方法是按住 Shift 键不放，逐一在需要选择的圆形上点鼠标左键，点击"绘图工具格式"选项卡排列组，点击如图 3-38 所示的"组合"按钮，将图形全部组合在一起。

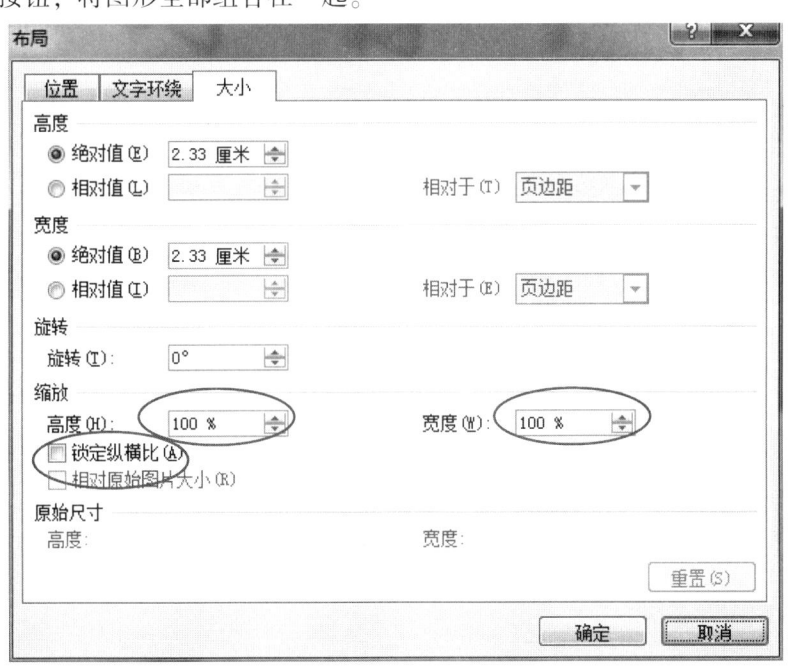

图 3-37 布局大小选项卡对话框

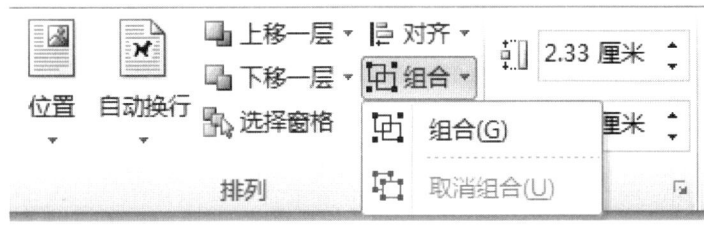

图 3-38 排列组

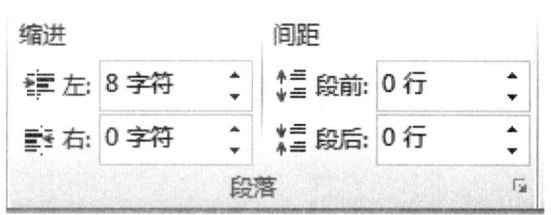

图 3-39 段落组

步骤 8：在图形上输入文本并设置好字体和位置。

输入好文字以后，全部选中，设置文本为"华文行楷"、一号。选中"开始"选项卡下划线按钮并输入好空格。在页面布局选项卡，如图 3-39 所示，段落组将所有文本左缩进设置为 8 个字符。

任务3　插入和设置图片

步骤 9：选择"插入"选项卡，点击插图组图片按钮插入图片。

打开如图 3-40 插入图片对话框浏览找到图片，点击"插入"按钮插入。

图 3-40　"插入图片"对话框

图 3-41　"自动换行"下拉列表

步骤 10：选择"图片工具"选项卡，点击设置图片。

在如图 3-41 所示的图片工具选项卡将图片自动换行设置为浮于文字上

方，大小为宽设置为 3.4 厘米，高设置为 4.8 厘米。在如图 3-42 所示图片工具选项卡图片样式下拉列表将图片的样式设置为"柔化边缘椭圆"。

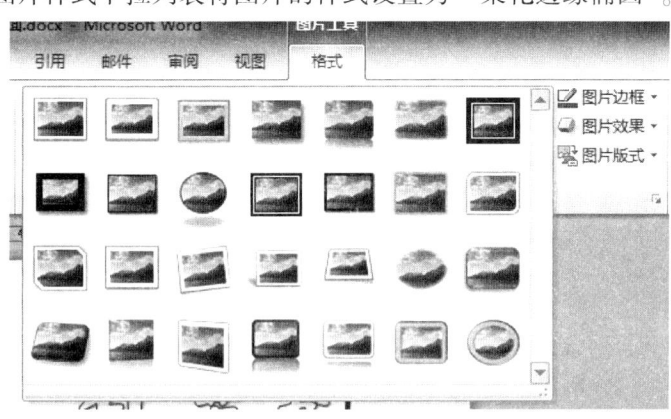

图 3-42 "图片样式"下拉按钮

步骤 11：调整三张图片的位置。

按住 Shift 键不放，用鼠标左键点击选中需要设置的全部图片。用如图 3-43 所示的"对齐"按钮下拉按钮，设置三张图片顶端对齐和横向平均分布。再插入"眉山职业技术学院"文字图片，按鼠标左键将其放在页面底端正中间。

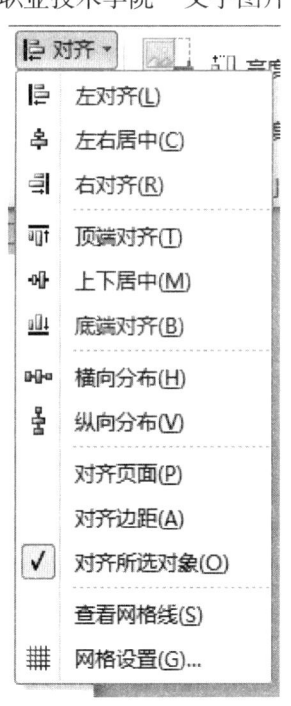

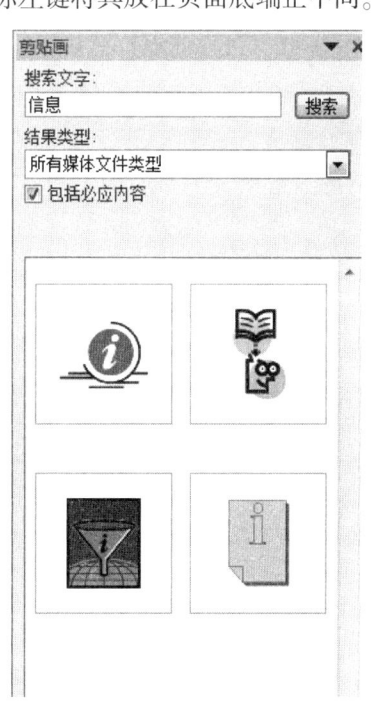

图 3-43 "对齐"按钮下拉列表　　图 3-44 "剪贴画"对话框

步骤 12：插入剪贴图，设置大小，调整四张剪贴画的位置，设置全部左对齐和纵向平均分布，并组合为一个图形，放到合适位置。

点击选择"插入"选项卡点击"剪贴画"按钮，插入剪贴画，打开如图

3-44所示剪贴画任务窗格,输入搜索文字"信息",点击图片插入。用"图片工具"选项卡,如图3-45颜色按钮下拉列表,将图片颜色调整为"黑白50%",并将信息图片的大小锁定纵横比以后调整为30%。复制为四张剪贴画,选中全部剪贴画,设置四张图片左对齐和纵向平均分布。并将其组合为一个图形。最后保存提交。

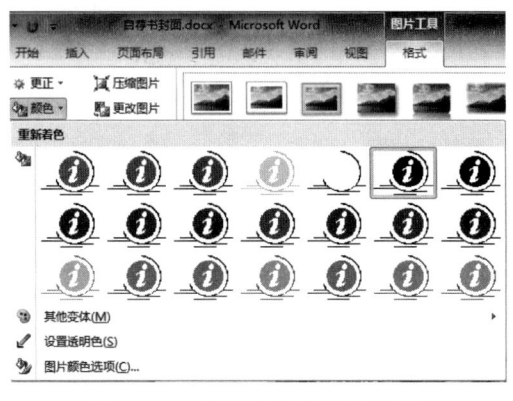

图3-45 "颜色"按钮下拉列表

项目4　个人简历制作

项目描述:前面我们学习了自荐信的制作和格式的设置以及自荐信封面制作,今天我们来学习为个人简历表格制作。

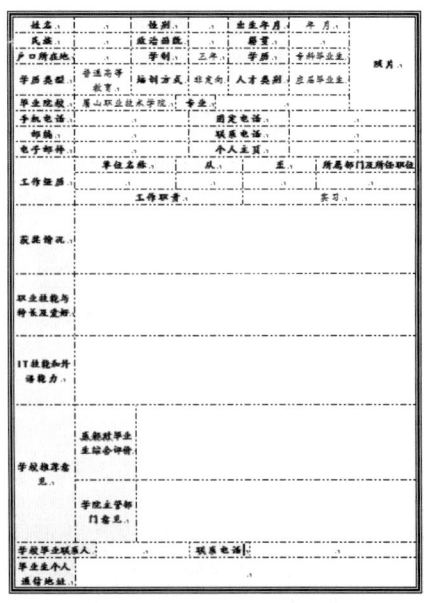

图3-46　个人简历样板

任务清单：

任务	名称	操作技能
任务1	插入表格	表格插入的三种方法
任务2	调整表格	1. 调整表格列宽和行高；2. 调整表格结构；3. 选择单元格方法；4. 删除、插入单元格、行和列；5. 设置单元格对齐方式；6. 设置表格边框和底纹

任务1 插入表格

步骤1：新建空白 Word 文档，插入表格。

先输入文字个人简历，并将文字设置为华文行楷，二号。选择"插入"选项卡表格组，点击"表格"按钮，弹出如图3-47所示表格按钮下拉列表，选择"插入表格"按钮，在打开如图所示的图3-48插入表格对话框中输入行数为16，列数为2，选择根据窗口调整表格。

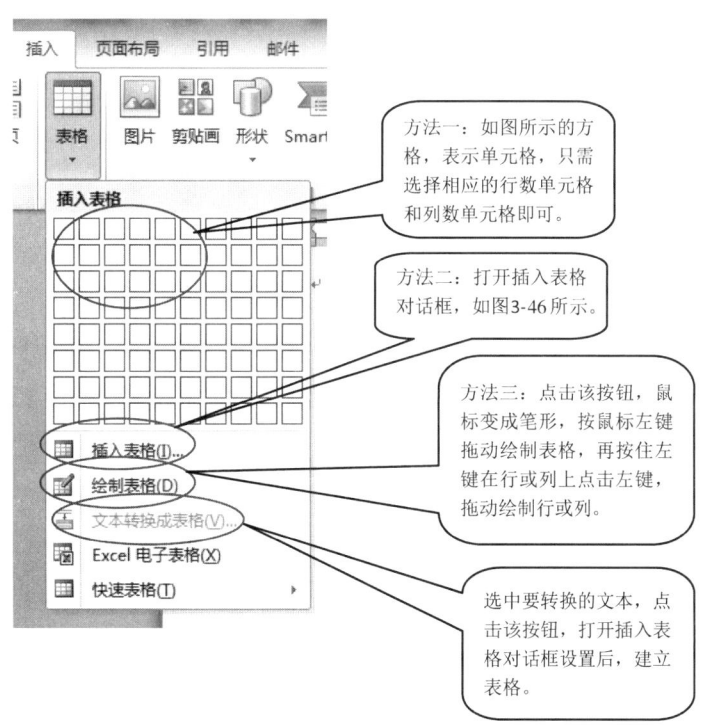

图 3-47 "表格"按钮下拉列表

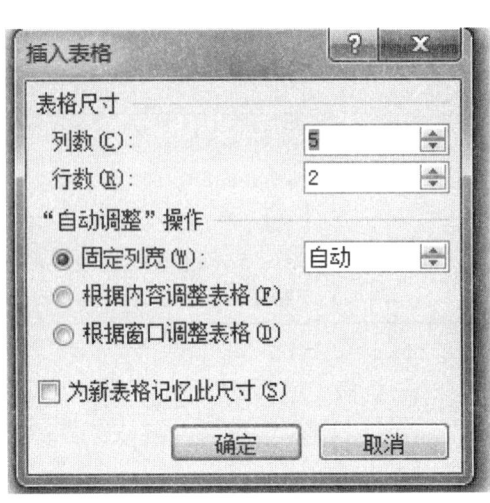

图 3-48 "插入表格"对话框

任务 2　调整表格

步骤 2：调整列宽。

把鼠标放在第一行第一列单元格，点击"选择表格工具"选项卡，点击"布局"按钮，进入布局选项卡，在如图 3-49 所示在单元格大小组列宽和行高位置分别输入为 0.6 厘米和 2.39 厘米。

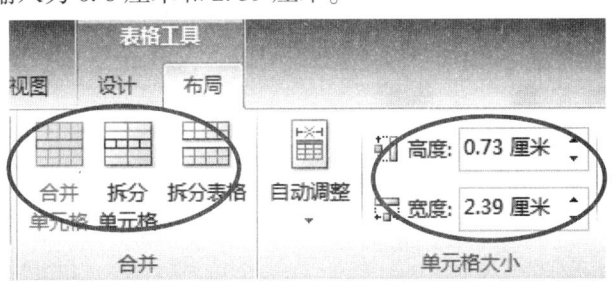

图 3-49　单元格大小组

步骤 3：调整表格结构。

把鼠标放在第一行第二列单元格，按鼠标左键拖动选择后面 5 行单元格，点击"选择表格工具"选项卡，点击"布局"按钮，进入"布局"选项卡，在如图 3-49 所示，点击"拆分单元格"按钮，打开如图 3-50 所示"拆分单元格"对话框，输入拆分的行数为 6，列数为 5。把鼠标放在第一行第七列单元格，按鼠标左键拖动选择后面 5 行单元格，点击"选择表格工具"选项卡，点击

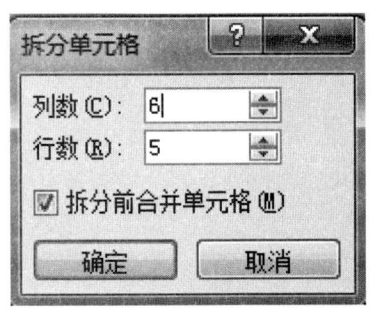

图 3-50　"拆分单元格"对话框

"布局"按钮,进入布局选项卡,在如图 3-49 所示在合并组,点击"合并单元格"按钮。

相关知识

表 3-6 选择表格单元格方法

操作	作用
选定单元格或单元格区域	鼠标指针移到要选定的单元格"选定区",当指针由"I"变成"↗"形状时,单击鼠标选定单元格,向上、下、左、右拖动鼠标,选定相邻多个单元格即单元格区域
选定表格的行	鼠标指针移到文本区的"选定区",鼠标指针指向要选定的行,单击鼠标选定一行;向下或向上拖动鼠标"选定"表中相邻的多行。选定表格的列:鼠标指针移到表格的最上面的边框线上,指针指向要选定的列,当鼠标指针由"I"变成"↗"形状时,单击鼠标选定一列;向左或向右拖动鼠标选定表中相邻的多列
选定不连续的单元格	按住 Ctrl 键,依次选中多个区域
选定整个表格	单击表格左上角的移动控制点"✥",可以迅速选定整个表格

把鼠标放在第五行第二列单元格,按鼠标左键拖动选择后面 2 列单元格,点击"选择表格工具"选项卡,点击"布局"按钮,进入"布局"选项卡,在如图 3-49 所示,点击"合并单元格"按钮。同样的方法,合并第五行最后两列单元格,并输入相应文字。根据如图 3-51 所示拆分、合并所示要求继续拆分合并单元格并输入内容。完成后效果如图 3-52 所示拆分、合并、输入完成效果图。

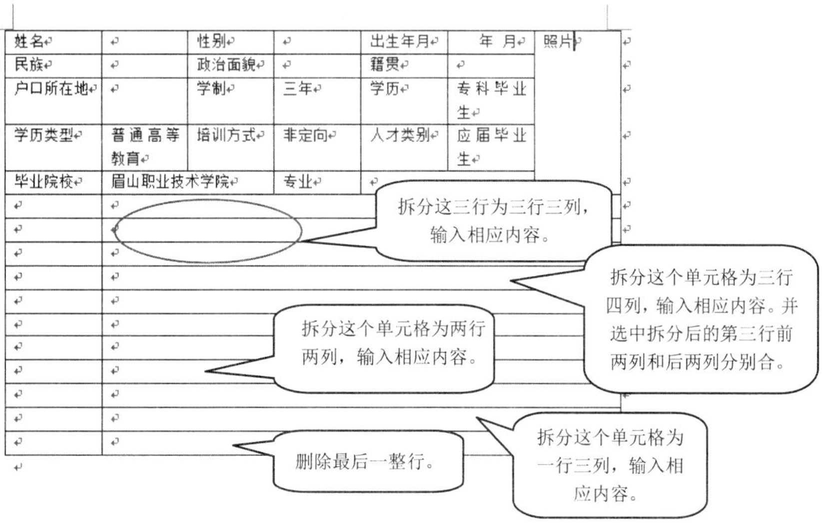

图 3-51 "拆分、合并单元格"要求框

姓名		性别		出生年月		年　月	照片
民族		政治面貌		籍贯			
户口所在地		学制	三年	学历		专科毕业生	
学历类型	普通高等教育	培训方式	非定向	人才类别		应届毕业生	
毕业院校	眉山职业技术学院			专业			
手机电话				固定电话			
邮编				联系电话			
电子邮件				个人主页			
工作经历	单位名称		从		至		所属部门及所任职位
	工作职责			实习			
获奖情况							
职业技能与特长及爱好							
IT 技能和外语能力							
学校推荐意见	系部对毕业生综合评价						
	学院主管部门意见						
学校毕业联系人			联系方式				
毕业生个人通信地址							

图 3-52　拆分、合并单元格，并输入内容效果

相关知识

删除、插入单元格、行和列的方法。如图 3-53 和图 3-54 所示。

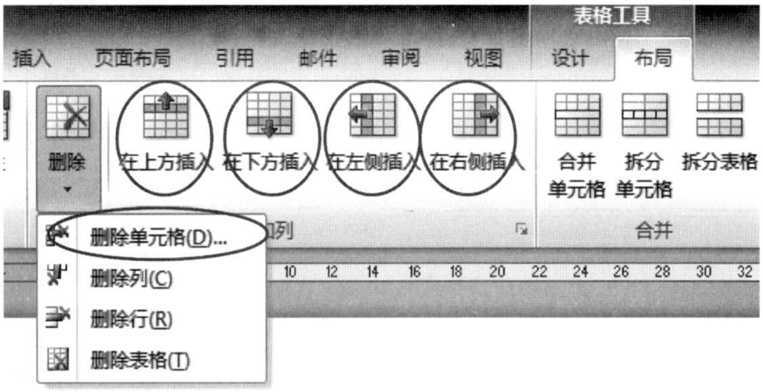

图 3-53　表格插入单元格使用方法

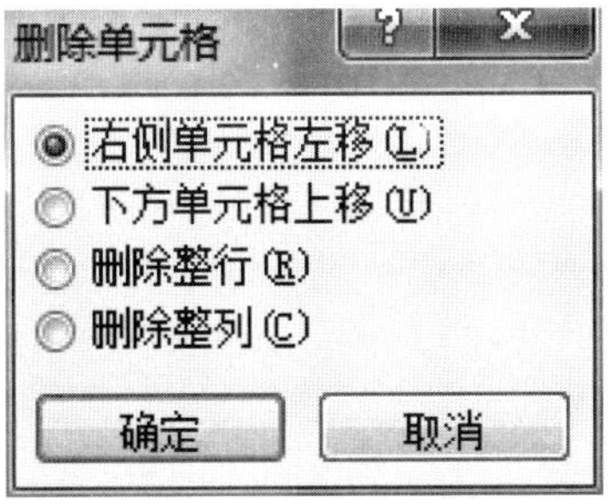

图 3-54　删除单元格

步骤 4：调整表格列宽和行高。

用鼠标选中当前单元格，把鼠标放到两列或者两行之间，向左右或者上下拖动即可。调整好效果如图 3-56 所示。

姓名		性别		出生年月	年　月	照片
民族		政治面貌		籍贯		
户口所在地		学制	三年	学历	专科毕业生	
学历类型	普通高等教育	培训方式	非定向	人才类别	应届毕业生	
毕业院校	眉山职业技术学院	专业				
手机电话				固定电话		
邮编				联系电话		
电子邮件				个人主页		
工作经历	单位名称	从		至	所属部门及所任职位	
	工作职责			实习		
获奖情况						
职业技能与特长及爱好						
IT 技能和外语能力						
学校推荐意见	系部对毕业生综合评价					
	学院主管部门意见					
学校毕业联系人				联系方式		
毕业生个人通信地址						

图 3-55　个人简历

相关知识

（1）用拖动鼠标修改表格的列宽。

①将鼠标指针移到表格的垂直框线上，当鼠标指针变成调整列宽指针形状时，按住鼠标左键，此时出现一条上下垂直的虚线，释放左键即可。

②向左或右拖动，同时改变左列和右列的列宽（垂直框线两端的列宽度总和不变）。拖动鼠标到所需的新位置，释放左键即可。

（2）用菜单命令改变列宽或行高。

用"表格属性"对话框可以设置包括行高或列宽在内的许多表格的属性。这方法可以使行高和列宽的尺寸得到精确设定。其操作步骤如下：

①选定要修改列宽的一列或数列（一行或数行）。

②单击"表格工具—布局/表/属性"命令，打开"表格属性"对话框，单击"列"选项卡，得到"列"选项卡窗口。

③单击"指定宽度"前的复选框，并在文本框中键入列宽（或行高）的数值，在"列宽单位"（或行高单位）下拉列表框中选定单位。

④单击"确定"按钮即可。

（3）用选项卡命令改变行高或列宽。

①把鼠标选中需调整的行或列。

②选项"表格工具"→"布局"→"单元格大小"组中的高度和宽度中输入相应的值即可。

④单击"确定"按钮即可。

步骤5：设置单元格文字为楷体、五号、按要求部分加粗，并设置单元格内容对齐方式为居中。

选中这个表格点击"开始"选项卡，用字体对话框设置字体。单元格对齐方式用表格工具布局选项卡中的如图3-56所示的对齐组按钮设置。

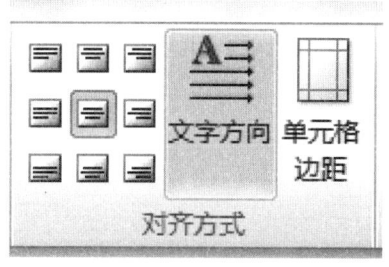

图3-56 对齐方式组

步骤6：选中整个表格，点击如图3-57所示的表格工具设计选项卡，点击"边框"下拉按钮，点击"边框和底纹"按钮，调整表格外边框为图3-58的表格边框样式。把鼠标放在文字加粗单元格，底纹下拉按钮，打开如图3-59底纹按钮下拉列表，选中其他颜色，在自定义选项卡按如图3-60"颜色"

对话框"自定义"选项卡，按具体的 RGB 值设置底纹颜色。

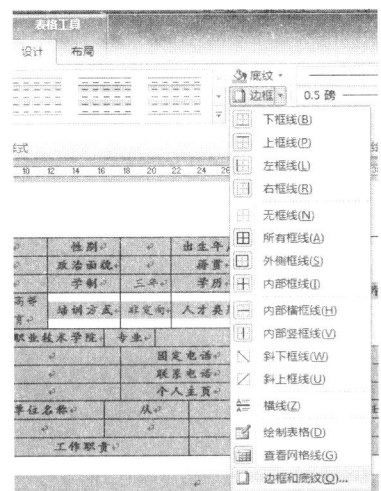

图 3-57　"边框"下拉按钮列表

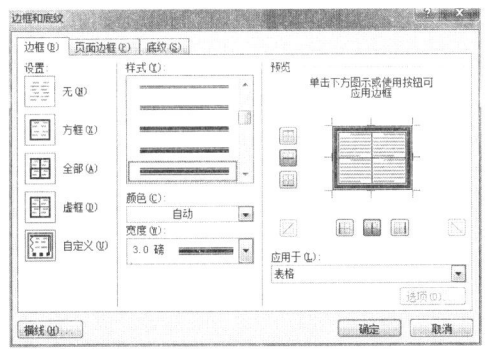

图 3-58　"边框和底纹"对话框

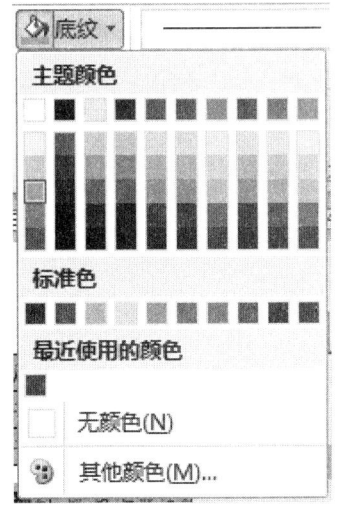

图 3-59　"底纹"下拉按钮列表

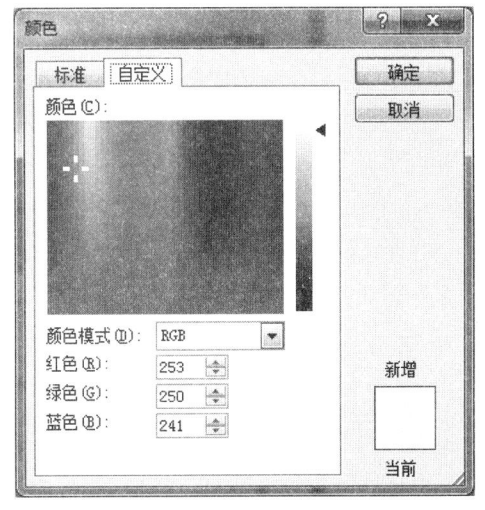

图 3-60　"颜色"对话框"自定义"选项卡

★体验与探索

1. 新建空白文档,将下列文字转换成4行5列的表格。

姓名　英语　物理　数学　总分

王芳　　85　　78　　89

李国强　70　　84　　77

张一鸣　90　　80　　89

平均分

2. 调整表格行高为1厘米,列宽为2厘米。
3. 设置表格样式为第三行第二个。
4. 表格居中显示,表格文字对齐为水平居中。
5. 用 sum、average 函数求每位同学的总分和各科平均分。
6. 按学生总成绩降序排列数据。
7. 打开项目库中课后作业"制作班级课程表.docx"文件,按要求完成课程表的制作。

项目5　数学试卷制作

项目描述:在我们学习的高等数学课程中,有很多数学符号无法用键盘输入到 Word 文档中,那么我们数学老师在出试卷的时候,要怎样输入这些公式呢?今天这节课我们就来编写一张高等数学考试试卷。

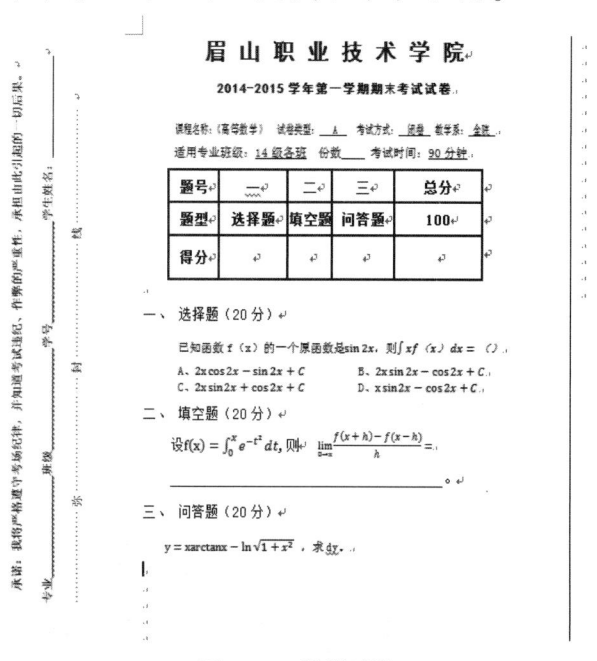

图3-61　数学试卷

第3单元 自荐信制作——Word 2010 文字处理软件

任务清单:

任务	名称	操作技能
任务1	制作试卷弥封线	1. 页面设置；2. 文本框的插入与编辑；3. 制表位制作
任务2	输入和设置试卷头	1. 页面分栏操作；2. 文本输入与格式设置；3. 表格输入与格式设置
任务3	添加页脚	页脚添加方法
任务4	使用公式编辑器输入公式	公式编辑器使用

任务1　制作试卷弥封线

步骤1：新建空白 Word 文档，进行试卷页面设置。

在"页面布局"选项卡点击右下角按钮，在弹出的如图 3-62 所示"页面设置"对话框中页边距选项卡中设置参数。再点击打开如图 3-63 所示纸张选项卡，设置参数。

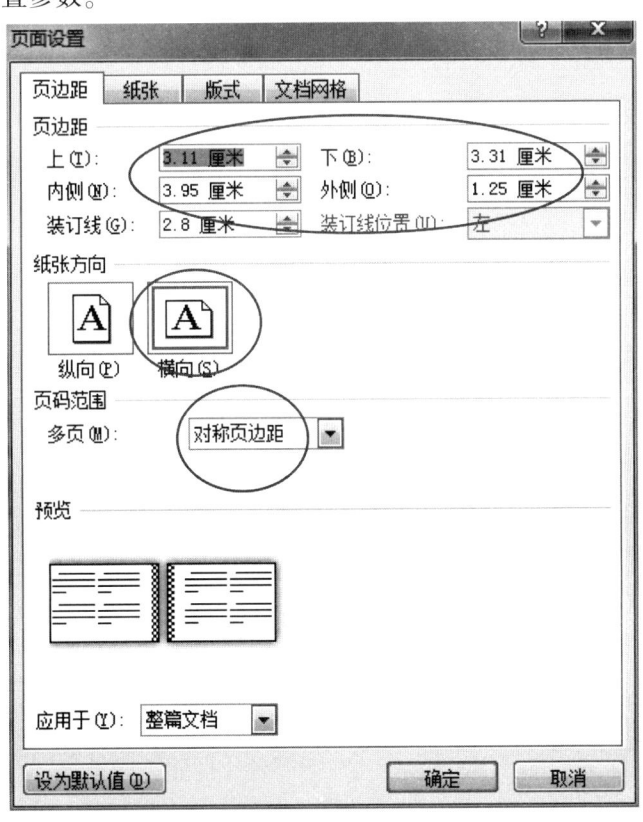

图 3-62　"页面设置"对话框"页边距"选项卡

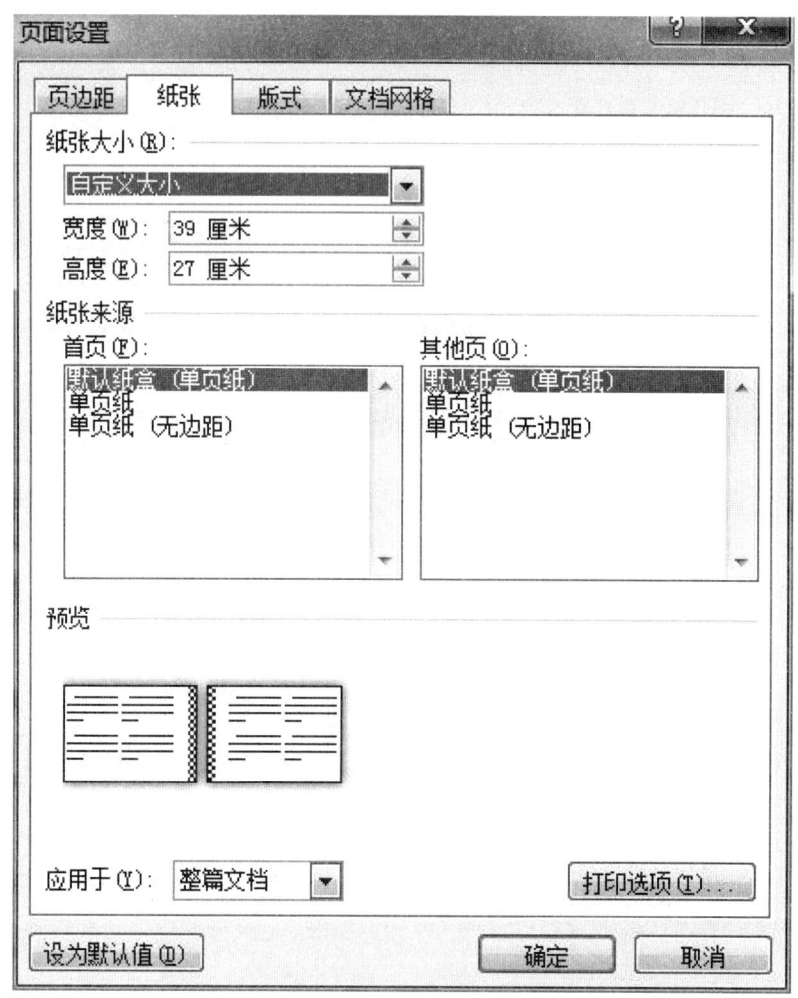

图 3-63 "页面设置"对话框"纸张"选项卡

步骤 2：打开"插入"选项卡，单击文本组中的文本框下拉按钮，选择绘制文本框按钮，在文档中绘制一个横向的文本框，添加文本，设置制表位。

在绘图工具格式选项卡点击如图 3-64 所示"文字方向"按钮下拉列表，将所有文字旋转 270°。将文本框字体设置为宋体，字号小四，在第一行输入诚信承诺文字，第二行输入考生信息项目，每个项目后用带下划线的空格填充。在第三行输入"弥封线"三字，然后在"开始"选项卡的"段落"组单击右下角按钮，在弹出的"段落"对话框中，再单击"制表位"按钮，弹出"制表位"对话框如图 3-65 所示。在"制表位位置"文本框中输入"12 字符"，前导符选择"5……"，单击"设置"按钮，设置第一个制表位。按照相同方法，再设置 24、36、48 位置的制表位。

图 3-64 "文字方向"按钮下拉列表

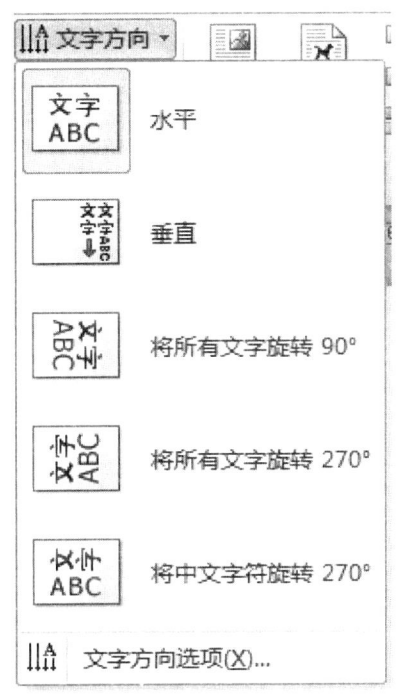

图 3-65 "制表位"对话框

步骤 3：光标定位到"弥"字左侧，按 Tab 键，然后依次在"弥封线"三个字右侧按 Tab 键。

步骤4：点击文本框边框线，点击"绘图工具"格式选项卡，"形状样式"组设置文本框形状填充和形状轮廓都为无颜色，最后弥封线样式如图3-66所示。

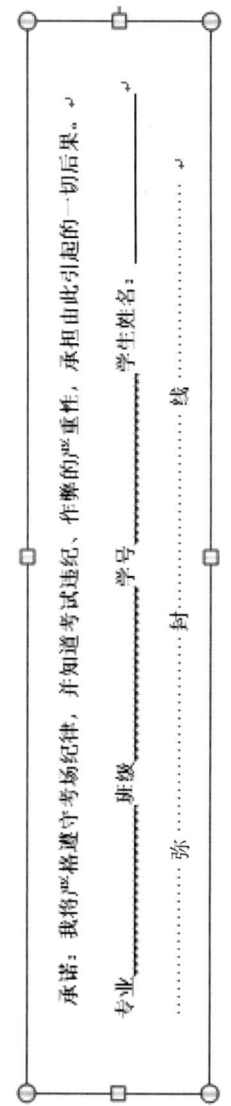

图3-66 弥封线设置效果

 任务2 输入设置试卷头

步骤5：将页面分为两栏，显示分隔线。

在页面布局选项卡单击"分栏"按钮，选择更多分栏，设置为两栏，显示分隔线。并如图3-67所示，输入试卷头内容并设置相应的文字表格格式。

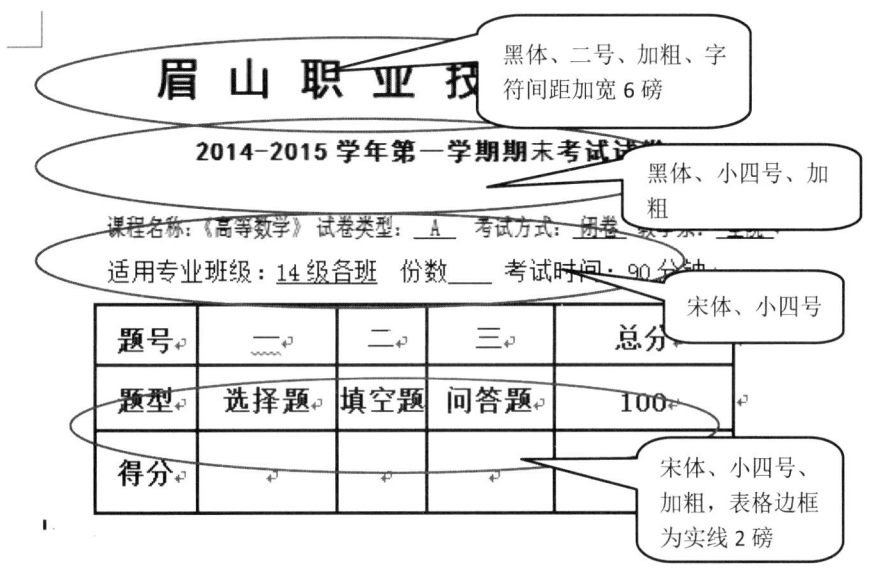

图 3-67　试卷头内容

任务 3　添加页脚

步骤 6：单击"插入"选项卡，选择页脚按钮，单击编辑页脚按钮，在打开的"页眉和页脚工具"选项卡，点击"页码"按钮，在当前位置插入"X/Y 样式"的按钮，然后空出一定位置，输入眉山职业技术学院和日期时间。

任务 4　使用公式编辑器输入公式

步骤 7：先输入题目类型和题干文字，设置文本字体和字号。将光标定位到需要输入公式的位置，单击"插入"选项卡，单击"公式"按钮下拉列表选择"新公式"按钮，进入公式编辑器如图 3-68 所示，设置公式字体字号的方法与文本格式设置一样。最后保存试卷。

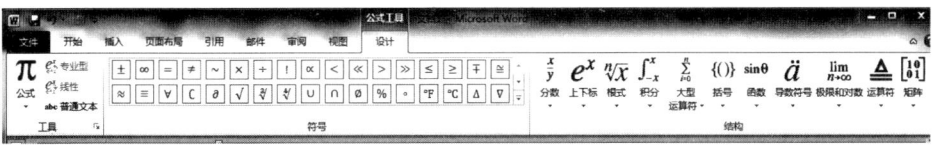

图 3-68　公式编辑器

(1) 选择题公式输入：

① 输入第一个公式单击 sin 函数按钮，再键入"2x"。

② 输入第二个公式先单击积分按钮添加积分符号，然后从键盘键入"xf

（x）dx＝"。

③输入第三个选项公式单击 sin 函数按钮选择 sin 函数和 cos 函数，再键入"2x"和"C"。

（2）填空题公式输入：

①输入第一个公式键入"f（x）＝"，再单击"积分"按钮选择有上限下限值的积分符号，上限键入"x"，下限输入"0"，单击上下标按钮选择"上标"按钮，键入字符"e"，再在上标上单击"上标"按钮，键入"-t"，上标键入"2"，单击左键将光标调整好位置，再键入"dx"。

②输入第二个公式单击"极限和对数"按钮，再选择极限按钮，极限下方键入"x"，单击"符号"按钮选择"→"，键入字符"0"，再单击"分数"按钮，键入分子"h"，分母键入 f（x+h）-f（x-h），单击左键将光标调整好位置，再键入"＝"。

（3）填空题公式输入：

①输入第一个公式键入"f（x）＝"，再单击"积分"按钮选择有上限下限值的积分符号，上限键入"x"，下线输入"0"，单击上下标按钮选择"上标"按钮，键入字符"e"，再在上标上单击"上标"按钮，键入"-t"，上标键入"2"，单击左键将光标调成好位置，再键入"dx"。

②输入第二个公式单击"极限和对数"按钮选择极限按钮"lim"，极限下方键入"x"，单击"符号"按钮选择"→"，键入字符"0"，再单击"分数"按钮，键入分子"h"，分母键入 f（x+h）-f（x-h），单击左键将光标调整好位置，再键入"＝"。

（4）问答题公式输入：

输入公式键入"y＝xarctanx-"，单击"极限"按钮选择极限"ln"，单击"根号"按钮选择"根号"，在根号中键入"1+"，单击"上标"按钮，键入"x"，上标键入"2"。

★体验与探索

打开项目库中课后作业"制作数学试卷.docx"文件，按要求将数学试卷添加完成制作。

项目6　毕业论文格式设置

项目描述：所有同学在毕业的时候，都面临着要撰写毕业论文的任务。这不仅考验我们努力学习三年的知识成果，也是对我们计算机文档排版能力的要求。论文排版有特定的技巧，本次课主要介绍论文编排的基本技巧。

第 3 单元 自荐信制作——Word 2010 文字处理软件

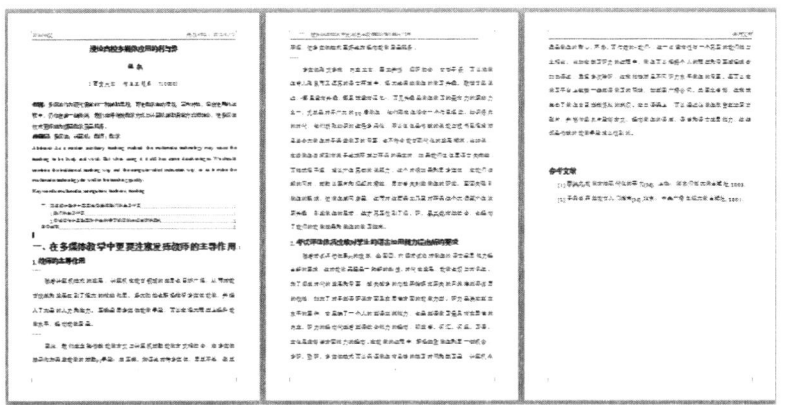

图 3-69 论文 Word

任务清单：

任务	名称	操作技能
任务 1	论文格式排版	1. 按要求设置文本格式；2. 利用样式设置文本格式
任务 2	论文版式的排版	1. 页面设置；2. 页眉页脚设置
任务 3	论文参考文献的生成	1. 定义新编号格式；2. 交叉引用
任务 4	论文目录生成	1. 定义目录级别；2. 自动生成目录

任务 1 论文格式的编排

步骤 1：打开论文素材文档，进行论文格式设置。按如图 3-70 所示修改该部分的论文格式。

图 3-70 格式要求

课堂笔记

步骤 2：利用 Word 提供的样式功能，作为论文素材正文标题应用样式。

在"开始"选项卡"样式组"点击右下角按钮，在弹出的样式的设置任务窗格如图 3-71 所示。单击"新建样式"按钮，弹出如图 3-72 所示的"根据格式设置创建新样式"对话框，在对话框的"名称"文本框中输入"第一级标题"，字体格式设置为黑体、二号、加粗、对齐方式为左对齐、行距为 2 倍行距。将光标置于需要应用该样式的文本"一、在多媒体教学中更要注意发挥教师的主导作用"上，单击任务窗格样式列表框中的"第一级标题"应用样式。

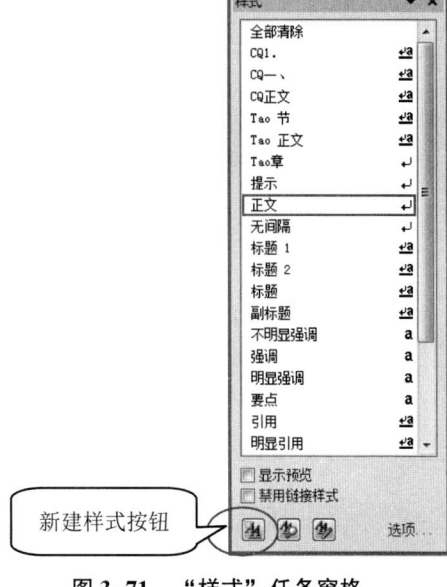

图 3-71 "样式"任务窗格

按照同样的方法创建"第二级标题"样式，字体格式为黑体、三号、加粗，段落格式为左对齐、1.25 倍行距，并应用于文本"1. 教师的主导作用"和"参考文献"。

按照同样的方法创建"文章正文"样式，字体格式为宋体、四号，段落格式为左对齐、1.5 倍行距、首行缩进格字符，并应用于文章正文内容和参考文献的内容。

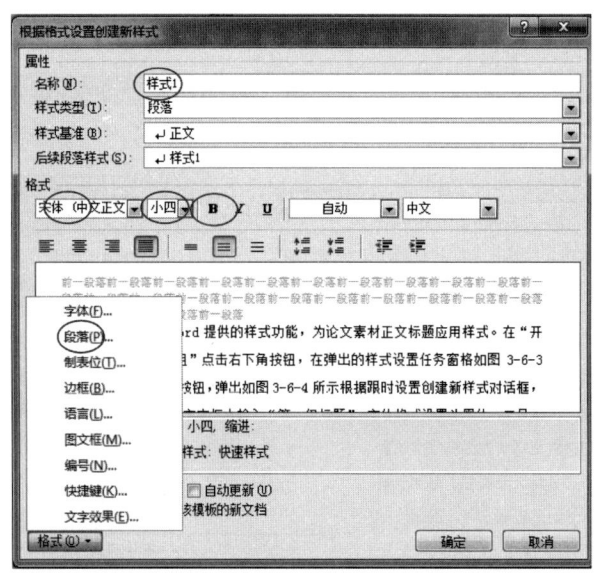

图 3-72 根据格式设置创建新样式

任务2　论文版式的编排

步骤3：对论文素材进行页面设置。

将论文素材的页面边距设置为距上、下、左、右各2厘米。

步骤4：对论文素材进行页眉页脚设置，首页、奇偶页页眉页脚不同。

单击"插入"选项卡的"页眉页脚"选项中的"页眉"按钮，从列表中选择"编辑页眉"命令，进入页眉的编辑状态。

在"页眉和页脚工具"的"设计"选项卡中，将"首页不同"和"奇偶页不同"复选框选中。

在首页页眉中左边键入"毕业时间"黑体、小四，右边键入"完成时间："黑体、小四，并用"插入"组中"日期和时间"按钮单击插入，在首页页脚中添加页码并居中显示。

在偶数页的"页眉和页脚工具"的"设计"选项卡的"插入"组中单击"文档部件"按钮，选择域命令，打开"域"对话框。在"域名"列表框中选择"StyleRef"，在"样式"列表框中选择"第一级标题"，如图3-73"域"对话框所示，在偶数页页脚中添加页码并居中显示。

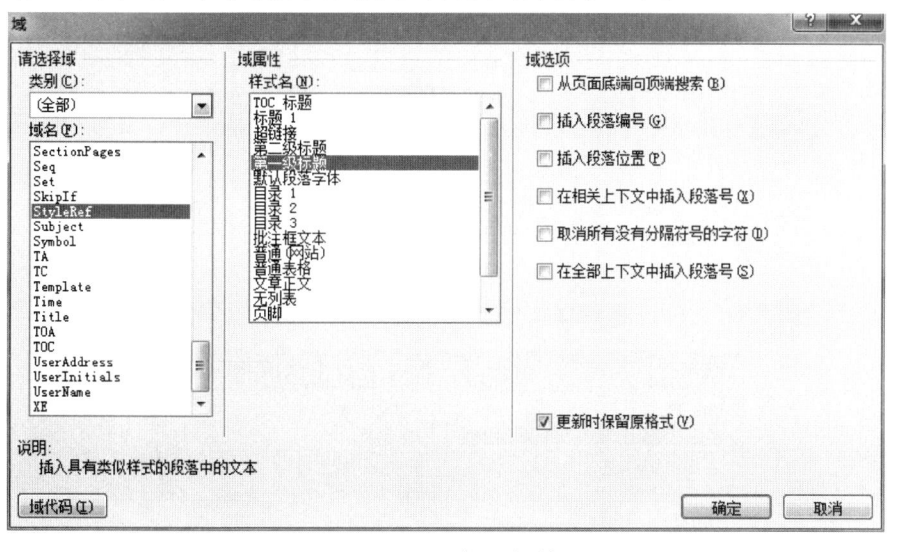

图3-73　"域"对话框

在奇数页的"页眉和页脚工具"的"设计"选项卡的"插入"组中单击"文档部件"按钮，选择域命令，打开"域"对话框。在"域名"列表框中选择"StyleRef"，在"样式"列表框中选择"第二级标题"，如图3-73"域"对话框所示，在奇数页页脚中添加页码并居中显示。

任务3　论文参考文献的生成

步骤5：为参考文献编号。

用鼠标选中全部参考文献内容，单击"开始"选项卡选择"段落"组，单击"编号"按钮，选择"定义新的编号格式"，打开如图3-74所示"定义新编号格式"对话框。

把鼠标放在需要添加参考文献索引的位置，首页倒数第二自然段倒数第三行文本"计算机辅助教育"后，单击"引用"选项卡，选择题注组中的交叉引用按钮，打开如图3-75所示的"交叉引用"对话框，选择引用第一个编号，使用同样的方法将第二页第二自然段文本"考试评估系统"后引用第二个编号。

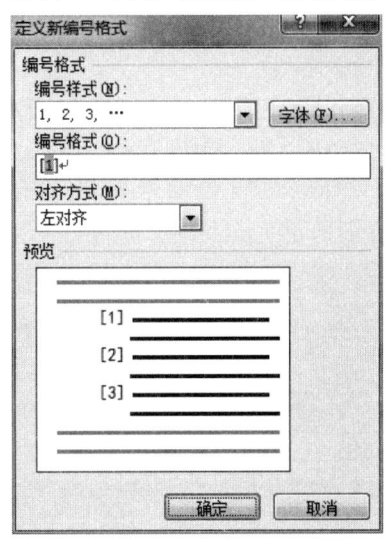

图3-74　"定义新编号格式"对话框

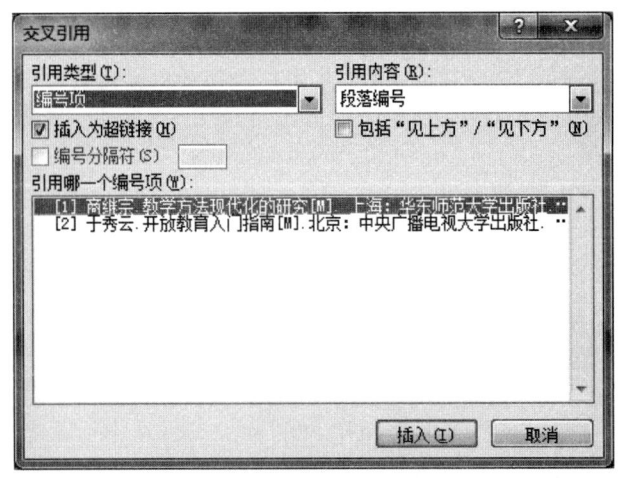

图3-75　"交叉引用"对话框

选中正文中生成的编号［1］和［2］，并单击"开始"选项卡字体组上标按钮，将其变为上标。

任务4 论文目录的生成

步骤6：选中各级标题，定义级别。

选中全部第一级标题，单击"引用"选项卡中"目录"组"添加文字"按钮，打开如图3-76所示的添加文字列表，在下拉列表中选择1级，再选中全部第二级标题，同样的方法将其设置为2级。

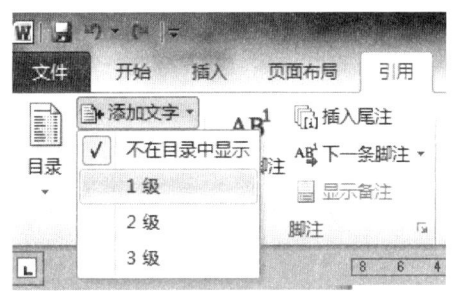

图3-76 "添加文字"列表框

步骤7：生成目录。

将鼠标放在目录存放位置，单击"引用"选项卡中"目录"组"目录"按钮，选择插入目录，打开如图3-77所示"目录"对话框。

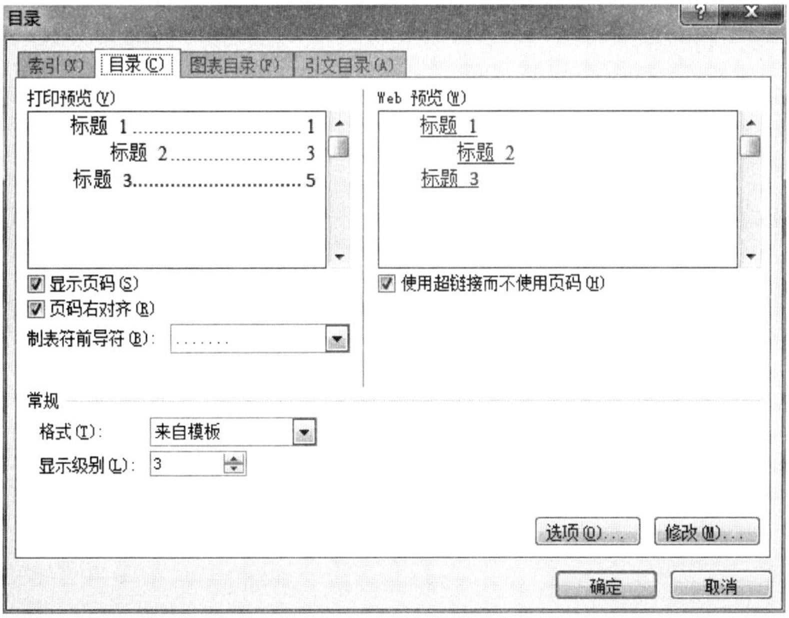

图3-77 "目录"对话框

★ 体验与探索

1. 思考：假如对目录页有新的排版要求，需要添加章节符号，应该如何操作？目录页单独页码编写，如何操作？当章节内容过多时，要求每章都从基数页开始，应该如何操作？

2. 利用论文排版技术，对作业库中的生物课本进行排版。

习题3

一、单项选择题

1. 在Word编辑状态，包括能设定文档行间距命令的选项卡是(　　)。
   A. "文件"选项卡　　　　　　　　　B. "视图"选项卡
   C. "开始"选项卡　　　　　　　　　D. "页面布局"选项卡

2. 使用艺术字体可使文本产生特殊效果，选择功能区中的"插入"，然后再选(　　)。
   A. 图片　　　　　　　　　　　　　B. 文本框
   C. 对象　　　　　　　　　　　　　D. 图文框

3. 在Word环境下，在文档中插入表(　　)。
   A. 可以有任意数目的行和列　　　　B. 所有单元格的格式都是一样的
   C. 有单元格的大小不一样　　　　　D. 必须要有文档

4. 在Word环境下，不可以在同一行中设定为(　　)。
   A. 单倍行距　　　　　　　　　　　B. 双倍行距
   C. 1.5倍行距　　　　　　　　　　　D. 单双混合行距

5. 在Word编辑状态下，若要调整左右边界，利用(　　)方法更直接、快捷。
   A. 页面布局选项卡　　　　　　　　B. 段落对话框
   C. 快捷菜单　　　　　　　　　　　D. 水平标尺

6. 在文本编辑状态，执行"复制"命令后，(　　)。
   A. 选定的内容复制到插入点　　　　B. 将剪贴板的内容复制到插入点
   C. 将选定的内容复制到剪贴板　　　D. 将选定内容的格式复制到剪贴板

7. 在Word环境下，设置页面时，以下说法错误的是(　　)。
   A. 可以自定义页面的大小　　　　　B. 可以设置页面的边距
   C. 可以按纵向或横向排版　　　　　D. 可以改变字体的方向

8. 在Word的编辑状态，打开了"w1.doc"文档，若要将经过编辑后的文档以"w2.doc"为名存盘，应当执行"文件"选项卡中的命令是(　　)。
   A. 保存　　　　　　　　　　　　　B. 另存为HTML
   C. 另存为　　　　　　　　　　　　D. 版本

9. 在 Word 主窗口的右上角，可以同时显示的按钮是（　　）。
   A. 最小化、还原和最大化　　　　B. 还原、最大化和关闭
   C. 最小化、还原和关闭　　　　　D. 还原和最大化

二、多项选择题

1. 画图窗口中，工具箱中的按钮都是用来画图形的，但画正方形必须单击绘图工具箱中的矩形按钮后，按住（　　）键同时进行绘制；画圆形也只有单击椭圆按钮后，按住（　　）键同时进行绘制。
   A. Ctrl　　　　　　　　　　　　B. Shift
   C. Alt　　　　　　　　　　　　 D. Home

2. 选择一个自然段的方法有（　　）。
   A. 用鼠标单击该段　　　　　　　B. 使光标在该段，用4次F8
   C. 鼠标双击该段文本选择区　　　D. 鼠标单击段首，再按住 Shift 键，单击段尾

3. 文本录入时大小写切换键是（　　），还可在按（　　）的同时按字母来改变大小写。
   A. Tab　　　　　　　　　　　　 B. CapsLock
   C. Ctrl　　　　　　　　　　　　D. Shift　　　　E. Alt

4. 在 Word 环境下，关于剪切和复制功能叙述不正确的是（　　）。
   A. 剪切是把选定的文本复制到剪贴板上，仍保持原来选定的文本
   B. 剪切是把选定的文本复制到剪贴板上，同时删除被选定的文本
   C. 复制是把选定的文本复制到剪贴板上，仍保持原来的选定文本
   D. 剪切操作是借助剪贴板暂存区域来实现的

5. Word "视图" 选项卡 "切换窗口" 命令列出的几个文件是（　　）。
   A. 用于文件的切换　　　　　　　B. 正被 Word 处理的文件名
   C. 最近被 Word 打开过的文件　　D. 正在打印的文件

三、判断题

1. Windows 的窗口是可以移动位置的。（　　）
2. 在"打开"对话框中，打开文件的默认扩展名是 .doc。（　　）
3. 在 Word 环境下，要给文档增加页号应该选择"插入"→"页码"。（　　）
4. Word 提供了四种对齐按钮和四种制表位，它们的作用是相同的。（　　）
5. 段落对齐的缺省设置为左对齐。（　　）
6. 在 Word 环境下，改变文档的行间距操作前如果没有执行"选择"，改变行间距操作后，整个文档的行间距就设定好了。（　　）
7. 按下 Ctrl+C 键，可以把剪贴板上的信息粘贴到某个文档窗口的插入点处。（　　）
8. 可以用选项卡建立表格。首先将插入点置于指定位置，然后在"插

入"选项卡中选"表格",再选"插入表格"命令,屏幕显示"插入表格"对话框,缺省时提示建立 2 行 5 列表格。（　　）

9. 在 Word 环境下,用户可以选择设置下列三种页眉和页脚：（1）每页上的页眉和页脚相同；（2）奇数页上一个页眉和页脚,偶数页上另一个页眉和页脚；（3）每页上的页眉和页脚都不相同。（　　）

10. 在 Word 环境下,如果想在表格的第二行与第三行之间插入一个空行,可以将光标移动到第二行最后一列表格外,回车后即可。（　　）

11. Word 可以将声音等其他信息插入在文本之中,使文章真正做到有"声"有"色"。（　　）

13. 使用"插入"选项卡中的"符号"命令,可以插入特殊字符和符号。（　　）

14. Word 只能将文档的全部文字横向排列,而不能将文档的文字全部竖排。（　　）

15. 在 Word 下进行列块选择的步骤是：先将光标定位到需要选择的行列的首位置,然后鼠标移动到需要选择的行列的尾位置,再按住 Alt+Shift 后单击鼠标左键。（　　）

16. 在"自动更正"对话框中,只要在"输入"框中输入需要更正的词条名,就可以自动更正。（　　）

17. 在 Word 环境下,用户使用系统提供的各种预定义模板可以简化用户的排版操作。（　　）

18. Word 提供了若干安全和保护功能。可任选下列操作：（1）限制用户对文档的修改权以"保护"文档。（2）设置密码以限制对文档的存取。（3）在打开文档时检查可能携带病毒的宏。（　　）

19. 在字号中,磅值越大,表示的字越小。（　　）

20. 在 Word 环境下,用户可以修改已存在的自动更正项。修改后,文档中以前插入的自动更正项将全部自动替换。（　　）

四、填空题

1. 在 Word 环境下,Word 可以在键入时自动检查英文的拼写和语法错误,并对可能是错误的拼写及语法标记为_____。

2. 在 Word 中,邮件合并的步骤分为创建主文档,获取数据源以及合并数据和_____。

3. 在 Word 环境下,功能区上的"字号"选项可以用来_____。

4. Word 环境下,编辑过程中_____只需要一个回车,Word 会根据左右缩进的设定为该段落排版。

5. 启动 Word 文字处理,Word 将建立一个文件名为_____的空文档。

第4单元 学生成绩表处理
——Excel 2010 电子表格的应用

单元简介

本单元主要的内容是学习微软公司出品的办公自动化系列组件之一的 Microsoft Office Excel 2010 软件的应用。它用于对表格式的数据进行组织、计算、分析和统计，可以通过多种形式的图表来形象地表现数据，也可以对数据表进行诸如排序、筛选和分类汇总等数据（库）操作。

单元安排

项目	项目知识要点	参考学时
项目1 制作学生成绩表	认识 Excel 窗口结构；认识工作簿、工作表与当前工作表、单元格与当前单元格；工作簿的建立、保存、打开和关闭；工作表的插入、删除、移动、复制和重命名；数据的输入和数据的填充	2
项目2 美化成绩表	掌握使用单元格格式的设置；掌握字体设置、文本方式、单元格边框和底纹的设置；掌握行高和列宽的设置；页面设置	4
项目3 学生成绩统计	了解常用的运算符，单元格的相对引用、绝对引用和混合引用；掌握常用函数的使用，如何使用帮助菜单学习函数	4
项目4 学生成绩表数据处理	掌握自动筛选、高级筛选、分类汇总、排序	4
项目5 生成学生成绩统计图	掌握图表的生成和设置	2

项目 1　制作学生成绩表

项目描述：每到期末考试结束，同学们都能看到排版工整的学生成绩表，相信大家都非常好奇老师是怎样制作出学生成绩表的，下面就让我们一起来学习制作如图 4-1 所示的学生成绩表。

	A	B	C	D	E	F	G
1	学号	姓名	性别	计算机	语文	英语	体育
2	1	苟 轩	男	95	88	66	80
3	2	苟 耀	男	80	90	70	85
4	3	陈 帅	男	92	86	90	70
5	4	高志君	女	50	70	55	92
6	5	唐 璐	女	85	45	80	68
7	6	田永干	男	77	68	67	90
8	7	赵 瑞	女	90	93	90	85

图 4-1　学生成绩表

任务清单：

任务	名称	操作技能
任务 1	启动 Excel 2010	1. 利用开始菜单打开；2. 利用已有 Excel 文件图标打开；3. Excel 2010 用户界面；4. 工作簿概念；5. 工作表概念；6. 单元格、单元格区域概念；7. 单元格地址概念；8. 单元格引用概念
任务 2	新建 Excel 2010 文档	1. 新建空白表格；2. 利用模板创建 Excel 2010 文档
任务 3	数据输入	1. 字符型数据输入；2. 数值型数据输入；3. 日期/时间型数据输入；4. 逻辑型数据输入；5. 自动填充序列；6. 选定工作表；7. 插入新工作表；8. 删除工作表；9. 重命名工作表；10. 移动或复制工作表；11. 拆分和冻结工作表窗口；12. 选定单元格；13. 插入单元格；14. 删除单元格；15. 添加和删除批注
任务 4	文件保存	1. 利用文件菜单保存；2. 利用保存按钮保存；3. 利用另存为对话框保存；4. 利用 Ctrl+S 保存；5. 定时保存
任务 5	退出 Excel 2010	1. 利用关闭按钮退出；2. 利用文件菜单退出；3. 利用功能区左上角图标退出；4. 利用 Alt+F4 退出

任务1　启动 Excel 2010

方法一：执行"开始/所有程序/Microsoft office/Microsoft Excel 2010"命令启动 Excel 2010。

方法二：除了执行命令来启动 Excel 2010 外，在 Windows 桌面或文件资料夹视窗中双击 Excel 2010 工作表的名称或图示，同样也可以启动 Excel 2010。

相关知识

（一）Excel 2010 基本概念

1. Excel 2010 的用户界面

启动 Excel 2010 后，打开图 4-2 所示的窗口。Excel 2010 窗口由位于窗口上部呈带状区域的功能区和下部的工作表窗口组成。功能区包括工作簿标题、一组选项卡及相应命令；工作表区包括名称栏、数据编辑区、工作表区等。选项卡集成了相应的操作命令，根据命令功能的不同每个选项卡内又分为不同的命令组。

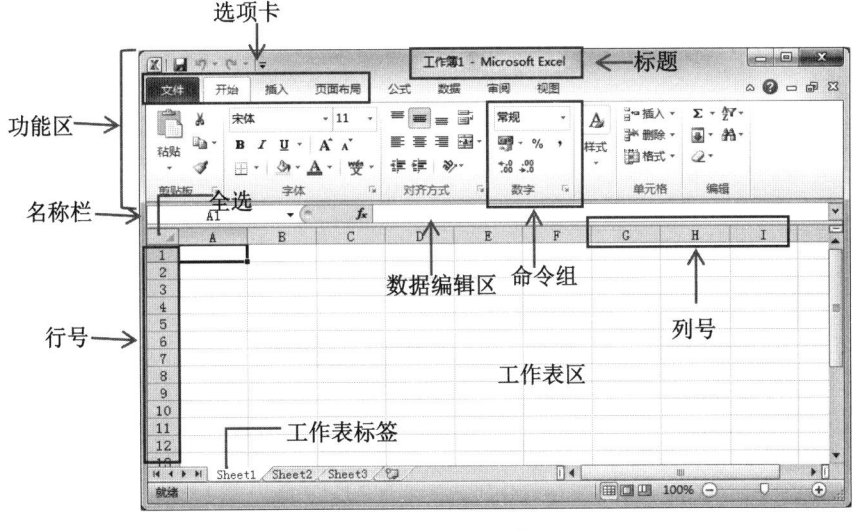

图 4-2　Excel 2010 窗口

2. Excel 2010 专业术语

（1）工作簿。

工作簿是 Excel 环境中用于存储并处理数据的文件，即 Excel 文档就是工作簿。它由一个或多个工作表所构成，默认情况下新建的工作簿包含 3 张工

作表,最多为 255 张工作表,其扩展名是 xlsx。

(2) 工作表。

工作表是用于存储和处理数据的一个二维电子表格。初始化时,工作簿包含 3 张独立的工作表,分别命名为 Sheet1、Sheet2、Sheet3,并在工作表区显示工作表 Sheet1,该表为当前工作表。单击工作表标签可以选择其他工作表,被选中的工作表就变成了当前工作表。每个工作表由 1048576 行、16348 列组成。

(3) 单元格和单元格区域。

在工作表中,以数字标识行,以字母标识列,每个行与列的交叉点称为单元格。单元格是组成工作表的最小单位,用户可以在单元格中输入各种类型的数据、公式和对象等。工作表左上角的单元格为"A1",右下角的单元格是 XFD1048576。每个单元格可以容纳 32767 个字符。

单元格区域是一个矩形块,它由工作表中相邻的若干个单元格组成。

(4) 单元格地址。

单元格所在的位置叫单元格地址。单元格地址表示方法为"列标行号",如:A6 就是 A 列的第 6 行单元格的地址。

在数据统计时,有时会引用一个工作表的多个单元格或单元格区域,这时的多个单元格和区域的引用,中间用英文的逗号","分开。如:"A2,B3,D5:E6"。

如果要引用非当前工作表的单元格,需在单元格地址前加上工作表名和叹号"!",如:Sheet2! A5,表示 Sheet2 工作表中的 A5 单元格。

(5) 单元格引用。

相对引用:由列标和行号组成,如 A1、B4、E6 等。

绝对引用:由列标和行号前全加上符号"$"构成,如 A1、B4、E6 等。

混合引用:由列标或行号中的一个前加上符号"$"构成,如 A$1、$B4 等。

任务2 新建 Excel 2010 文档

方法一:新建空白表格。

打开 Excel 2010,在"文件"选项中选择"新建"选项,在右侧选择"空白工作簿",点击界面右下角的"创建"图标就可以新建一个空白的表格,如图 4-3 所示。

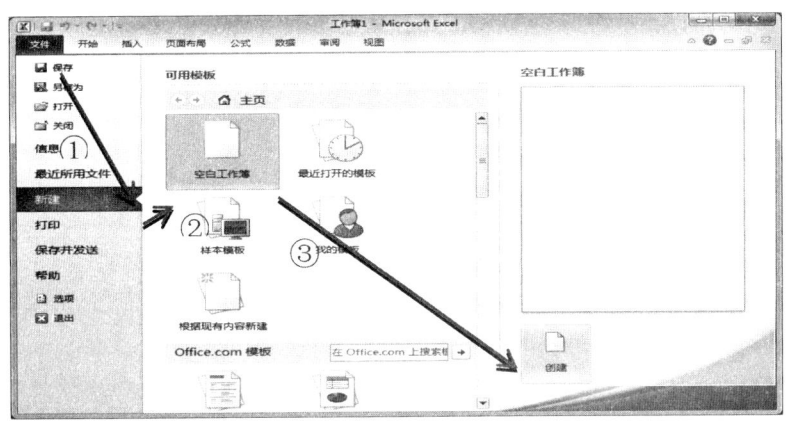

图 4-3 新建空白表格

方法二：从模板新建文档。

先打开 Excel，在"文件"菜单选项中选择"新建"选项，在右侧我们可以看到很多 Office 模板，鼠标单击需要的模板类别，选择具体的模板，点击"下载"进行创建，如图 4-4 所示。模板下载完就可看到相应表格样式。

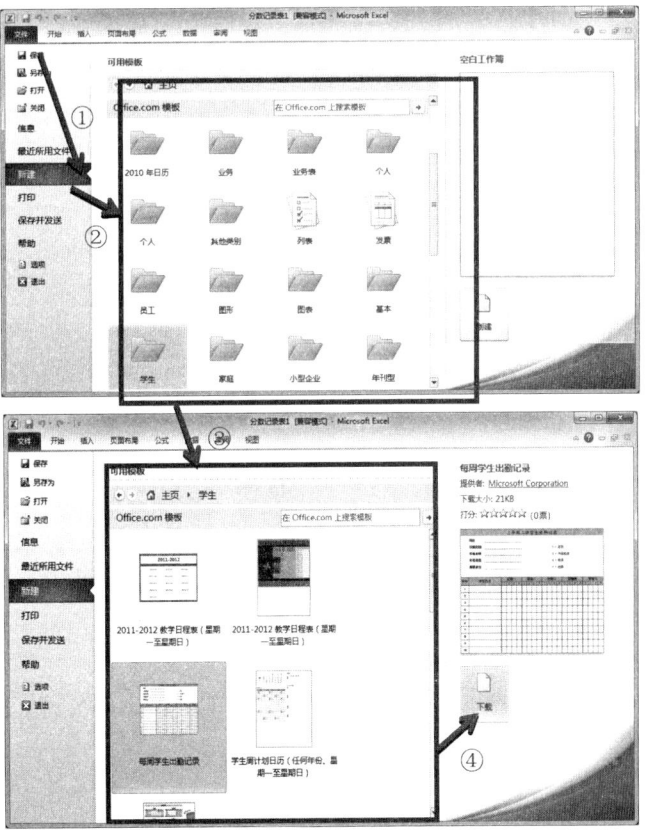

图 4-4 从模板新建文档

任务3 数据输入

①A1 到 G1 单元格依次输入"学号、性别、计算机、语文、英语、体育";

②A2 单元格输入"1";

③A3 单元格输入"2";

④鼠标左键选中 A2：A3 单元格区域并拖曳至 A8 单元格；

⑤B2：G8 单元格区域依次输入图 4-1 学生成绩表中相应的数据；

⑥鼠标双击 Sheet1，输入"学生成绩表"，按下"Enter"键。

相关知识

（一） 不同类型数据的输入

在 Excel 的单元格中可以输入多种类型的数据，如文本、数值、日期和时间、逻辑型等数据类型。下面简单介绍这几种类型数据的输入。

1. 字符型数据输入

在 Excel 中，字符型数据包括汉字、英文字母、空格等，每个单元格最多可容纳 32 000 个字符。默认情况下，字符数据自动沿单元格左边对齐。当输入的字符串超出了当前单元格的宽度时，如果右边相邻单元格里没有数据，那么字符串会往右延伸；如果右边单元格有数据，超出的那部分数据就会隐藏起来，只有把单元格的宽度变大后才能显示出来。

如果要输入的字符串全部由数字组成，如邮政编码、电话号码、存折账号等，为了避免 Excel 把它按数值型数据处理，在输入时可以先输一个单引号"'"（英文符号），再接着输入具体的数字。例如，要在单元格中输入电话号码"82667866"，先连续输入"'82667866"，然后敲回车键，出现在单元格里的就是"82667866"，并自动左对齐。

2. 数值型数据输入

在 Excel 中，数值型数据包括 0~9 中的数字以及含有正号、负号、货币符号、百分号等任一种符号的数据。默认情况下，数值自动沿单元格右边对齐。在输入过程中，有以下两种比较特殊的情况要注意。

（1）负数：在数值前加一个"-"号或把数值放在括号里，都可以输入负数，例如要在单元格中输入"-66"，可以直接输入"（66）"或"-66"，然后敲回车键完成输入。

（2）分数：要在单元格中输入分数形式的数据，应先在编辑框中输入"0"和一个空格，然后再输入分数，否则 Excel 会把分数当作日期处理。例如，要在单元格中输入分数"2/3"，在编辑框中输入"0"和一个空格，然后接着输入"2/3",敲一下回车键,单元格中就会出现分数"2/3"。

3. 日期型数据和时间型数据输入

在人事管理中,经常需要录入一些日期型的数据,在录入过程中要注意以下几点:

(1) 输入日期时,年、月、日之间要用"/"号或"-"号隔开,如"2002-8-16""2002/8/16"。

(2) 输入时间时,时、分、秒之间要用冒号隔开,如"10:29:36"。

(3) 若要在单元格中同时输入日期和时间,日期和时间之间应该用空格隔开。

4. 逻辑型数据输入

逻辑型数据有两个,"TRUE"(真值)和"FALSE"(假值)。可以直接在单元格输入"TRUE"或"FALSE",也可以通过输入公式得到计算结果为逻辑型数据。如在某个单元格中输入公式"=5<10",则结果显示为 FALSE。

(二)自动填充单元格序列

对于一些有规律或相同的数据,可以采用自动填充功能高效输入。Excel 可建立的数列类型有 4 种:

(1) 等差数列:数列中相邻两数字的差相等,例如:1、3、5、7…

(2) 等比数列:数列中相邻两数字的比值相等,例如:2、4、8、16…

(3) 日期:例如:2015/1/1、2015/1/2、2015/1/3…

(4) 自动填入:自动填入数列是属于不可计算的文字数据,例如:一月、二月、三月……,星期一、星期二、星期三……等都是。Excel 已将这类型文字数据建立成数据库,让我们使用自动填入数列时,就像使用一般数列一样。

以下就分别说明如何建立以上这 4 种数列。

【**例 4-1**】执行以下操作:①A2:A6 单元格区域输入首项为 1,公差为 1 的等差数列;②B2:B6 单元格区域输入首项为 1,公差为 2 的等差数列;③C2:C6 单元格区域输入首项为 1,公比为 2 的等比数列;④D2:D6 单元格区域分别输入 2015/1/1、2015/1/2、2015/1/3、2015/1/4、2015/1/5;⑤E2:E6 单元格区域分别输入星期一、星期二、星期三、星期四、星期五;⑥F2:F6 单元格区域分别输入元旦节、春节、清明节、劳动节、端午节。以上 7 步执行结果如图 4-5 所示。

	A	B	C	D	E	F
1	等差数列1	等差数列2	等比数列	日期	星期	节日
2	1	1	1	2015/1/1	星期一	元旦节
3	2	3	2	2015/1/2	星期二	春节
4	3	5	3	2015/1/3	星期三	清明节
5	4	7	4	2015/1/4	星期四	劳动节
6	5	9	5	2015/1/5	星期五	端午节

图 4-5 数据输入实例

具体步骤：

①A2 单元格输入 1，A3 单元格输入 2，鼠标左键选中 A2：A3 单元格区域并拖曳至 A6 单元格。

②B2 单元格输入 1，B3 单元格输入 3，鼠标左键选中 B2：B3 单元格区域并拖曳至 B6 单元格。

③C2 单元格输入 1，选中 C2：C6 单元格区域，单击"开始"选项卡下的编辑命令组的"填充"按钮，选中"系列"命令打开"序列"对话框如图 4-6 所示，选中"序列产生在"为"列"，"类型"为"等比序列"，"步长值"为"2"，单击"确定"按钮。

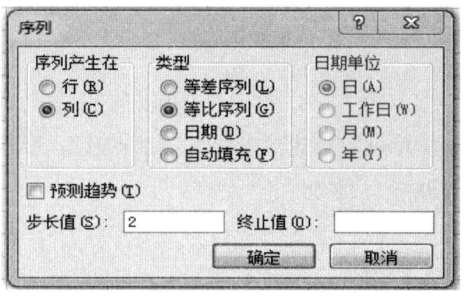

图 4-6 "序列"对话框

④D2 单元格输入"2015/1/1"，选中 D2 单元格并拖曳至 D6 单元格。

⑤E2 单元格输入星期一，选中 E2 单元格并拖曳至 E6 单元格。

⑥选择"文件"选项卡下"选项"命令，打开"Excel 选项对话框"，如图 4-7 所示，选择"高级"选项，单击"编辑自定义列表"打开"自定义序列"对话框，在输入序列中依次输入元旦节、春节、清明节、劳动节、端午节如图 4-8 所示，单击"确定"按钮完成输入。

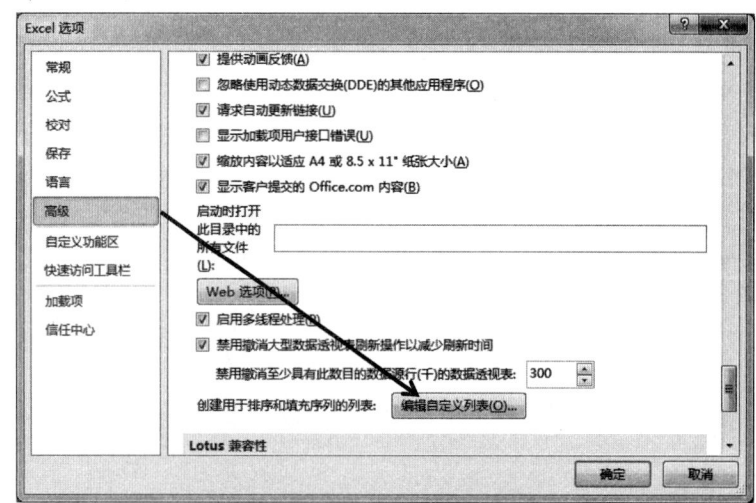

图 4-7 "Excel 选项"对话框

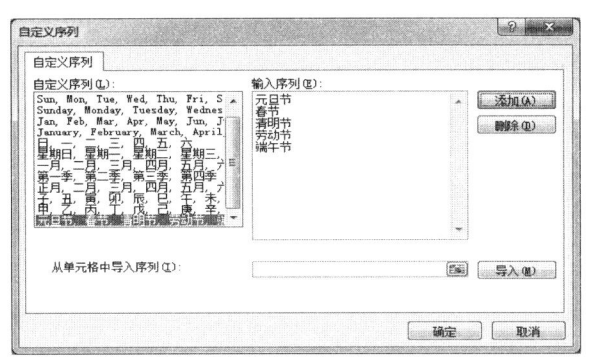

图4-8　Excel"自定义序列"对话框

⑦F2单元格输入元旦节，选中F2单元格并拖曳至F6单元格。

(三) 工作表基本操作

在 Excel 中，新建一个空白工作簿后，会自动在该工作簿添加3个空白工作表，并依次命名为 Sheet1、Sheet2、Sheet3。

1. 选定工作表

（1）选定一个工作表。

单击工作表的标签，选定该工作表，该工作表成为当前活动工作表。

（2）选定相邻的多个工作表。

单击第一个工作表的标签，按 Shift 键的同时单击最后一工作表的标签。

（3）选定不相邻的多个工作表。

按 Ctrl 键的同时单击要选定的工作表标签。

（4）选定全部工作表。

鼠标右键单击工作表标签，选择"选定全部工作表"。

> 注意：如果同时选定了多个工作表，其中只有一个工作表是当前工作表，对当前工作表的编辑操作会作用到其他被选定的工作表。如在当前工作表的某个单元格输入数据或者进行格式操作，相当于对所有工作表同样位置的单元格执行了同样的操作。

2. 插入新工作表

允许一次插入一个或多个工作表。选定一个或多个工作表标签，单击鼠标右键，在弹出的菜单中选择"插入"命令，即可插入与所选数量相同的新工作表。Excel 默认在选定工作表的左侧插入新的工作表。

3. 删除工作表

方法一：选定一个或多个要删除的工作表，选择"开始"选项卡的"编辑"命令组的"删除"命令，即可删除选定的工作表。

方法二：鼠标右键单击选定的工作表，在弹出的菜单中选择"删除"命令。

4. 重命名工作表

方法一：双击工作表标签，输入新的名字即可。

方法二：鼠标右键单击要重命名的工作表标签，在弹出的菜单中选择"重命名"命令，输入新的名字即可。

5. 移动或复制工作表

（1）利用鼠标在工作簿内移动或复制工作表。

在工作簿内移动工作表的操作：选定要移动的一个或多个工作表标签，鼠标指针指向要移动的工作表标签，按住鼠标左键沿标签向左或向右拖动工作表的同时会出现黑色小箭头，当黑色小箭头指向要移动到的目标位置时，放开鼠标按键，完成移动工作表操作。

在工作簿内复制工作表的操作是：与移动工作表的操作类似，只是在拖动工作表标签的同时按 Ctrl 键，当鼠标指针移动到要复制的目标位置时，先放开鼠标按键，后放开 Ctrl 键即可。

（2）利用对话框在不同的工作簿之间移动或复制工作表。

利用"移动或复制工作表"对话框可实现一个工作簿内或不同工作簿之间的工作表的移动或复制。具体步骤如下：

①在一个 Excel 程序窗口下，分别打开两个工作簿，即源工作簿和目标工作簿；

②选定源工作簿使之成为当前工作簿；

③在当前工作簿选定要复制或移动的一个或多个工作表标签；

④单击鼠标右键，选择"移动或复制工作表"命令，弹出"移动或复制工作表"对话框，如图 4-9 所示；

⑤在"工作簿"下拉列表框中选择要复制或移动到的目标工作簿；

⑥在"下列选定工作表之前"下拉列表框中选择要插入的位置；

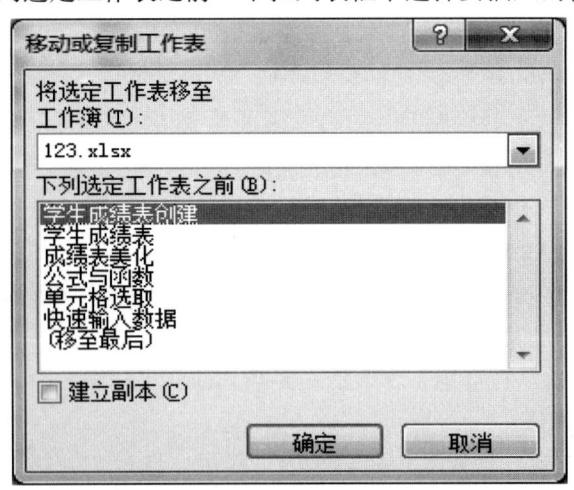

图 4-9 "移动或复制工作表"对话框

⑦如果移动工作表，不选中"建立副本"前的复选框；如果是复制工作表，则选中"建立副本"前的复选框，单击"确定"按钮即可完成工作表移动或复制到目标工作簿的操作。

课堂笔记

6. 拆分和冻结工作表窗口

(1) 拆分窗口。

一个工作表窗口可以拆分成两个窗口或四个窗口，如图 4-10 所示。分隔条将窗口拆分为四个窗格。窗口拆分后，可同时浏览一个较大工作表的不同部分。具体操作如下：

方法一：鼠标指针指向水平滚动条或垂直滚动条上的拆分条，当鼠标指针变成双向箭头时，沿箭头方向拖动鼠标到适当的位置，放开鼠标即可。拖动分割条可以调整分割后窗格的大小。

方法二：鼠标单击要拆分的行或列的位置，单击“视图”选项卡内窗口命令组的“拆分”命令，一个窗口被拆分成两个窗格。

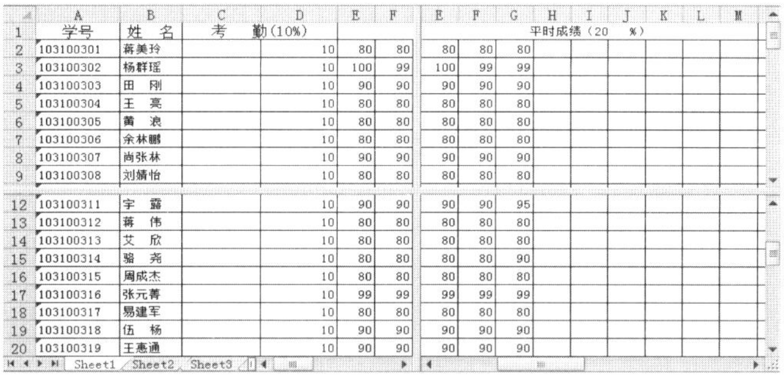

	A	B	C	D	E	F	E	F	G	H	I	J	K	L	M
1	学号	姓　名	考	勤(10%)			平时成绩（20　%）								
2	103100301	蒋美玲		10	80	80	80	80	80						
3	103100302	杨群瑶		10	100	99	100	99	99						
4	103100303	田　刚		10	90	90	90	90	90						
5	103100304	王　亮		10	80	80	80	80	80						
6	103100305	黄　浪		10	80	80	80	80	80						
7	103100306	余林鹏		10	80	80	80	80	80						
8	103100307	尚张林		10	90	90	90	90	90						
9	103100308	刘婧怡		10	80	80	80	80	80						
12	103100311	宇　露		10	90	90	90	90	95						
13	103100312	蒋　伟		10	80	80	80	80	80						
14	103100313	艾　欣		10	80	80	80	80	80						
15	103100314	骆　尧		10	80	80	80	80	90						
16	103100315	周成杰		10	80	80	80	80	80						
17	103100316	张元菁		10	99	99	99	99	99						
18	103100317	易建军		10	80	80	80	80	80						
19	103100318	伍　杨		10	90	90	90	90	90						
20	103100319	王惠通		10	90	90	90	90	90						

Sheet1 Sheet2 Sheet3

图 4-10　“拆分”窗口

(2) 取消拆分。

将拆分条拖回到原来的位置或单击“视图”选项卡下的窗口命令组的“取消拆分”命令。

(3) 冻结窗口。

工作表较大时，在向下或向右滚动浏览时将无法始终在窗口中显示前几行或前几列，采用冻结行或列的方法可实现始终显示前几行或前几列。

冻结前两行的方法：选定第三行，单击“视图”选项卡的“窗口”命令组，单击“冻结窗口”命令下的“冻结拆分窗口”。

冻结第一列的方法：选定第二列，单击“视图”选项卡的“窗口”命令组，单击“冻结窗口”命令下的“冻结拆分窗口”。

(4) 取消冻结。

单击“视图”选项卡的“窗口”命令组内的“取消冻结窗口”即可。

7. 设置工作表标签颜色

选定工作表，单击鼠标右键，在弹出的菜单中选择“工作表标签颜色”，可设置工作表标签颜色。

(四) 单元格基本操作

1. 选定单元格

(1) 选定一个单元格。

方法一：鼠标指针移至需选定的单元格上，单击鼠标左键，该单元格即被选定为当前单元格。

方法二：在单元格名称栏输入单元格地址并按下回车键，单元格指针可直接定位到该单元格。

（2）选取多个连续的单元格。

方法一：若要一次选取多个相邻的单元格，将鼠标指在欲选取范围的第一个单元格，然后按住鼠标左键拖曳到欲选取范围的最后一个单元格，最后再放开左键。

方法二：先用鼠标单击欲选取范围内的第一个单元格，然后按住 Shift 键的同时用鼠标单击选取范围内的最后一个单元格。

（3）选取多个不连续的单元格。

先选取其中一个单元格，然后按住 Ctrl 键选取其他的单元格。

（4）选取多个不连续的单元格区域（如 B2：D2、A3：A5）。

先选取 B2：D2 范围，然后按住 Ctrl 键，再选取第 2 个范围 A3：A5，选好后再放开 Ctrl 键，就可以同时选取多个不连续单元格区域了。

（5）选取整行或整列。

在行编号或列编号上单击鼠标左键。

（6）选取所有单元格。

方法一：按下左上角的"全选按钮"即可一次选取当前表的所有单元格。

方法二：按下 Ctrl+A 组合键即可一次选取当前表的所有单元格。

2. 插入行、列与单元格

单击"开始"选项卡"单元格"命令组的"插入"命令，打开"插入"对话框，如图 4-11 所示，选择其下的"行"、"列"、"单元格"可进行行、列与单元格的插入，选择的行数或列数即是插入的行数或列数。

3. 删除行、列与单元格

选定要删除的行、列或单元格，选择"开始"选项卡，单击"单元格"命令组内的"删除"命令，打开"删除"对话框，如图 4-12 所示，即可完成操作。此时，单元格的内容和单元格将一起从工作表中消失，其位置由周围的单元格补充。而此时按 Delete 键将仅删除单元格的内容，空白单元格或行、列仍保留在工作表中。

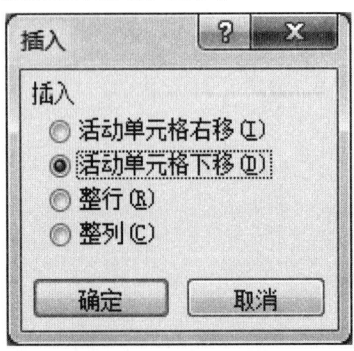

图 4-11 "插入"对话框

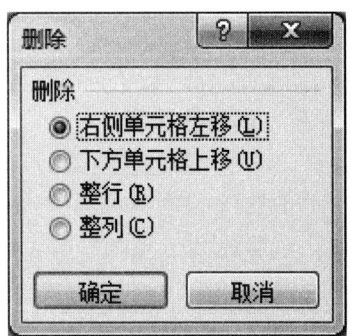

图 4-12 "删除"对话框

4. 批注

批注是为单元格加注释。一个单元格添加了批注后，会在单元格的右上角出现一个三角标志，当鼠标指针指向这个标志时，显示批注信息。

（1）添加批注。

选定要添加批注的单元格，选择"审阅"选项卡的"批注"命令或单击鼠标右键选择"插入"批注命令，在弹出的批注框中输入批注文字，完成输入后，单击批注框外部的工作表区域即可退出。

（2）编辑/删除批注。

选定有批注的单元格。单击鼠标右键，在弹出的菜单中选择"编辑批注"或"删除批注"，即可对批注信息进行编辑或删除已有的批注信息。

【例4-2】创建如图4-13所示的工作表并执行以下操作：①选定D5单元格；②选定A1：F1单元格区域；③选定A1，B2，E3，F5单元格；④选定A1：A9和A1：F1单元格区域；⑤选定C、D、E、F列；⑥选定A列和第1行；⑦在C列前插入新的一列；⑧删除第5行；⑨选取整张工作表；⑩清空F列的内容。

	A	B	C	D	E	F
1	学号	姓名	计算机	语文	英语	体育
2	1	苟 轩	95	88	66	80
3	2	苟 耀	80	90	70	85
4	3	陈 帅	92	86	90	70
5	4	高志君	50	70	55	92
6	5	唐 璐	85	45	80	68
7	6	田永干	77	68	67	90
8	7	赵 瑞	90	93	90	85

图4-13 学生成绩表

具体步骤：

①鼠标指针移至D5单元格上，单击鼠标左键，该单元格即被选定为当前单元格。②方法一：先选中A1单元格，然后按住Shift键的同时用鼠标单击F1单元格；方法二：先选中A1单元格，然后按住鼠标左键拖曳到F1单元格，最后再放开左键。③先选中A1单元格，然后按住Ctrl键不放，依次选取B2，E3，F5单元格；④先选中A1：A9单元格区域，然后按住Ctrl键选取A1：F1单元格区域；⑤按住Ctrl键，依次在C、D、E、F列编号上单击鼠标左键；⑥按住Ctrl键，依次在A列和第1行的编号上单击鼠标左键；⑦选中C列，单击鼠标右键选中"插入"命令完成操作；⑧选中第5行，单击鼠标右键选中"删除"命令完成操作；⑨方法一：按下左上角的"全选按钮"即可一次选取所有的单元格；方法二：按下Ctrl+A组合键；⑩先选中F列，然后按下"Delete"键。

任务4 文件保存

方法一：在"文件"菜单下点击"保存"按钮。

方法二：单击功能区的"保存"按钮。

方法三：在弹出的"另存为"对话框中，我们可以选择文件的保存位置及更改文件名后，点击"保存"按钮，就可以对文件进行保存了。

方法四：按"Ctrl+s"快捷键保存。

方法五：使用定时保存。①首先在"文件"菜单选项中点击"选项"按钮；②在"Excel 选项"对话框中选中"保存按钮"；③在"保存自动恢复信息时间间隔"设置时间；④点击确定按钮完成自动保存。如图 4-14 所示。

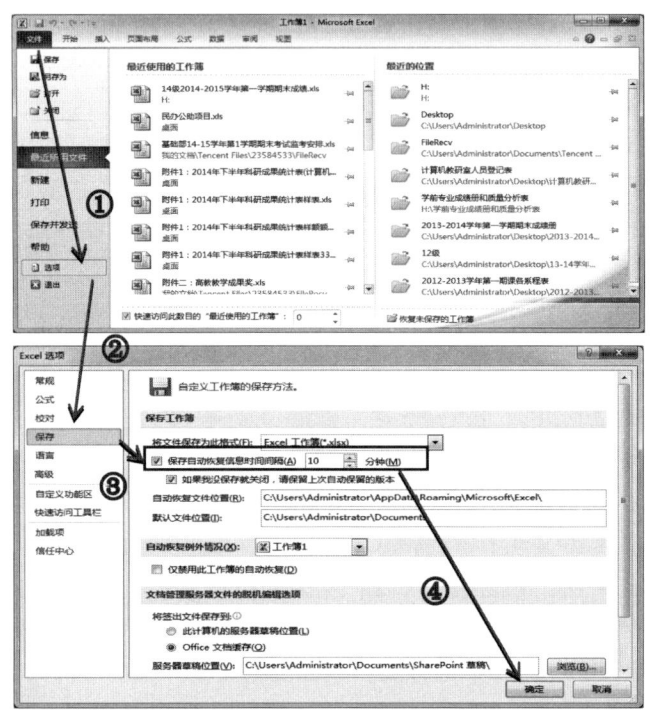

图 4-14　定时保存

任务 5　退出 Excel 2010

方法一：单击功能区最右边的"关闭"按钮 。

方法二：单击"文件"选项卡，选择"退出"命令。

方法三：单击功能区左端 按钮，并选择"关闭"命令。

方法四：双击功能区左端 按钮。

方法五：按 Alt+F4 键。

课堂笔记

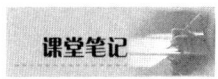

项目 2　美化成绩表

项目描述：在项目 1 中，我们已经学会了如何在 Excel 中输入数据，但是图 4-1 所示的学生成绩表看起来并不美观，下面我们一起来学习如何美化学生成绩表。

任务清单：

任务	名称	操作技能
任务 1	使用“设置单元格格式”对话框美化工作表	1. 设置文本对齐方式；2. 设置填充方式；3. 设置小数位数；4. 设置边框样式；5. 设置突出显示
任务 2	使用样式美化工作表	1. 样式的创建；2. 样式的应用
任务 3	使用自动套用格式美化工作表	自动套用格式的使用
任务 4	使用模板美化工作表	模板的应用

任务 1　使用“设置单元格格式”对话框美化工作表

工作表建立后可以通过“开始”选项卡或单击鼠标右键选中“设置单元格格式”对话框对表格进行格式化操作，使表格更加直观和美观。

【例 4-3】 现有“学生成绩表”如图 4-15 所示，设置如下单元格格式：①合并 A1：G1 单元格区域且内容水平居中，字体为宋体，字号为 16；②A2：G9 单元格区域内容水平居中；③A2：G2 单元格区域设置图案颜色为“白色，背景 1，深色 35%”，图案样式为“25% 灰色”；④G3：G9 单元格区域保留小数点后 1 位；⑤A1：G9 单元格区域设置边框样式为颜色“黑色，文字 1，淡色 50%”的双实线；⑥C3：G9 单元格区域数值小于 60 的字体设置成“浅红色填充”；⑦设置 A2：G9 单元格区域行高为 18，列宽为 7。

	A	B	C	D	E	F	G
1	学前教育专业9班成绩表						
2	学号	姓名	计算机	语文	英语	体育	平均分
3	1	苟 轩	95	88	66	80	82.25
4	2	苟 耀	80	90	70	85	81.25
5	3	陈 帅	92	86	90	70	84.5
6	4	高志君	50	70	55	92	66.75
7	5	唐 璐	85	45	80	68	69.5
8	6	田永干	77	68	67	90	75.5
9	7	赵 瑞	90	93	90	85	89.5

图 4-15　学生成绩表

步骤：

①选定A1：G1单元格区域，单击"开始"选项卡内的"对齐方式"命令组中的"合并后居中" 按钮，选择"开始"选项卡"字体"命令组，选择"字体"为"宋体"，选择"字号"为"16"。

②选定A2：G9单元格区域，单击鼠标右键打开"设置单元格格式"对话框，选择"对齐"选项卡，"水平对齐"方式选择"居中"，"垂直对齐"方式选择"居中"，如图4-16所示。

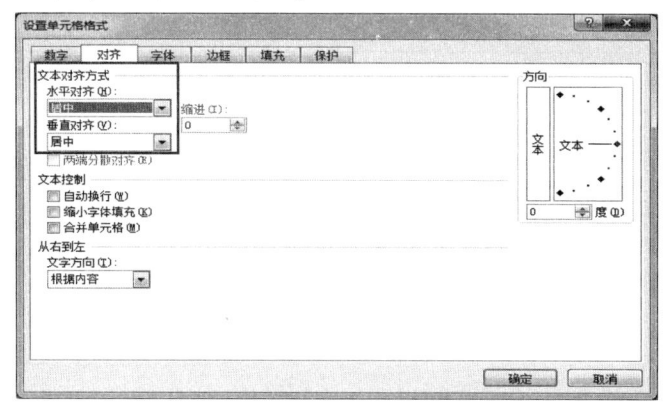

图4-16　设置单元格式——对齐方式

③选定A2：G2单元格区域，打开"设置单元格格式"对话框，如图4-17所示。选择"填充"选项卡，选择"图案颜色"为"白色，背景1，深色35%"，图案样式为"25%灰色"，单击"确定"按钮。

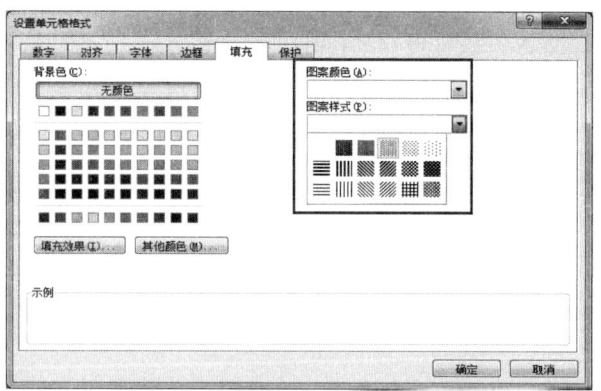

图4-17　设置单元格式——填充方式

④选定G3：G9单元格区域，打开"设置单元格格式"对话框，如图4-18所示。选择"数字"选项卡，选择"分类"为"数值"，"小数点位数"为"1"，单击"确定"按钮。

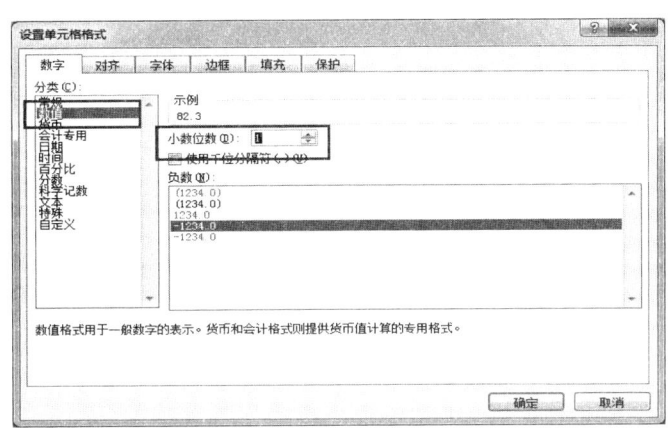

图 4-18 设置单元格式——小数位数

⑤选定 A1:G9 单元格区域,打开"设置单元格格式"对话框,如图 4-19 所示。选择"边框"选项卡,选择"颜色"为"黑色,文字 1,淡色 50%","样式"为"双实线",选择"预置"为"外边框"和"内边框",单击"确定"按钮。

⑥选定 C3:G9 单元格区域,选择"开始"选项卡"样式"命令组,单击"条件格式"命令,选择其下的"突出显示单元格规则"操作,打开"小于"对话框,如图 4-20 所示,在"小于"对话框中,输入"60","设置为"选择"浅红色填充",单击"确定"按钮。

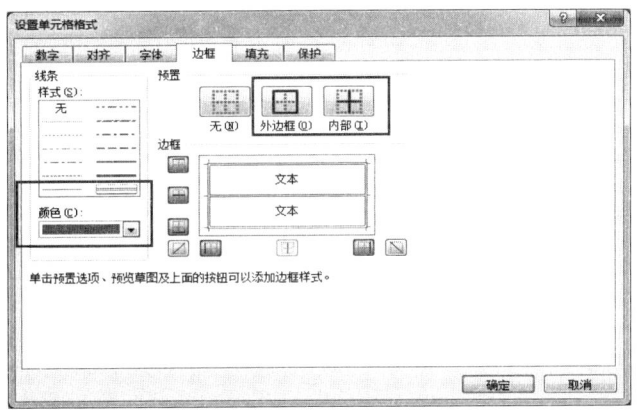

图 4-19 设置单元格式——边框设置

图 4-20 设置单元格式——突出显示

⑦选定 A2：G9 单元格区域，选择"开始"选项卡"单元格"命令组，单击"格式"命令，打开"行高"对话框，输入 18，单击"确定"按钮，打开"列宽"对话框，输入 7，单击"确定"按钮。

以上 7 步设置后的效果如图 4-21 所示。

	A	B	C	D	E	F	G
1	学前教育专业9班成绩表						
2	学号	姓名	计算机	语文	英语	体育	平均分
3	1	苟 轩	95	88	66	80	82.3
4	2	苟 耀	80	90	70	85	81.3
5	3	陈 帅	92	86	90	70	84.5
6	4	高志君	50	70	55	92	66.8
7	5	唐 璐	85	45	80	68	69.5
8	6	田永干	77	68	67	90	75.5
9	7	赵 瑞	90	93	90	85	89.5

图 4-21　成绩表格式化效果

任务 2　使用样式美化工作表

样式是单元格字体、字号、对齐、边框、图案等一个或多个设置特性的组合，将这样的组合加以命名和保存供用户使用，以提高效率。应用样式即应用样式名的所有格式设置。

样式分为内置样式和自定义样式。内置样式用户可以直接使用，包括常规、货币和百分数等；自定义样式是用户根据需要自定义的组合设置，需定义样式名。样式设置是利用"开始"选项卡内的"样式"命令组完成的。

【例 4-4】对例 4-3 的"学生成绩表"，利用"样式"对话框自定义"表标题"样式，包括："数字"为通用格式，"对齐"为水平居中和垂直居中，"字体"为华文隶书 12，"边框"为左右上下边框，"背景色"为浅绿色，设置合并后的 A1：G1 单元格区域为"表标题"样式。

步骤：

①合并 A1：G1 单元格区域；

②单击"单元格样式"命令，选择"新建单元格样式"，弹出"样式"对话框，如图 4-22 所示。

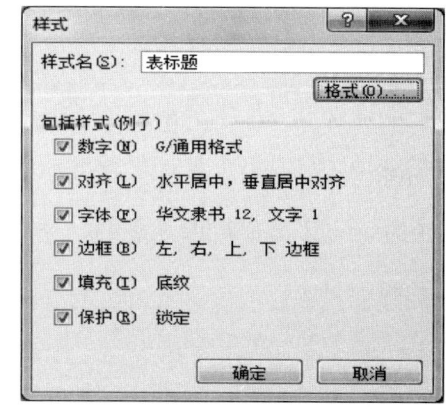

图 4-22　自定义"表标题"样式

③在"样式"对话框的"样式名"栏内输入"表标题",单击"格式"按钮,弹出"单元格格式"对话框。

④在"单元格格式"对话框中完成"数字"、"对齐"、"字体"、"边框"、"填充"的设置,如图4-22所示,单击"确定"按钮,完成自定义"表标题"样式的创立。

	A	B	C	D	E	F	G
1	学前教育专业9班成绩表						
2	学号	姓名	计算机	语文	英语	体育	平均分
3	1	苟 轩	95	88	66	80	82.25
4	2	苟 耀	80	90	70	85	81.25
5	3	陈 帅	92	86	90	70	84.5
6	4	高志君	50	70	55	92	66.75
7	5	唐 璐	85	45	80	68	69.5
8	6	田永干	77	68	67	90	75.5
9	7	赵 瑞	90	93	90	85	89.5

图4-23 "表标题"样式的学生成绩表

⑤选定A1:G1单元格区域,选择"开始"选项卡下的"样式"命令组的"单元格样式"命令,单击自定义下的"表标题"样式,效果如图4-23所示。

> 注意:选择"单元格样式"命令可以使用内置样式或已定义样式,单击"格式"按钮,可以利用弹出的"单元格格式"对话框修改样式。如果要删除已定义的样式,选择样式名后,单击"删除"按钮即可。

任务3 使用自动套用格式美化工作表

自动套用格式是把Excel提供的显示格式自动套用到用户指定的单元格区域,可以使表格更加美观,易于浏览。主要有简单、古典、会计序列和三维效果等格式。自动套用格式是利用"开始"选项卡内的"样式"命令完成的。

【例4-5】对例4-4所设置的"学生成绩表"的A2:G9单元格区域设置"表样式中等深浅4"表格格式。

步骤:

①选定A2:G9单元格区域,选择"开始"选项卡内的"样式"命令组的"套用表格样式"命令。

②在弹出的"样式"中,选择"表样式中等深浅4"表格格式,如图4-24所示。执行效果如图4-25所示。

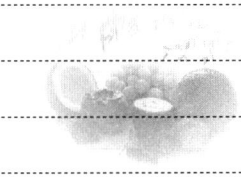

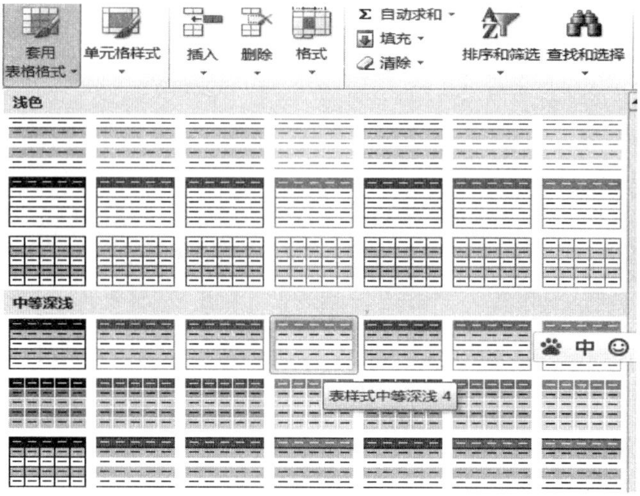

图 4-24 "套用表格格式"对话框

图 4-25 设置自动"套用表格格式"的学生成绩表

任务 4　使用模板美化工作表

模板是含有特定格式的工作簿，若某工作簿文件的格式以后要经常使用，为了避免每次重复设置格式，可以把工作簿的格式做成模板并保存，以后每当要建立与之相同格式的工作簿时，直接调用该模板就可快速建立所需工作簿文件。

用户可以使用样式模板创建工作簿，具体操作是：

单击"文件"选项卡内的"新建"命令，在弹出的"新建"窗口中，单击"样式模板"，选择提供的模板建立工作簿文件。

课堂笔记

项目 3　学生成绩统计

项目描述：Excel 2010 是数据处理软件，它是一个二维的电子表格软件，能利用公式和函数快速地进行数据统计。如图 4-26 所示的《计算机基础》记分册，要在空白表格中统计出相应的数据，就需要利用公式和函数来实现。具体要求：①利用公式计算总分，总分=平时成绩平均分×0.4+期中成绩×0.2+期末成绩×0.4；②利用 if 函数计算成绩等级，成绩等级分为及格和不及格两个等级。其中，总分大于等于 60 分的成绩等级为及格，总分小于 60 分的成绩等级为不及格；③利用 rank 函数计算名次，名次降序排序；④利用 AVERAGE 函数计算总分平均分；⑤利用 MAX 函数计算总分最高分；⑥利用 MIN 函数计算总分最低分；⑦利用 COUNT 函数计算全班总人数；⑧利用 COUNTIF 函数计算总分大于等于 80 人数和总分大于等于 90 的人数、总分大于等于 60 且小于 80 的人数、不及格人数；⑨及格率=总分大于等于 60 分的人数/全班总人数；⑩补考率=不及格人数/全班总人数或补考率=1-及格率。

某班第1学期___计算机基础___计分册

学号	姓名	平时成绩（40%）			期中成绩（20%）	期末成绩（40%）	总分	成绩等级	名次
1	甲	95	90	85	75	72			
2	乙	95	90	90	72.5	78			
3	丙	85	70	90	82	75			
4	丁	75	60	60	60	45			
5	戊	70	90	90	79	74			
6	己	95	90	95	72	82			
7	庚	90	90	85	76	87			
8	辛	90	95	90	83.5	69			
9	壬	95	90	90	76	77			
10	癸	95	95	95	71	95			

统计信息			
统计项	统计值	统计项	统计值
总分平均分		总分最高分	
总分最低分		全班总人数	
总分大于等于80人数		总分大于等于60且小于80的人数	
总分大于等于90的人数		不及格人数	
及格率		补考率	

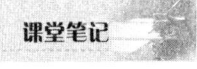

图 4-26　《计算机基础》记分册

任务清单：

任务	名称	操作技能
任务 1	利用函数和公式统计数据	1. 公式的形式；2. 算数运算符；3. 文本运算符；4. 比较运算符；5. 引用运算符；6. 相对地址引用；7. 绝对地址引用；8. 混合地址引用；9. 函数的形式；10. 常用函数

任务1 利用函数和公式统计数据

具体步骤：

①计算总分。H4 单元格中输入公式"=0.4*（C4+D4+E4）/3+F4*0.2+G4*0.4"，按回车键，选中 H4 单元格，鼠标移动到 H4 单元格右下角，当鼠标指针变成"+"时，按住鼠标左键往下拉到 H13 单元格后释放鼠标。

②计算成绩等级。I4 单元格中输入公式"=IF（H4<60，'不及格'，'及格'）"，按回车键，选中 I4 单元格，鼠标移动到 I4 单元格右下角，当鼠标指针变成"+"时，按住鼠标左键往下拉到 I13 单元格后释放鼠标。

③计算名次。J4 单元格中输入公式"= RANK（H4，＄H＄4：＄H＄13）"，按回车键，选中 J4 单元格，鼠标移动到 J4 单元格右下角，当鼠标指针变成"+"时，按住鼠标左键往下拉到 J13 单元格后释放鼠标。

④计算总分平均分。F17 单元格中输入公式"= AVERAGE（H4：H13）"，按回车键。

⑤计算总分最高分。I17 单元格中输入公式"= MAX（H4：H13）"，按回车键。

⑥计算总分最低分。F18 单元格中输入公式"= MIN（H4：H13）"，按回车键。

⑦计算全班总人数。I18 单元格中输入公式"= COUNT（A4：A13）"，按回车键。

⑧计算总分大于等于 80 的人数。F19 单元格中输入公式"= COUNTIF（H4：H13，'>=80'）"，按回车键。

⑨计算总分大于等于 60 且小于 80 的人数。I19 中输"= COUNTIF（H4：H13，'>=60'）-COUNTIF（H4：H13，'>=80'）"，按回车键。

⑩计算总分大于等于 90 的人数。F20 单元格中输入公式"= COUNTIF（H4：H13，'>=90'）"，按回车键。

⑪计算不及格人数。I20 单元格中输入公式"= COUNTIF（H4：H13，'<60'）"，按回车键。

⑫计算及格率。F21 单元格中输入公式"= COUNTIF（H4：H13，'>=60'）/I18"，按回车键，选中 F21 单元格，单击鼠标右键，选择"设置单元格格式"命令，打开"设置单元格格式"对话框，选择"数字"选项下"百分比"，在"小数位数"中输入"1"，单击"确定"按钮。

⑬计算补考率。I21 单元格中输入公式"=I20/I18"，按回车键，选中 I21 单元格，单击鼠标右键，选择"设置单元格格式"命令，打开"设置单元格格式"对话框，选择"数字"选项下"百分比"，在"小数位数"中输入"1"，单击"确定"按钮。以上几步执行结果如图 4-27 所示。

	A	B	C	D	E	F	G	H	I	J
1			某班第1学期			计算机基础	计分册			
2	学号	姓名	平时成绩(40%)			期中成绩(20%)	期末成绩(40%)	总分	成绩等级	名次
3	1	甲	95	90	85	75	72	80	及格	7
4	2	乙	95	90	90	72.5	78	82	及格	5
5	3	丙	85	70	90	82	75	79	及格	8
6	4	丁	75	60	60	60	45	56	不及格	10
7	5	戊	70	90	90	79	74	79	及格	9
8	6	己	95	90	95	72	82	85	及格	3
9	7	庚	90	90	85	76	87	85	及格	2
10	8	辛	90	95	90	83.5	69	81	及格	6
11	9	壬	90	90	90	76	77	83	及格	4
12	10	癸	95	95	95	71	95	90	及格	1

统计信息			
统计项	统计值	统计项	统计值
总分平均分	80	总分最高分	90
总分最低分	56	全班总人数	10
总分大于等于80人数	6	总分大于等于60且小于80的人数	3
总分大于等于90的人数	1	不及格人数	1
及格率	90.0%	补考率	10.0%

图4-27 《计算机基础》记分册统计结果

相关知识

一、公式及其使用

（一）公式的形式

Excel 的公式和一般数学公式差不多，数学公式的表示法为：A3＝A1+A2 意思是 Excel 会将 A1 单元格的值加 A2 单元格的值，然后把结果显示在 A3 单元格中。若将这个公式改用 Excel 表示，则变成要在 A3 单元格中输入"＝A1+A2"。输入公式必须以等号"＝"起首，例如"＝A1+A2"，这样 Excel 才知道我们输入的是公式，而不是一般的文字数据。

（二）公式中的运算符

运算符用于对公式中的元素进行特定类型的运算。Excel 有四类运算符：算术运算符、文本运算符、比较运算符和引用运算符。

1. 算术运算符

算术运算符包括：加（+）、减（-）、乘（*）、除（/），可以完成基本的数学加、减、乘、除运算。

2. 文本运算符

文本运算符"&"可以将文本连接起来。在公式中使用文本运算符时，以等号开头输入文本或单元格引用，加入文本运算符"&"，输入下一段文本或单元格引用。如：A1 单元格内容为"学号"，A2 单元格内容为"25"，在 C3 单元格输入"＝A1&A2"，则 C3 单元格的内容为"学号25"。

3. 比较运算符

比较运算符可以比较两个数值并产生逻辑值 TRUE 或 FALSE。比较运算符包括=（等于）、<（小于）、>（大于）、<>（不等于）、<=（小于等于）、>=（大于等于）。如：用户在单元格 A1 中输入数字"12"，在 A2 中输入数字"=A1>6"，由于单元格 A1 中的数值为 12 大于 6，结果为真，因此单元格 A2 显示为"TRUE"。

4. 引用运算符

一个引用位置代表工作表上的一个或者一组单元格，引用位置告诉 Excel 在哪些单元格中查找公式中要用的数值。通过使用引用位置，用户可以在一个公式中使用工作表上不同部分的数据，也可以在几个公式中使用同一个单元格中的数据。在对单元格位置的引用时，有三个引用运算符：冒号、逗号以及空格。其中，冒号（:）引用运算符又叫区域运算符，它对两个引用之间，包括两个引用在内的所有单元格进行引用。如："A1：F5"表示对 A1 到 F5 单元格的矩形区域的引用。逗号（,）引用运算符又叫联合运算符，它将多个引用合并为一个引用。如："A1：A3，D1：D3"表示对 A1 到 A3 单元格的矩形区域以及 D1 到 D3 单元格的矩形区域的引用。空格引用运算符又叫交叉运算符，产生同时属于两个引用的单元格。如："B2：D3 C1：C4"表示对 B2：D3 和 C1：C4 单元格区域的公共单元格 C2 和 C3 的引用。

（三）单元格地址的引用

Excel 允许在公式或函数中引用工作表中的单元格地址，即用单元格地址区域引用代替单元格中的数据。这样不仅可以简化烦琐的数据输入，还可以标识工作表上的单元格或单元格区域，即指明公式使用的数据位置。引用的目的是将在一个单元格完成的公式或函数操作，复制到同样操作的行或列。更重要的是，引用单元格数据之后，当初始单元格的数据发生修改变化时，引用单元格的数据随之变化，不用逐一修改，大大地提高了数据输入的效率。

单元格地址的引用分为相对引用、绝对引用、混合引用。

1. 相对地址的引用

相对地址由列标和行号组成，如 A1、B3、G6 等。在输入公式时，Excel 默认使用相对地址来引用单元格的位置。相对引用的特点是：如果将含有相对引用的公式复制到另一个单元格时这个公式中的各单元格地址会根据公式移动到单元格发生的行、列的相差值，以保证公式对其他元素的正确运算。如图 4-28 所示的 G3 单元格复制到 G4：G9，把光标移至 G5 单元格，会发现公式已经变成了"=（C5+D5+E5+F5）/4"，因此从 G4：G9，列的偏移量为 0，行的偏移量为 1，所有公式中涉及的列的数值不变而行的数值自动加 1。

2. 绝对地址的引用

绝对地址由列标和行号前全加上符号"＄"构成，如＄A＄2、＄B＄5、＄G＄8 等。如果公式运算中，需某个指定单元格的数值是固定的数值，在这种情况下，就必须使用绝对地址。所谓绝对地址引用，是指对于已定义为绝

第4单元　学生成绩表处理——Excel 2010电子表格的应用

	A	B	C	D	E	F	G
G3			f_x	=(C3+D3+E3+F3)/4			

	A	B	C	D	E	F	G	H
1	\multicolumn{7}{c	}{学前教育专业9班成绩表}	
2	学号	姓名	计算机	语文	英语	体育	平均分	
3	1	苟 轩	95	88	66	80	82.3	
4	2	苟 耀	80	90	70	85	81.3	←=(C4+D4+E4+F4)/4
5	3	陈 帅	92	86	90	70	84.5	←=(C5+D5+E5+F5)/4
6	4	高志君	50	70	55	92	66.8	←=(C6+D6+E6+F6)/4
7	5	唐 璐	85	45	80	68	69.5	←=(C7+D7+E7+F7)/4
8	6	田永干	77	68	67	90	75.5	←=(C8+D8+E8+F8)/4
9	7	赵 瑞	90	93	90	85	89.5	←=(C9+D9+E9+F9)/4

图4-28　相对引用

对引用的公式，无论把公式复制到什么位置，总是引用起始单元格内的"固定"地址。如：学生成绩表中如果将G3中输入的地址改为绝对地址"=（\$C\$3+\$D\$3+\$E\$3+\$F\$3）/4"，当复制G3到G4：G9时，会出现如图4-29所示的结果，所有学生的平均成绩都是苟轩的平均成绩。

	A	B	C	D	E	F	G
G3			f_x	=\$C\$3+\$D\$3+\$E\$3+\$F\$3)/4			

	A	B	C	D	E	F	G	H
1	\multicolumn{7}{c	}{学前教育专业9班成绩表}	
2	学号	姓名	计算机	语文	英语	体育	平均分	
3	1	苟 轩	95	88	66	80	82.3	
4	2	苟 耀	80	90	70	85	82.3	←=(\$C\$3+\$D\$3+\$E\$3+\$F\$3)/4
5	3	陈 帅	92	86	90	70	82.3	←=(\$C\$3+\$D\$3+\$E\$3+\$F\$3)/4
6	4	高志君	50	70	55	92	82.3	←=(\$C\$3+\$D\$3+\$E\$3+\$F\$3)/4
7	5	唐 璐	85	45	80	68	82.3	←=(\$C\$3+\$D\$3+\$E\$3+\$F\$3)/4
8	6	田永干	77	68	67	90	82.3	←=(\$C\$3+\$D\$3+\$E\$3+\$F\$3)/4
9	7	赵 瑞	90	93	90	85	82.3	←=(\$C\$3+\$D\$3+\$E\$3+\$F\$3)/4

图4-29　绝对引用

3. 混合地址的引用

混合地址由列标或行号前全加上符号"\$"构成，如A\$2、\$A2、B\$5、\$G8等。单元格的混合引用是指公式中参数的行采用相对引用、列采用绝对引用或列采用绝对引用、行采用相对引用。当含有公式的单元格因插入、复制等原因引起行、列引用的变化时，公式中相对引用部分随公式位置的变化而变化，绝对引用部分不随公式位置的变化而变化。

> 注意：按下F4键，可实现相对地址、绝对地址、混合地址的相互切换。

（四）公式的应用

【例4-6】请利用公式计算，如图4-23所示"学生成绩表"中的平均分。

方法一：①选定C3：F3单元格区域；②单击"公式"选项卡下的 Σ自动求和 命令的向下箭头，选择"平均值"命令，计算结果显示在G3单元格；③选中G3单元格，鼠标移动到G3单元格右下角，当鼠标指针变成"+"时，按住鼠标左键往下拉到G7单元格后释放鼠标。

方法二：①选定G3单元格；②单击开始选项卡下的编辑命令组中的 Σ自动求和 命令的向下箭头，选择"平均值"命令；③选定C3：F3单元格区域，

153

按下回车键，计算结果显示在 G3 单元格；④选中 G3 单元格，鼠标移动到 G3 单元格右下角，当鼠标指针变成"+"时，按住鼠标左键往下拉到 G7 单元格后释放鼠标。

方法三：①选定 G3 单元格；②在 G3 单元格中输入公式"=（C3+D3+E3+F3）/4"，按下回车键，计算结果显示在 G3 单元格；③选中 G3 单元格，鼠标移动到 G3 单元格右下角，当鼠标指针变成"+"时，按住鼠标左键往下拉到 G7 单元格后释放鼠标。计算结果如图 4-30 所示。

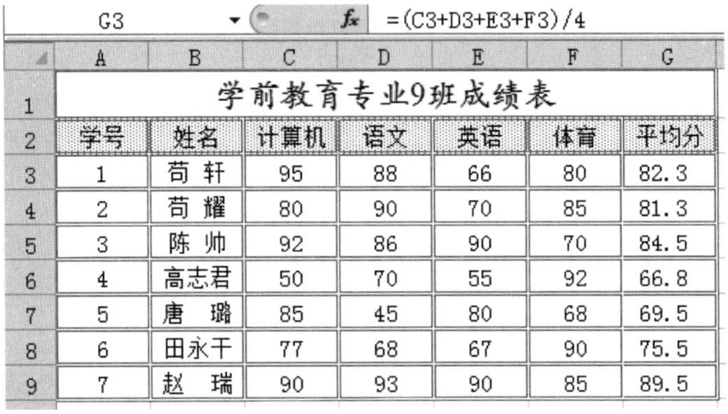

	A	B	C	D	E	F	G
1	学前教育专业9班成绩表						
2	学号	姓名	计算机	语文	英语	体育	平均分
3	1	苟 轩	95	88	66	80	82.3
4	2	苟 耀	80	90	70	85	81.3
5	3	陈 帅	92	86	90	70	84.5
6	4	高志君	50	70	55	92	66.8
7	5	唐 璐	85	45	80	68	69.5
8	6	田永干	77	68	67	90	75.5
9	7	赵 瑞	90	93	90	85	89.5

图 4-30　平均分计算结果

二、函数及其使用

（一）函数形式

函数一般由函数名和参数组成，形式为：函数名（参数表）

其中：函数名由 Excel 提供，函数名不区分大小写，参数表由用逗号分隔的参数 1、参数 2……参数 N（N<=30）构成。参数可以是常数、单元格地址、单元格区域、单元格区域名称或函数等。

（二）Excel 函数

函数是 Excel 内部预先定义的特殊公式，它可以对一个或多个数据进行数据操作，并返回一个或多个数据。函数的作用是简化公式操作，把固定用途的公式表达式用函数的格式固定下来，实现方便的调用，提高数据输入和运算的速度。Excel 提供的 12 类共 400 多个函数。其中包括常用的函数、数学与三角函数、数据库函数、日期与时间函数、逻辑函数、文本函数、信息函数、工程函数、查找与引用函数、多维数据集函数、兼容性函数。同学们应熟练使用如表 4-1 所示的常用函数，并以此融会贯通。

表 4-1　各种常用函数名称及功能

函数名称	函数功能
SUM（number1，number2，…）	求和函数，计算参数中数值的总和

续表

函数名称	函数功能
SUMIF（range，criteria，sum_range）	求满足条件的单元格区域的和
AVERAGE（number1，number2，…）	平均值函数，计算参数中数值的平均值
MAX（number1，number2，…）	最大值函数，计算参数中数值的最大值
MIN（number1，number2，…）	最小值函数，计算参数中数值的最小值
COUNT（number1，number2，…）	统计参数中数值的个数
COUNTA（number1，number2，…）	统计非空单元格的个数
COUNTIF（range，criteria）	统计条件数据区满足条件的个数
IF（logical_test，value_if_true，value_if_false，）	如果条件成立，则函数取第一个值（即value_if_true），否则取第二个值（即value_if_false）
Rank（number，ref，order）	返回某个数字在一列数字中相对于其他数值的大小排位

（三）函数的应用

【例4-7】在"学生成绩表"中利用函数统计学生平均成绩。

方法一：直接在单元格中输入公式"=Average（C3：E3）"。

方法二：①选定单元格，单击"公式"选项卡下的"插入函数"命令按钮，在"插入函数"对话框中选中函数"AVERAGE"，如图4-31所示。单击"确定"按钮打开"函数参数"对话框，如图4-32所示。②在"函数参数"对话框第一个参数Number1内输入C3：E3，单击"确定"或单击"切换"按钮，然后用鼠标左键选定C3：E3单元格区域，单击"切换"按钮，单击"确定"按钮。

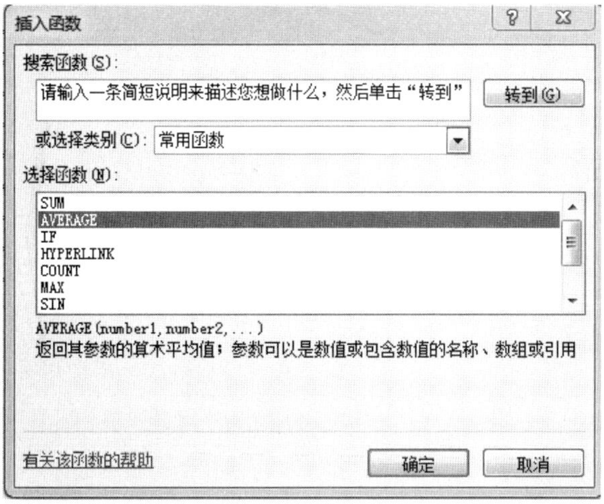

图4-31 "插入函数"对话框

课堂笔记

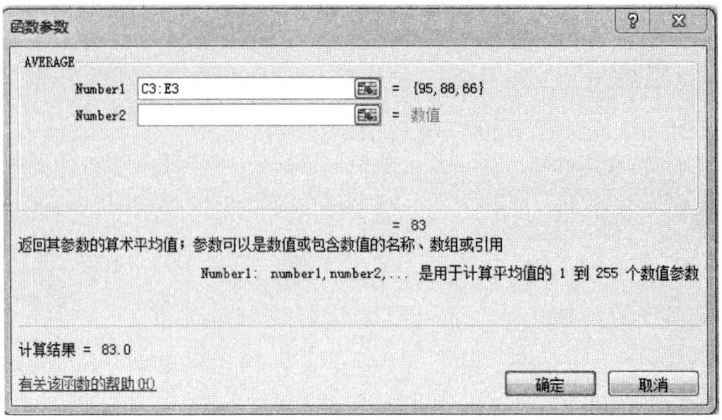

图 4-32 “函数参数”对话框

项目 4 学生成绩表数据处理

项目描述：教师为了从学生成绩表中快速获取学生成绩的相关情况，可以利用“数据”选项卡中的排序、筛选、分类汇总等分析工具实现。如图 4-33 学生成绩表，要求执行以下的数据处理：①按“总分”字段为“主要关键字”进行降序排序，如果总分相同，再按“英语”字段为“次要关键字”进行降序排序；②筛选出所有男生的记录；③筛选出“体育”成绩大于或等于 80 分的所有男学生记录；④筛选出平均分在 80 分和 90 分之间的所有学生记录；⑤分别统计男女生人数以及男女生计算机考试的平均分。

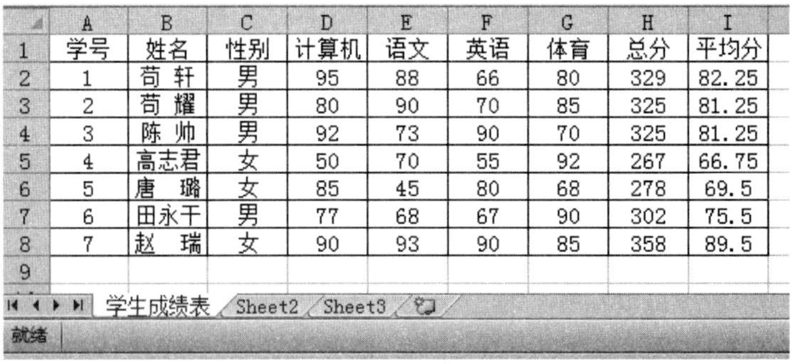

	A	B	C	D	E	F	G	H	I
1	学号	姓名	性别	计算机	语文	英语	体育	总分	平均分
2	1	荀 轩	男	95	88	66	80	329	82.25
3	2	荀 耀	男	80	90	70	85	325	81.25
4	3	陈 帅	男	92	73	90	70	325	81.25
5	4	高志君	女	50	70	55	92	267	66.75
6	5	唐 璐	女	85	45	80	68	278	69.5
7	6	田永干	男	77	68	67	90	302	75.5
8	7	赵 瑞	女	90	93	90	85	358	89.5
9									

图 4-33 学生成绩表

任务清单：

任务	名称	操作技能
任务 1	数据排序	1. 主关键字排序；2. 次要关键字排序
任务 2	数据筛选	1. 自定义自动筛选设置；2. 删除数据筛选
任务 3	数据分类汇总	1. 利用分类汇总对话框进行数据分类汇总

任务1 数据排序

【例4-8】将学生成绩表按"总分"字段为"主要关键字"进行降序排序，如果总分相同，再按"英语"字段为"次要关键字"进行降序排序。

步骤：①选中成绩表中的所有数据；②选中"数据"选项卡下的"排序"命令，打开"排序"对话框，如图4-34所示；③在"排序"对话框中的"主要关键字"下拉列表中选择"总分"，"次序"下拉列表中选择"降序"，勾选中"数据包含标题"的复选框，单击确定按钮，结果如4-35图所示；④打开"排序"对话框，单击"添加条件"按钮，在"次要关键字"下拉列表中选择"英语"，"次序"下拉列表中选择"降序"，结果如图4-36所示；⑤单击"确定"按钮，返回"学生成绩表"，得到排序结果如图4-37所示。

图4-34 "排序"对话框

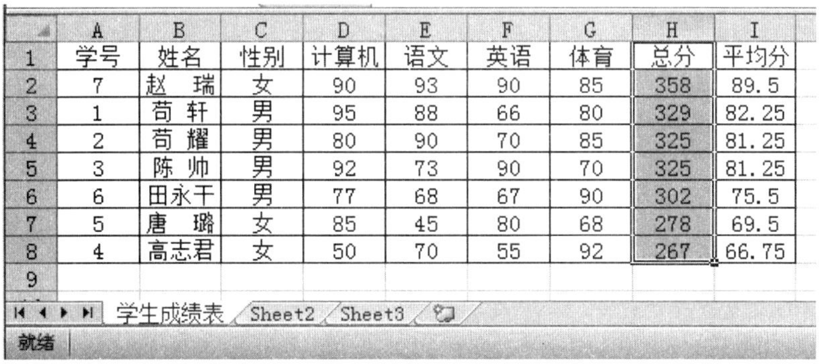

图4-35 "总分"字段降序排序结果

图 4-36 添加"次要关键字"排序对话框

	A	B	C	D	E	F	G	H	I
1	学号	姓名	性别	计算机	语文	英语	体育	总分	平均分
2	7	赵 瑞	女	90	93	90	85	358	89.5
3	1	苟 轩	男	95	88	66	80	329	82.25
4	3	陈 帅	男	92	73	90	70	325	81.25
5	2	苟 耀	男	80	90	70	85	325	81.25
6	6	田永干	男	77	68	67	90	302	75.5
7	5	唐 璐	女	85	45	80	68	278	69.5
8	4	高志君	女	50	70	55	92	267	66.75

图 4-37 以"英语"字段为次要关键字排序结果

> 注意：当次要关键字的记录值相同时，还可以根据第三关键字的记录值排序。

任务 2　数据筛选

【例 4-9】在学生成绩表中筛选出所有男生的记录。

步骤：①打开"学生成绩表"，选中 C1 单元格，选择"数据"选项卡下的"筛选"命令，进入筛选模式，如图 4-38 所示。从图中可以看到第一行的每个字段名上出现了一个下拉按钮。

	A	B	C	D	E	F	G	H	I
1	学号	姓名	性别	计算	语文	英语	体育	总分	平均
2	1	苟 轩	男	95	88	66	80	329	82.25
3	2	苟 耀	男	80	90	70	85	325	81.25
4	3	陈 帅	男	92	73	90	70	325	81.25
5	4	高志君	女	50	70	55	92	267	66.75
6	5	唐 璐	女	85	45	80	68	278	69.5
7	6	田永干	男	77	68	67	90	302	75.5
8	7	赵 瑞	女	90	93	90	85	358	89.5

图 4-38 自动筛选

②单击"性别"字段的下拉列表按钮,在下拉列表中选中"文本筛选"命令组中的"等于"命令,打开"自定义自动筛选方式"对话框,在下拉列表中选择"男",如图4-39所示。

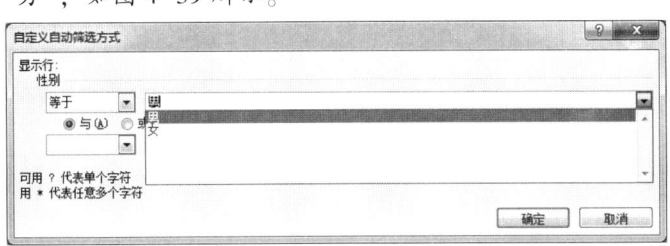

图4-39 "自定义自动筛选方式"对话框

③"自定义自动筛选方式"对话框中单击"确定"按钮,返回"学生成绩表",筛选结果如图4-40所示,所有女生记录被隐藏。

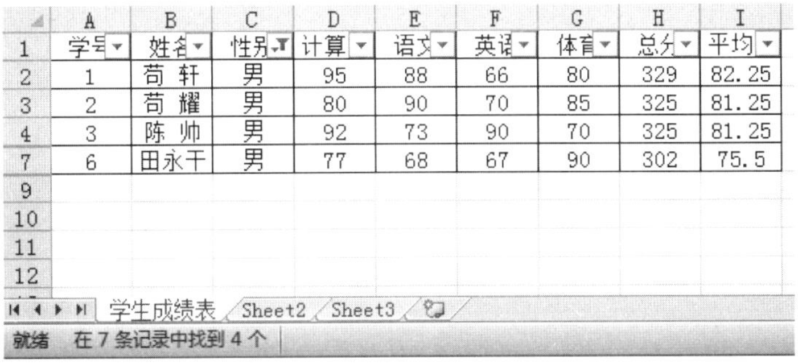

	A	B	C	D	E	F	G	H	I
1	学号	姓名	性别	计算	语文	英语	体育	总分	平均
2	1	苟 轩	男	95	88	66	80	329	82.25
3	2	苟 耀	男	80	90	70	85	325	81.25
4	3	陈 帅	男	92	73	90	70	325	81.25
7	6	田永干	男	77	68	67	90	302	75.5

图4-40 "自定义自动筛选"结果

> **注意**:筛选操作只是把满足条件的记录显示出来,其余记录并没有被删除,而是被隐藏起来。只要在此单击"数据"选项卡下的"筛选"命令,即可取消自动筛选。

【例4-10】从"学生成绩表"中筛选出"体育"成绩大于或等于80分的所有男学生记录。

步骤:①在图4-40的基础上,单击"体育"字段的下拉按钮,打开"自定义自动筛选方式"对话框设置筛选条件,选择体育大于或等于80,如图4-41所示。

图4-41 自定义筛选

②单击"自定义自动筛选方式"对话框中的"确定"按钮,返回"学生

成绩表",得到"体育"成绩大于或等于80分的所有男学生记录,如图4-42所示。

	A	B	C	D	E	F	G	H	I
1	学号	姓名	性别	计算	语文	英语	体育	总分	平均
2	1	苟轩	男	95	88	66	80	329	82.25
3	2	苟耀	男	80	90	70	85	325	81.25
7	6	田永干	男	77	68	67	90	302	75.5

图 4-42　"自定义筛选"结果

【例 4-11】从"学生成绩表"中筛选出平均分在 80 分和 90 分之间的所有学生记录。

①在图 4-42 的基础上,单击"数据"选项卡下的"清除"按钮,如图 4-43 所示。

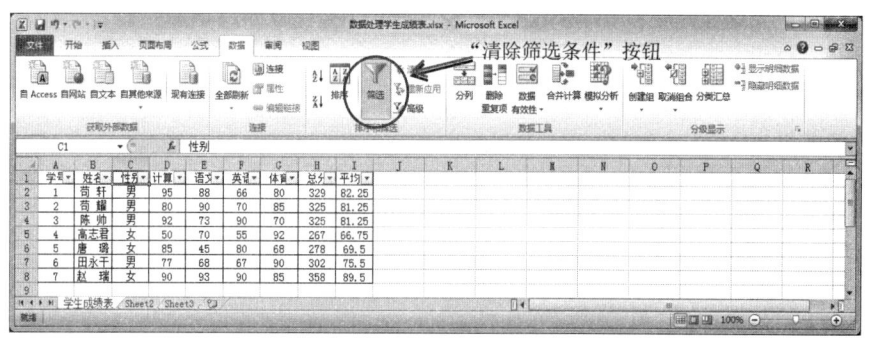

图 4-43　删除"自定义筛选"条件

②单击"平均分"字段下拉按钮,选择"数字筛选"命令下的"自定义筛选",打开"自定义自动筛选方式"对话框,设置筛选条件:选择"平均分"为"大于或等于",值为"80",单击"与"单选按钮,选择第二个条件为"小于或等于",值为"90",如图 4-44 所示。

图 4-44　组合"自定义筛选"

课堂笔记

③单击确定按钮，返回“学生成绩表”，筛选结果如图 4-45 所示。

	A	B	C	D	E	F	G	H	I
1	学号	姓名	性别	计算	语文	英语	体育	总分	平均
2	1	苟 轩	男	95	88	66	80	329	82.25
3	2	苟 耀	男	80	90	70	85	325	81.25
4	3	陈 帅	男	92	73	90	70	325	81.25
8	7	赵 瑞	女	90	93	90	85	358	89.5
9									
10									
11									
12									

学生成绩表 Sheet2 Sheet3

就绪　在 7 条记录中找到 4 个

图 4-45　组合“自定义筛选”结果

注意：在实际应用中，自动筛选无法完成复杂的筛选条件，需要使用“高级筛选”功能。

任务 3　数据分类汇总

【例 4-12】分别统计“学生成绩表”中的男女生人数以及男女生计算机考试的平均分。

①选中“性别”字段单元格 C2，单击“数据”选项卡下的“升序”按钮，按“性别”进行升序排序，如图 4-46 所示。

	A	B	C	D	E	F	G	H	I
1	学号	姓名	性别	计算机	语文	英语	体育	总分	平均分
2	1	苟 轩	男	95	88	66	80	329	82.25
3	2	苟 耀	男	80	90	70	85	325	81.25
4	3	陈 帅	男	92	73	90	70	325	81.25
5	6	田永干	男	77	68	67	90	302	75.5
6	4	高志君	女	50	70	55	92	267	66.75
7	5	唐 璐	女	85	45	80	68	278	69.5
8	7	赵 瑞	女	90	93	90	85	358	89.5
9									

学生成绩表 Sheet2 Sheet3

就绪

图 4-46　按“性别”升序排序

②单击数据列表中的任意单元格，选择“数据”选项卡下的“分类汇总”命令，弹出“分类汇总”对话框，如图 4-47 所示。

③在“分类字段”列表框选择“性别”，“汇总方式”列表框选择“计数”，“选定汇总项”列表框选择“姓名”，单击“确定”按钮，如图 4-48 所示。

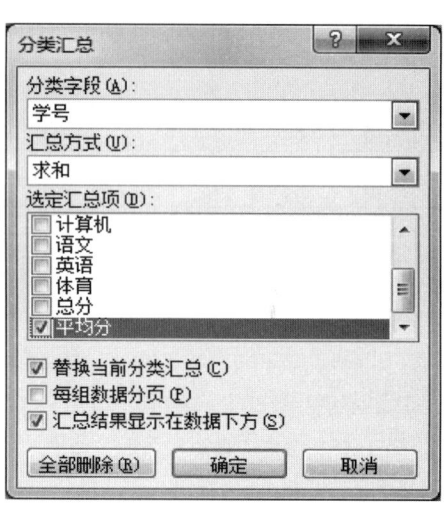

图 4-47 按"分类汇总"对话框

		A	B	C	D	E	F	G	H	I
	1	学号	姓名	性别	计算机	语文	英语	体育	总分	平均分
	2	1	苟 轩	男	95	88	66	80	329	82.25
	3	2	苟 耀	男	80	90	70	85	325	81.25
	4	3	陈 帅	男	92	73	90	70	325	81.25
	5	6	田永干	男	77	68	67	90	302	75.5
	6		4	男 计数						
	7	4	高志君	女	50	70	55	92	267	66.75
	8	5	唐 璐	女	85	45	80	68	278	69.5
	9	7	赵 瑞	女	90	93	90	85	358	89.5
	10		3	女 计数						
	11		7	总计数						
	12									

图 4-48 分类汇总结果表

④再次打开"分类汇"总对话框对"计算机"平均成绩进行汇总,在"分类字段"列表框选择"性别","汇总方式"列表框选择"平均值","选定汇总项"列表框选择"计算机",取消"替换当前分类汇总"复选框,如图 4-49 所示。

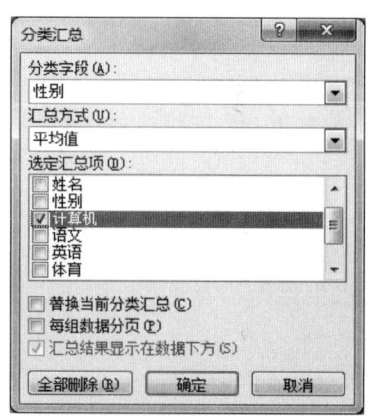

图 4-49 "分类汇总"对话框

⑤单击"确定"按钮，汇总结果如图4-50所示。

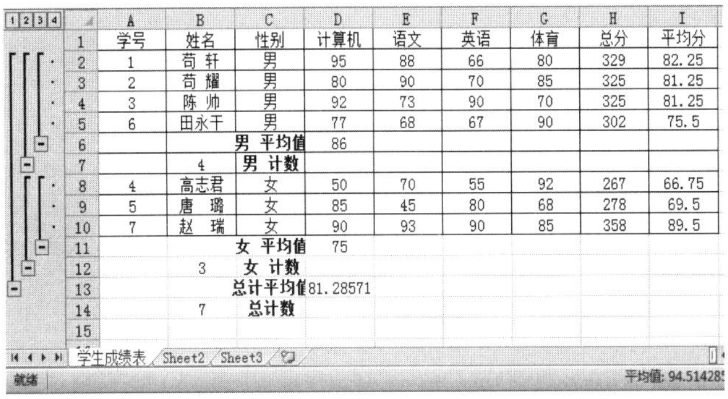

图4-50 分类汇总最终结果

> 注意：
> ①分类汇总前，必须要对数据列表按分类汇总的字段进行排序，使分类字段值相同的记录排在一起。
> ②对多个字段进行汇总，若汇总方式不同，应分类汇总。如需要同时显示不同的汇总结果需取消选择"替换当前分类汇总"复选框。
> ③删除分类汇总结果请选择"数据"选项卡下的"分类汇总"命令，在弹出的"分类汇总"对话框中，单击"全部删除"按钮即可。

项目5 生成学生成绩统计图

项目描述：在项目3和项目4中，我们学会了如何利用公式、函数、排序、筛选、分类汇总等统计学生成绩表数据，但是在现实生活中我们往往需要借助图表分析数据，直观地展示数据间的对比关系、趋势，增强Excel工作表信息的直观阅读力度，加强对工作表的统计结果的理解和掌握。如图4-51所示，我们能够直观地知道学生成绩统计表（图4-52）中每科成绩的各个分数段的分布情况。

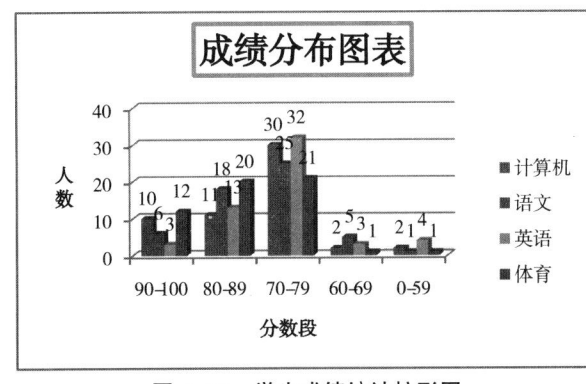

图4-51 学生成绩统计柱形图

课堂笔记

任务清单：

任务	名称	操作技能
任务 1	创建图表数据源	图表数据源的建立
任务 2	创建图表	利用插入图表对话框创建图表
任务 3	格式化图表	1. 添加图表标题；2. 设置横坐标和纵坐标标题；3. 添加数据标签；4. 删除网格线；5. 图表类型；6. 图表构成

任务 1　创建图表数据源

利用 Countif 函数对学生成绩表中每科成绩各分数段统计，结果如图 4-52 所示。

	A	B	C	D	E	F
1	大一新生学前教育专业9班期末考试成绩统计表					
2	科目	90-100	80-89	70-79	60-69	0-59
3	计算机	10	11	30	2	2
4	语文	6	18	25	5	1
5	英语	3	13	32	3	4
6	体育	12	20	21	1	1
7						
8						

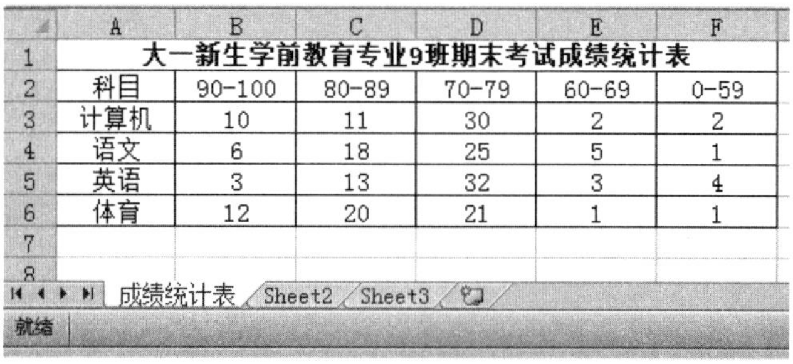

图 4-52　学生成绩统计表

任务 2　创建图表

步骤：①鼠标左键选定 A1：F6 单元格区域；②选择“插入”选项卡的“图表”命令组，打开“插入图表”对话框；③在“插入图表”对话框中，选择“柱形图”下的“三维簇状柱形图”，如图 4-53 所示。

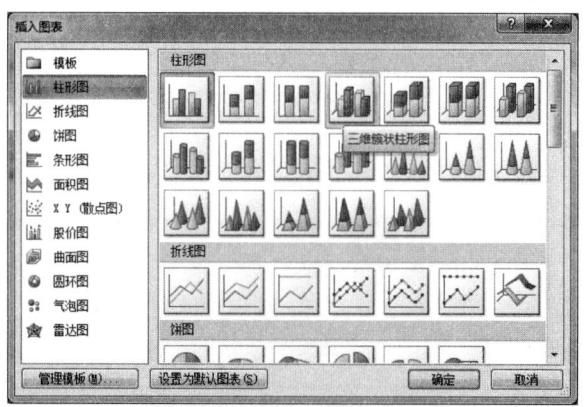

图 4-53　“插入图表”对话框

④在"插入图表"对话框中单击"确定"按钮,执行结果如图4-54所示。

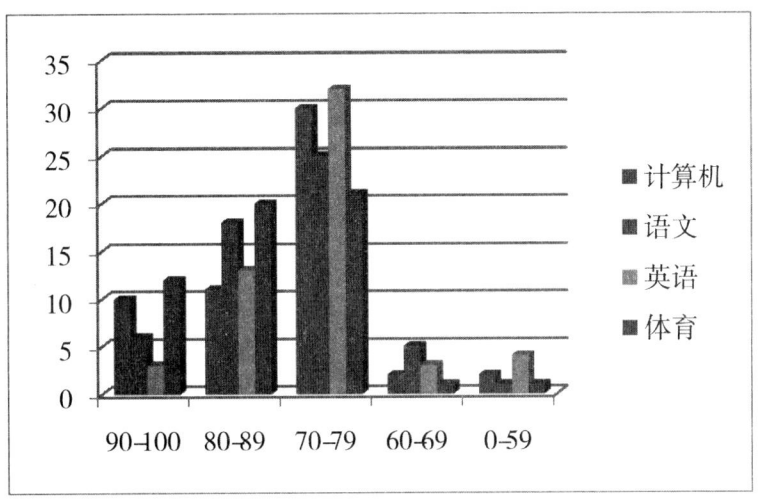

图4-54 学生成绩统计表三维簇状柱形图

任务3　格式化图表

【例4-13】对图4-54进行如下操作:①添加图表标题为"成绩分布图表",标题显示在图表的上方,设置其格式为"强调颜色-彩色轮廓6",形状效果为发光"强调文字颜色3-11pt发光";②添加纵坐标轴标题为"人数",添加横坐标轴标题为"分数段";③添加数据标签;④删除网格线。(结果如图:4-55所示)

步骤:①选中"学生成绩统计表三维簇状柱形图",选择"图表工具"选项卡下的"布局"选项的"标签"命令组,单击"图表标题"的下拉箭头,选择"图表上方",在"图表标题"文本框中输入"成绩分布图表";选中图表标题"成绩分布图表",选择"图表工具"选项卡下的"格式"选项,选中格式"强调颜色-彩色轮廓6",单击"形状效果"按钮下的"发光"命令并选择"强调文字颜色3-11pt发光"。

②选择"图表工具"选项卡下的"布局"选项的"标签"命令组,单击"坐标轴标题"的下拉箭头,选中"主要横坐标标题"的"坐标轴下方标题",在其文本框中输入"分数段";选中"主要纵坐标标题"的"竖排标题",在其文本框中输入"人数"。

③选择"图表工具"选项卡下的"布局"选项的"标签"命令组,单击"数据标签"下的"显示"命令。

④鼠标左键单击"网格线",单击右键,选择"删除"命令。

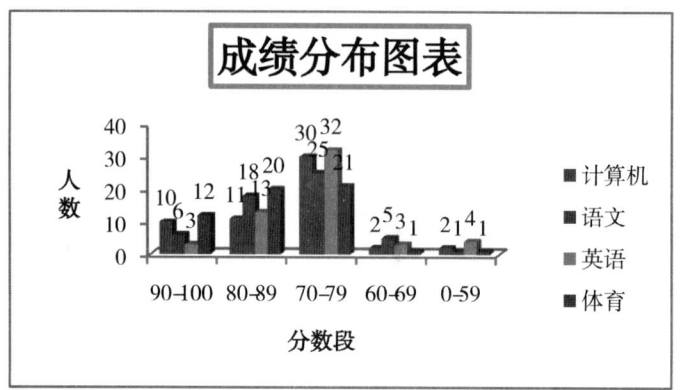

图 4-55　格式化图表

相关知识

1. 图表的类型

图表具有形象直观的特征,Excel 2010 提供了柱形图、条形图、折线图、饼图、面积图、圆环图、股价图、曲面图等图表。

(1) 柱形图:用于比较两个或多个项目的相对大小。

(2) 条形图:在水平方向比较不同类别的数据。

(3) 折线图:按类别显示一段时间内数据的变化趋势。

(4) 饼图:在单组中描述部分与整体的关系。

(5) 面积图:强调一段时间内数据的相对重要性。

(6) 圆环图:以一个或个数据类别来对比部分与整体的关系,在中间有一个更灵活的饼状图。

(7) 股价图:综合了柱形图和折线图,专门设计用来跟踪股票价格。

(8) 曲面图:当第三个变量变化时,跟踪另外两个变量的变化,曲面图为三维图。

2. 图表构成

一个图表主要由以下几部分构成,如图 4-56 所示。

(1) 图表标题:描述图标的名称、默认在图表的顶端,可有可无。

(2) 坐标轴与坐标轴标题:坐标轴标题是 X 轴和 Y 轴的名称,可有可无。

(3) 图例:包含图表中相应的数据系列的名称和数据系列在图中的颜色。

(4) 绘图区:以坐标轴为界的区域。

(5) 数据系列:一个数据系列对应工作表中选定区域的一行或一列数据。

(6) 网格线:从坐标轴刻度线延伸出来并贯穿整个绘图区的线条系列,可有可无。

(7) 背景墙与基底:三维图表中会出现背景墙与基底,是包围在许多三维表周围的区域，用于显示图标的维度和边界。

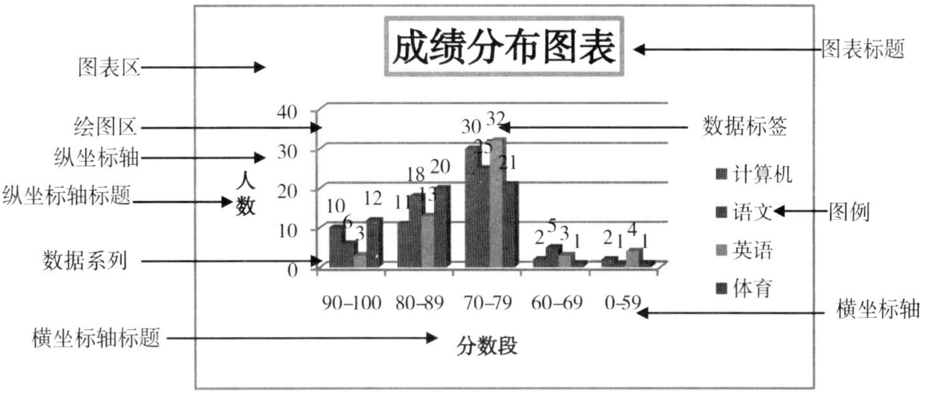

图4-56 图表构成

习题4

一、单项选择题

1. 在Excel中，下列叙述中错误的是（　　）。
   A. 每个工作表有256列，65536行
   B. 每个工作簿可以由多个工作表组成
   C. 输入的字母不能超过单元格宽度
   D. 单元格中输入的内容可以是文字、数字、公式

2. Excel中如果删除了公式中使用的单元，则公式单元格显示（　　）。
   A. #REF!　　　　　　　　　　　　B. ?
   C. ###　　　　　　　　　　　　　D. !

3. 以下关于Excel的关闭操作，错误的是（　　）。
   A. 双击标题栏左侧的图标，可以关闭Excel
   B. 选择"文件‖退出"命令，可以退出Excel
   C. 选择"文件‖关闭"命令，可以关闭Excel（只能关闭当前页）
   D. 可以将在Excel中打开的所有文件一次性地关闭

4. 在建立Excel工作表时，可以删除工作表第4行的操作是（　　）。
   A. 单击行号4，选择工具条上的"剪切"按钮
   B. 单击行号4，选择"文件"菜单下的"删除"
   C. 单击行号4，选择"编辑"菜单下的"清除"下的"全部"
   D. 单击行号4，选择"编辑"菜单下的"删除"

5. 下列关于Excel单元格的高度和宽度叙述，错误的是（　　）。
   A. 可用鼠标改变单元格的宽度
   B. 单元格的默认宽度为8个字符

C. 单元格的宽度可以改变，高度是固定的

D. 可用菜单改变单元格的高度

6. 在 Excel 中，要将当前单元格移到 A1 单元格，应按（　　）键。

A. Home+Shift　　　　　　　　B. Ctrl+Home

C. Home　　　　　　　　　　　D. PgUp

7. 要获得 Excel 的联机帮助信息，可以使用功能键是（　　）。

A. F10　　　　　　　　　　　　B. F3

C. F1　　　　　　　　　　　　 D. ESC

8. 在 Excel 中，要产生［300，550］间的随机整数，下面（　　）公式是正确的。

A. =RAND（）*250+300　　　　B. =int（rand（）*251）+300

C. =int（rand（）*250）+301　　D. =int（rand（）*250）+300

9. 在 Excel 的活动单元格中，要将数字作为文字来输入，最简便的方法是先键入一个西文符号(　　)后，再键入数字。

A. #　　　　　　　　　　　　　B. '

C. "　　　　　　　　　　　　　D. ,

10. 在 Excel 中，下列地址为相对地址的是(　　)。

A. ＄D5　　　　　　　　　　　B. ＄E＄7

C. C3　　　　　　　　　　　　D. F＄8

11. 在 Excel 单元格中输入正文时，以下说法不正确的是(　　)。

A. 在一个单元格中可以输入多达 255 个非数字项的字符

B. 在一个单元格中输入字符过长时，可以强制换行

C. 若输入数字过长，Excel 会将其转换为科学记数形式

D. 输入过长或极小的数时，Excel 无法表示

12. 下列序列中，不能直接利用自动填充快速输入的是(　　)。

A. 星期一、星期二、星期三…　　B. 第一类、第二类、第三类…

C. 甲、乙、丙…　　　　　　　　D. Mon、Tue、Wed…

13. Excel 工作表的列数最大为（　　）。

A. 255　　　　　　　　　　　　B. 256

C. 1024　　　　　　　　　　　 D. 16384

14. 单元格 C1＝A1+B1，将公式复制到 C2 时答案将为（　　）。

A. A1+B1　　　　　　　　　　 B. A2+B2

C. A1+B2　　　　　　　　　　 D. A2+B1

15. 在 Excel 的单元格内输入日期时，年、月、日分隔符可以是（　　）。

A. "/" 或 "—"　　　　　　　　 B. "." 或 "｜"

C. "/" 或 "\"　　　　　　　　　D. "\" 或 "—"

16. Excel 中默认的单元格引用是（　　）。

A. 相对引用　　　　　　　　B. 绝对引用
C. 混合引用　　　　　　　　D. 三维引用

17. 在 Excel 中，下面说法不正确的是(　　)。
A. Excel 应用程序可同时打开多个工作簿文档
B. 在同一工作簿文档窗口中可以建立多张工作表
C. 在同一工作表中可以为多个数据区域命名
D. Excel 新建工作簿的缺省名为"文档1"

18. 中文 Excel 的分类汇总方式不包括(　　)。
A. 乘积　　　　　　　　　　B. 平均值
C. 最大值　　　　　　　　　D. 求和

19. Excel 的主要功能是(　　)。
A. 表格处理，文字处理，文件管理
B. 表格处理，网络通讯，图表处理
C. 表格处理，数据库管理，图表处理
D. 表格处理，数据库管理，网络通信

20. 在 Excel 中，选定单元格后单击"复制"按钮，再选中目的单元格后单击"粘贴"按钮，此时被粘贴的是源单元格中的(　　)。
A. 格式和公式　　　　　　　B. 全部
C. 数值和内容　　　　　　　D. 格式和批注

二、多项选择题

1. 向中文 Excel 单元格中输入时间 1999 年 12 月 30 日，格式为(　　)。
A. 1912-30-1999　　　　　　B. 30/12/1999
C. 1999/12/30　　　　　　　D. 1999-12-30

2. 在 Excel 中，A1 至 A5 单元格存放的都是数值型数据，关于 AVERAGE(A1：A5，5)的说法正确的是(　　)。
A. 求 A1、A5 两个单元格和数值 5 的平均值
B. 等效于 SUM（A1：A5，5）/COUNT（A1：A5，5）
C. 和函数 SUM（A1：A5，5）/6 等效
D. 求 A1 到 A5 5 个单元格的平均值

3. 在 Excel 中，当用户输入的文本大于单元格的宽度时，则(　　)。
A. 若右边的单元格不空，则只显示文本的前半部分
B. 若右边的单元格不空，则显示"ERROR"
C. 若右边的单元格不空，则只显示文本的后半部分
D. 若右边的单元格为空，则跨列显示

三、判断题

1. 一个 Excel 工作簿中，最多可以有 255 张工作表。　　　　(　　)
2. 一个 Excel 中，D2 单元格中的公式为 = a2+b2-c2，向下自动填充，D3

单元格的公式为＝a3+b3-c3。   （   ）

3. 在 Excel 中,"图表向导"方法只能生成嵌入工作表的图标。（   ）

4. SUM（A1：A3,5）的作用是求 A1 与 A3 两个单元格比值和 5 的和。
                                                        （   ）

5. 在 Excel 中,所有文字型数据在单元格中均将左对齐。   （   ）

6. 在 Excel 的帮助窗口中,双击某一个主题,即可得到子帮助主题,想查看正文,则可以再次双击该子主题。   （   ）

7. 向 Excel 工作表中输入文本数据,若文本数据全由数字组成,应在数字前加一个西文单引号。   （   ）

8. 中文 Excel 在滚动条上分别设有两个分割框,可用来分割工作表。
                                                        （   ）

9. 中文 Excel 中要在 A 驱动器存入一个文件,从"另存为"对话框的保存位置下表框中选 A。   （   ）

10. Excel 工作表中,单元格的默认宽度和高度是固定的,不能变。
                                                        （   ）

11. Excel 电子表格,双击 Excel 窗口左上角的控制菜单框可以快速退出 Excel。   （   ）

12. 中文 Excel 要打开存入磁盘上的一个工作簿,从文件菜单上选择"打开"命令。   （   ）

13. Excel 中的工具栏是系统定义好了的,不允许用户随便进行修改。
                                                        （   ）

14. 在工作表窗口中的工具栏中有一个"Σ"自动求和按钮。实际上它代表了工作函数中的"SUM（ ）"函数。   （   ）

15. 若 COUNT（A1：A3）= 2,则 COUNT（A1：A3,3）= 5B。（   ）

16. 在 Excel 中不仅可以进行算术运算,还提供了可以操作文字的运算。
                                                        （   ）

17. 在 Excel 的使用工作中,可以用单击鼠标右键的办法打开快捷菜单。
                                                        （   ）

18. 在单元格中输入'9851101 和输入 9851101 是等效的。   （   ）

19. 在一个 Excel 工作簿中,仅有 3 张工作表。   （   ）

20. 在 Excel 中,已为用户建立了多个函数,用户只能使用这些已建立好的函数,而不能自定义。   （   ）

21.（Excel 电子表格）在 Excel 工作表中可以完成超过四个关键字的排序。
                                                        （   ）

22. 在 Excel 的输入中按 End 键,光标插入点会移到单元格末尾。（   ）

四、填空题

1. 在 Excel 中输入文字时，默认对齐方式是：单元格内靠_____对齐。
2. 一个工作簿可由多个工作表组成，在默认状态下，由_____个工作表组成。
3. 若 B1：B3 单元格分别为 1，2，3，则公式 SUM（B1：B3，5）的值为_____。
4. 单元格的引用有绝对引用、_____，相对引用。如 A2 属于_____。

第 5 单元　演示文稿
——PowerPoint 2010 演示文稿的应用

单元简介

随着办公自动化的普及，使用演示文稿已经成为商务活动中不可或缺的一部分。目前，用于制作演示文稿的最佳工具是 PowerPoint。PowerPoint 2010 是微软公司开发的办公自动化软件 Office 2010 的组件之一，通过 Microsoft PowerPoint 2010，可以使用文本、图形、图片、音频、视频、动画等多种手段来设计具有感染力和震撼力的演示文稿。

单元安排

项目	项目知识要点	参考学时
概述	熟悉 PowerPoint 2010 操作界面和常规操作	1
项目 1 "个人风采" 演示文稿	1. 演示文稿的创建和保存 2. 幻灯片的新建、移动、复制、删除等基本操作 3. 演示文稿主题的应用 4. 文字、图形、图片等常用元素的常规应用 5. 表格的创建和编辑 6. SmartArt 图形的应用 7. 设置幻灯片的切换方式 8. 以排练计时设置演示文稿自动播放 9. 设置幻灯片背景格式	6
项目 2 "团队宣传" 演示文稿	1. 幻灯片母版的应用 2. 文字、图形、图片等常用元素的编辑 3. 灵活应用 SmartArt 图形 4. 音频、视频的插入和编辑 5. 设置对象的自定义动画效果 6. 将演示文稿打包	5

概　述

一、启动和退出 PowerPoint 2010

1. 启动 PowerPoint 2010

（1）通过"开始"菜单启动：

单击"开始"按钮 → 在弹出的菜单中单击"所有程序"→/"Microsoft Office"/"Microsoft Office PowerPoint 2010"命令即可启动。

（2）通过桌面快捷图标启动：

若在桌面上创建了 PowerPoint 2010 快捷图标，双击图标即可快速启动。

2. 退出 PowerPoint 2010

在 PowerPoint 2010 工作界面标题栏右侧单击"关闭"按钮，或选择"文件"/"退出"命令退出。

二、标准的 PowerPoint 2010 工作窗口（如图 5-1）

1. 快速访问工具栏

常用命令位于此处，如"保存"、"撤消"等。用户也可以添加自己的常用命令。

2. 标题栏

显示正在编辑的演示文稿的文件名以及所使用的软件名称。

图 5-1　PPT 界面

3. "文件"菜单

基本文件操作命令位于此处，如"新建"、"打开"、"关闭"、"另存为"和"打印"等。

4. 功能选项卡

将 PowerPoint 2010 的所有命令集成在几个功能选项卡中，选择某个功能选项卡可切换到相应的功能区。

5. 功能区

对应功能选项卡的功能区有许多工具栏，不同的工具栏中又放置了与此相关的命令按钮或列表框。

6. "幻灯片/大纲"窗格

用于显示演示文稿的幻灯片数量及位置，通过它可方便地掌握整个演示文稿的结构。在"幻灯片"窗格下，显示整个演示文稿中幻灯片的编号及缩略图；在"大纲"窗格下列出了当前演示文稿中各张幻灯片中的占位文本内容。

7. 幻灯片编辑区

用于显示和编辑幻灯片，在其中可创建文本、图形、图片和设置动画效果等，是使用 PowerPoint 制作演示文稿的操作区域。

8. 备注窗格

可供幻灯片制作者或幻灯片演讲者查阅该幻灯片信息或在播放演示文稿时对需要的幻灯片添加说明和注释。

9. 状态栏

用于显示正在编辑的演示文稿的相关信息，如所选的当前幻灯片以及幻灯片总张数、幻灯片采用的模板类型、视图切换按钮以及页面显示比例等。

三、PowerPoint 2010 视图方式

为满足用户不同的需求，PowerPoint 2010 提供了多种视图模式以编辑查看幻灯片，在工作界面下方单击视图切换按钮中的任意一个按钮，即可切换到相应的视图模式下。现介绍几种常用视图。

1. 普通视图

PowerPoint 2010 默认显示普通视图，该视图主要用于调整演示文稿的结构及编辑单张幻灯片中的内容。

2. 幻灯片浏览视图

在该视图模式下可浏览幻灯片在演示文稿中的整体结构和效果。在该模式下也可以改变幻灯片的版式和结构，如更换演示文稿的背景、方便移动或复制幻灯片等，但不能对单张幻灯片的具体内容进行编辑。

3. 幻灯片放映视图

在该视图模式下，演示文稿中的幻灯片将以全屏动态放映。该模式主要用于预览幻灯片在制作完成后的放映效果，测试插入的动画、声音等效果，以便及时对在放映过程中不满意的地方进行修改。

4. 幻灯片母版视图

母版视图包括幻灯片母版视图、讲义模板视图和备注母版视图。它们是

存储有关演示文稿信息的主要幻灯片，其中包括背景、颜色、字体、效果、占位符大小和位置，使用母版视图的主要优点在于可以对与母板幻灯片关联的每张幻灯片、备注页或讲义的样式进行全局更改。

四、创建、打开和保存演示文稿

1. 创建演示文稿

启动 PowerPoint 2010 后，系统会自动新建一个空白演示文稿。除此之外，用户还可通过命令或快捷菜单创建空白演示文稿，其操作方法分别如下：

（1）通过快捷菜单创建：在桌面空白处单击鼠标右键→在弹出的快捷菜单中选择→"新建/PowerPoint 演示文稿"，在桌面上将新建一个空白演示文稿。

（2）通过命令创建：启动 PowerPoint 2010 后→选择"文件/新建"→在"可用的模板和主题"栏中单击"空白演示文稿"图标→单击"创建"按钮，即可创建一个空白演示文稿。

（3）使用模板创建演示文稿：选择"文件/新建"→在"可使用的模板和主题"和"Office 模板"栏中选择需要的模板进行创建。

2. 打开演示文稿

（1）打开一般演示文稿：启动 PowerPoint 2010→选择"文件/打开"→打开"打开"对话框，在其中选择需要打开的演示文稿→单击"打开"按钮，即可打开选中的演示文稿。

（2）打开最近使用的演示文稿：选择"文件/最近所用文件"→在打开的页面中将显示最近使用的演示文稿名称和保存路径→选择需打开的演示文稿完成操作。

3. 保存演示文稿

对制作好的演示文稿需要及时保存在电脑中，以免发生遗失或误操作。保存演示文稿的方法有很多，下面介绍常用操作。

（1）直接保存演示文稿：直接保存演示文稿是最常用的保存方法。其方法是：选择"文件/保存"命令或单击快速访问工具栏中的"保存"按钮→打开"另存为"对话框→选择保存位置，输入文件名和选择保存类型→单击"保存"按钮。

（2）另存为演示文稿：若不想改变原有演示文稿中的内容，可通过"另存为"命令将演示文稿保存在其他位置。其方法是：选择"文件/另存为"→打开"另存为"对话框，其他与直接"保存"相同。

（3）自动保存演示文稿：在制作演示文稿的过程中，为了减少不必要的损失，可为正在编辑的演示文稿设置定时保存。其方法是：选择"文件/选项"→打开"PowerPoint 选项"对话框→选择"保存"选项卡→在"保存演示文稿"栏中进行需要的设置。

项目1 "个人风采"演示文稿

项目描述：制作图文并茂的"个人风采"演示文稿，展示自我。

项目预览：如图5-2所示。

图5-2 "个人风采"样板

项目准备：本人照片和六张参与社会活动的照片，各类自我介绍资料。

任务清单：

任务	名称	操作技能
任务1	制作封面PPT	1. 创建和保存演示文稿；2. 幻灯片主题的应用；3. 占位符和文字；4. 图形的绘制和编辑
任务2	"个人信息"幻灯片制作	1. 新建幻灯片；2. 插入图片和剪贴画；3. 用文本框输入文字；4. 文字和段落格式的设置
任务3	"学习篇"幻灯片制作	1. 插入SmartArt；2. 设置SmartArt图形格式
任务4	"社会生活篇"幻灯片制作	1. 简单图片处理；2. 图片的编辑；3. 灵活的排版布局
任务5	"荣誉篇"幻灯片制作	1. 创建表格；2. 编辑表格行列及文字；3. 设置表格样式
任务6	封底幻灯片制作	1. 复制幻灯片；2. 移动幻灯片；3. 删除文本框
任务7	动态切换幻灯片	1. 幻灯片的选择；2. 设置幻灯片的切换方式；3. 按需要播放幻灯片
任务8	幻灯片自动播放	1. 保存排练计时；2. 设置幻灯片的放映方式；3. 保存类型PPSX
任务9	拓展练习	为幻灯片设置丰富多彩的背景样式

任务1 创建文档并保存，制作封面PPT

图 5-3 封面样板

步骤1：创建并保存文档。

启动 PowerPoint2010 →单击"文件/保存"→保存位置：桌面→文件名：个人风采→文件类型：PowerPoint 演示文稿。如图 5-4 所示。

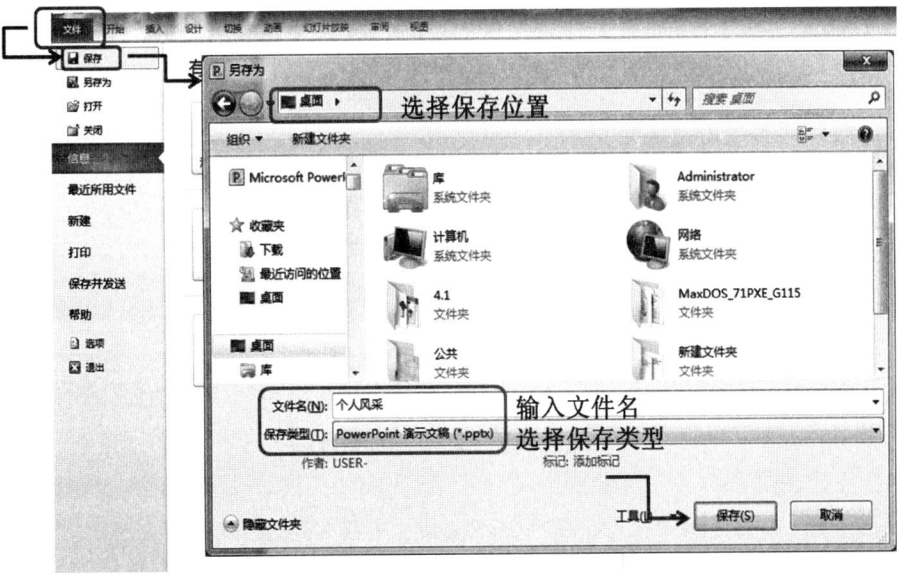

图 5-4 保存 PPT 文档

步骤2：选择主题（设计模板）。

单击"设计"功能选项卡→显示所有主题→单击"聚合"。如图 5-5 所示。

图 5-5　选用设计模板

【提示】可根据实际需要选用主题，对其颜色方案、字体方案等可进行多种选择或自定义效果。

步骤3：在占位符中输入文字。

在"单击此处添加标题"处单击鼠标，显示光标，录入"个人风采"文字 → 在"单击此处添加副标题"处单击鼠标录入"真实的我——古晓敏"，如图 5-6 所示。

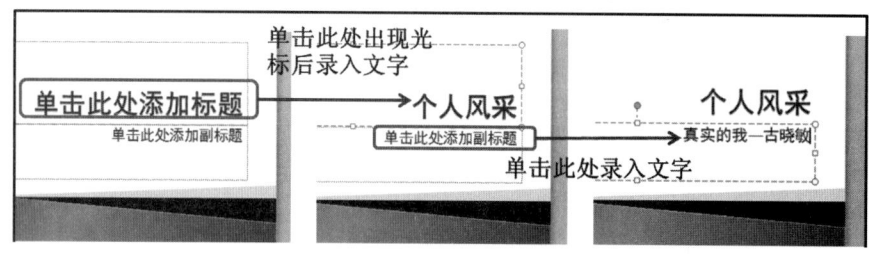

图 5-6　占位符输入文字

步骤4：应用简单图形。

（1）绘制图形、改变大小、填充颜色。

①单击"插入"功能区的"形状"下拉按钮→展开下拉列表→单击"矩形"工具→在"个人风采"文字上方绘制一个小矩形。

【提示】

按住 Shift 键拖曳鼠标绘制出正方形。如图 5-7 所示。

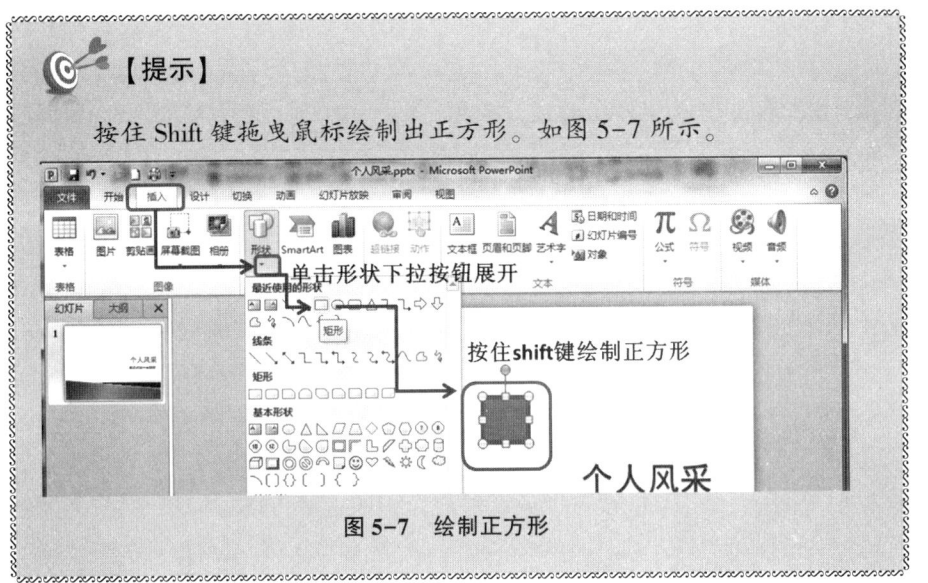

图 5-7 绘制正方形

②选中正方形→单击"绘图工具/格式"→设置"形状填充":橙色→"形状轮廓":无轮廓。如图 5-8 所示。

【提示】

形状轮廓:设置选定形状的轮廓的颜色、宽度和线型。
形状填充:使用颜色、渐变、图片或纹理填充选定形状。

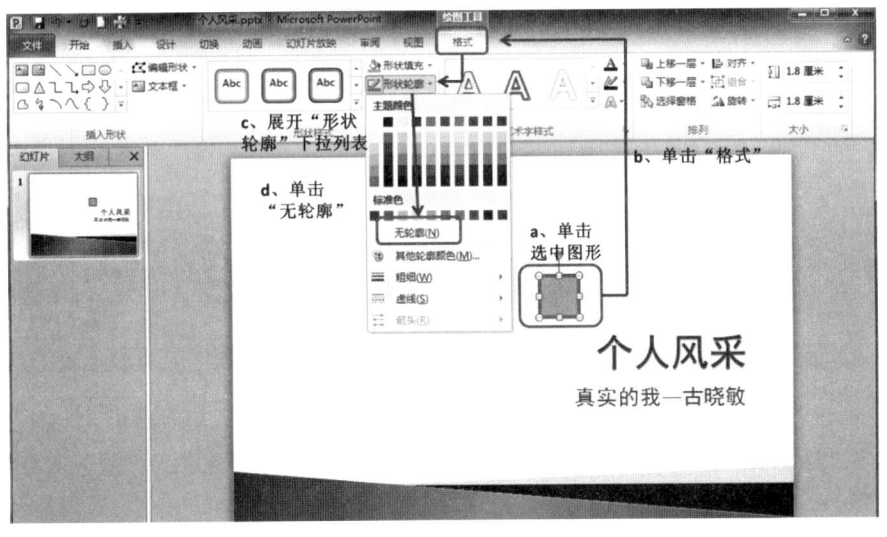

图 5-8 轮廓设置

③拖曳对象四周白色的大小控制柄调整到合适的大小。

【提示】：修改图形大小

方法1：按住 shift 键的同时拖曳四角的控制柄可实现等比例缩放。

方法2：精确调整大小："绘图工具/格式"→"大小"→输入准确的高度和宽度值，如图 5-9 所示。

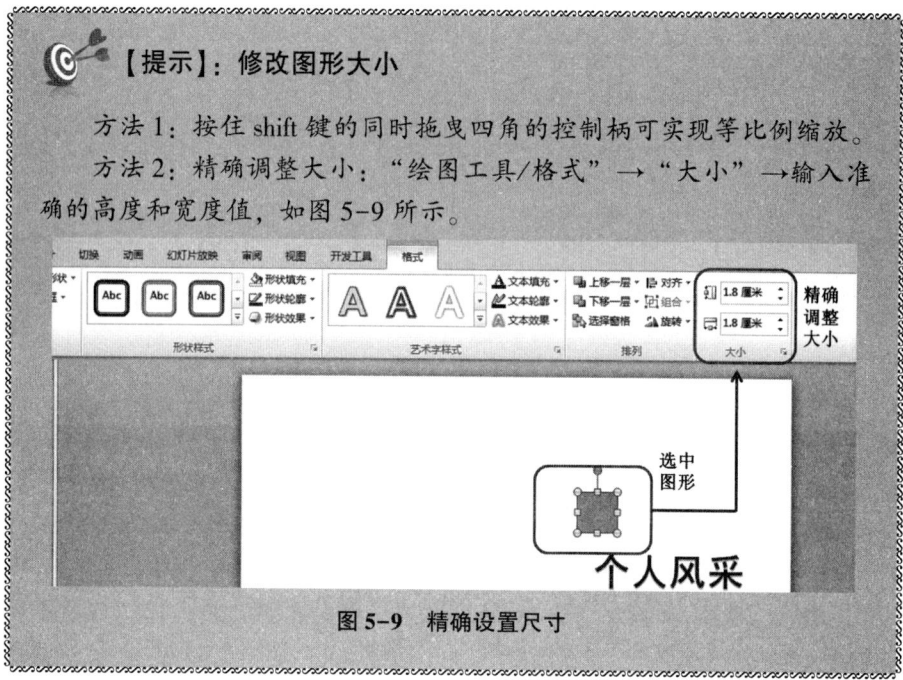

图 5-9　精确设置尺寸

（2）旋转图形。

将正方形旋转 45°。"绘图工具/格式"→"旋转"→"其他旋转角度"→打开"形状格式设置"对话框→在"旋转"后输入 45°→关闭即可。如图 5-10 所示。

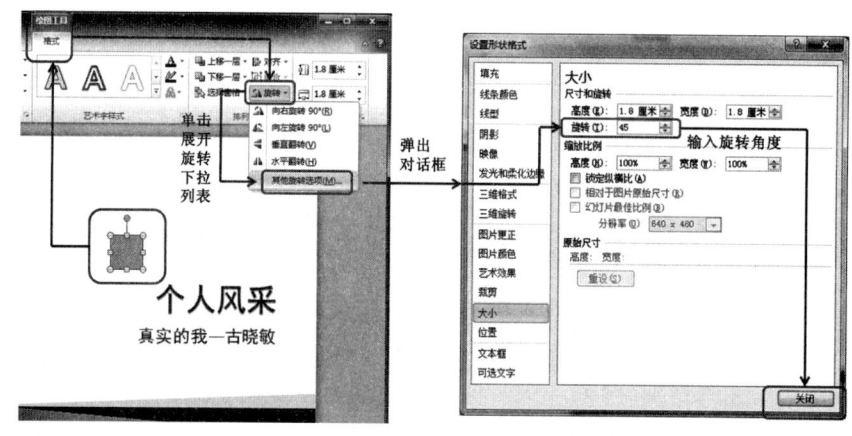

图 5-10　旋转图形

【提示】

按住 Shift 键，拖曳绿色旋转控制柄，可将图形按 15°的倍数旋转。

（3）复制图形。

选中对象→按住 Ctrl→拖曳对象到目的位置完成一次复制→按此方法复制

3个菱形→分别填充不同的颜色。

（4）排列分布图形。

按住 Shift 依次选中四个菱形→单击"绘图工具/格式"→对齐 →在下拉列表中单击"顶端对齐"→相同的方法再次单击"横向分布"。如图 5-11 所示。

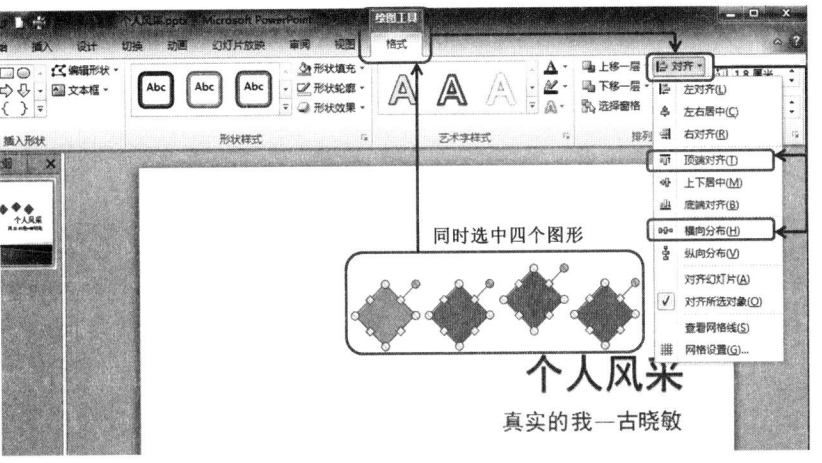

图 5-11　排列分布图形

 任务 2　"个人信息"幻灯片制作

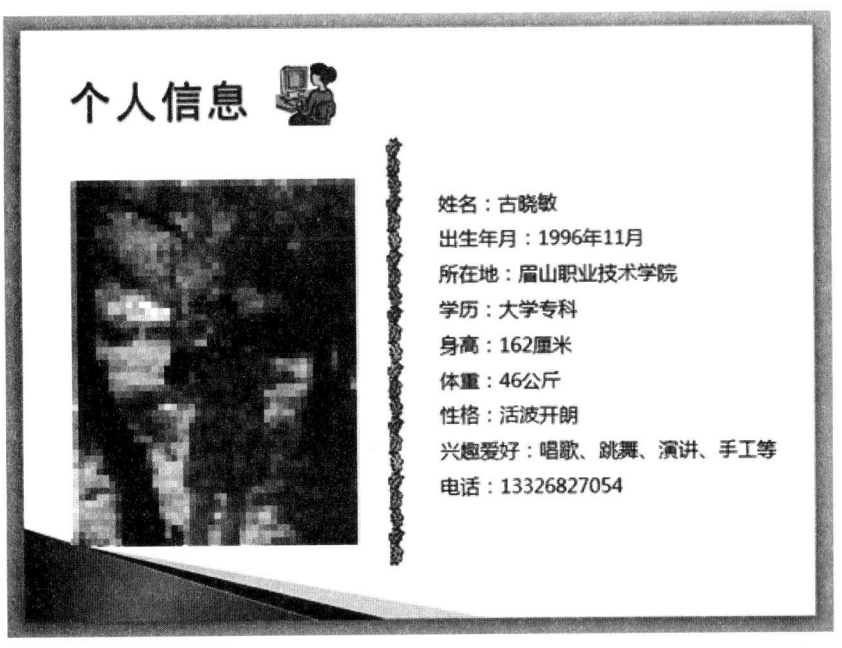

图 5-12　个人信息样板

步骤1：插入新幻灯片。

右击第1张幻灯片缩览图→选择"新建幻灯片",新建了第2张幻灯片。

步骤2：输入标题文字"个人信息"。

在"单击此处添加标题"处单击录入"个人信息"。

步骤3：插入剪贴画。

单击"插入"→"剪贴画"→在右侧出现的剪贴画窗格中单击搜索→待出现剪贴画后单击需要的剪贴画,插入到幻灯片中。如图5-13所示。

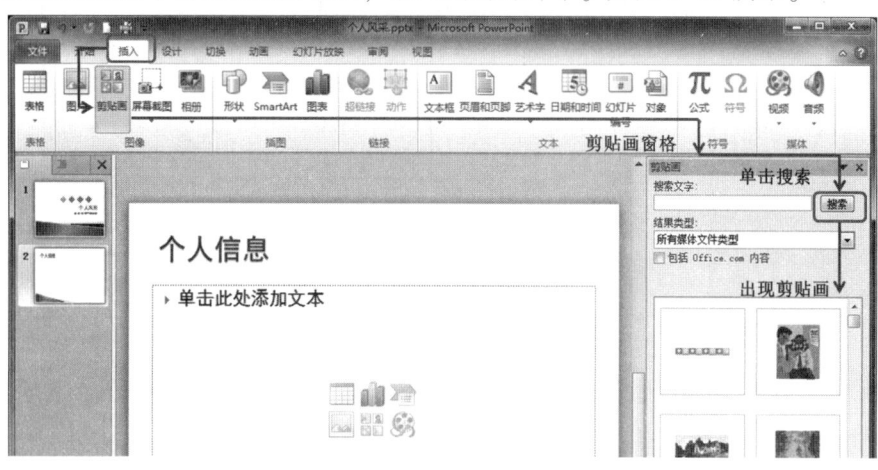

图5-13 插入剪贴画

步骤4：修改剪贴画大小。

拖曳四角控制柄调整合适的大小,放在"个人信息"文字后作为装饰。

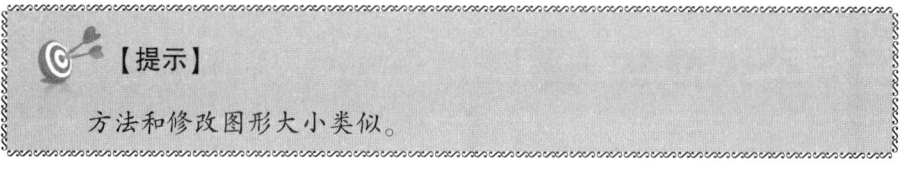

【提示】

方法和修改图形大小类似。

步骤5：在占位符中插入图片。

鼠标指向"单击此处添加文本"区域→单击"插入来自文件的图片"按钮打开"插入图片"对话框→找到要插入的照片并选中→单击"插入"按钮,即将照片插入到幻灯片中,如图5-14→调整图片的大小(与图形大小操作类似),将其放在幻灯片的左边。

图 5-14 插入图片

【提示】

也可通过单击"插入"选项卡单击"图片"按钮,弹出"插入图片"对话框进行操作。

步骤 6:插入装饰剪贴画并旋转。

参考步骤 3 插入剪贴画→在剪贴画窗格中输入搜索文字"装饰"→选择一幅装饰剪贴画插入幻灯片中→单击"图片工具/格式"→旋转→向右旋转90°,如图 5-15 所示→移动花边放在照片右侧合适的位置。

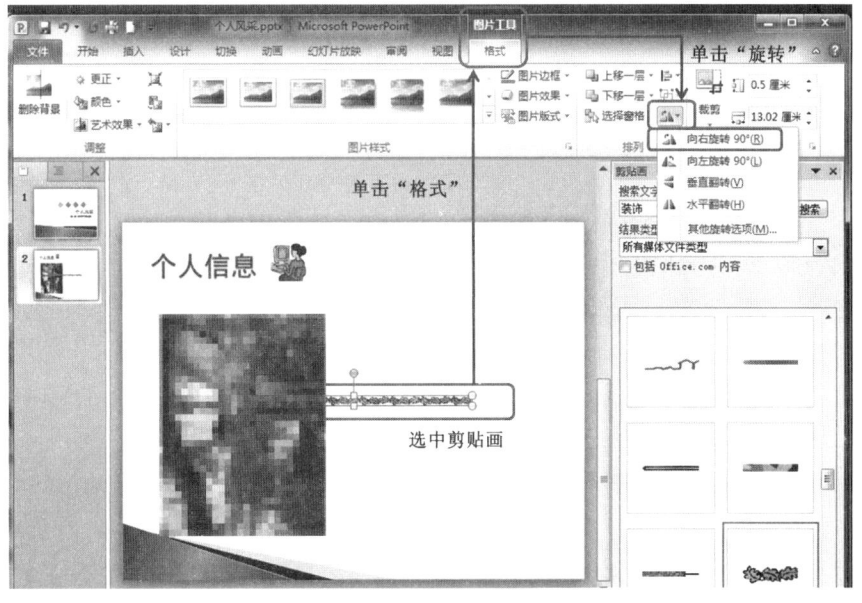

图 5-15 插入剪贴画

步骤7：用文本框输入文字并调整文字和段落的格式。

单击"插入"选项卡→单击"文本框"下拉按钮→单击"横排文本框"→单击幻灯片空白区域出现文本框和光标→录入文字（自己的个人说明信息）如图5-16所示。

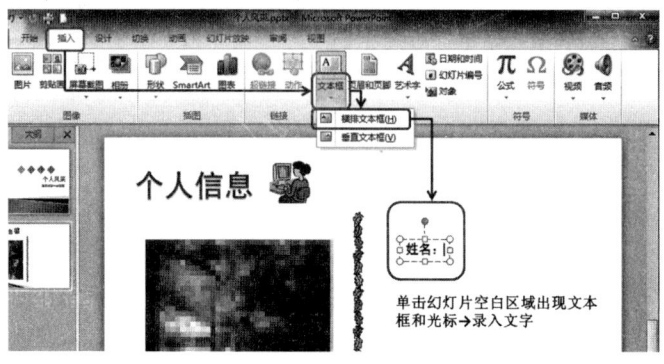

图5-16 用文本杠录入文字

【提示】

调整文字格式和段落格式：在开始"选项卡"功能区设置文字格式和段落格式，操作和Word类似。

 任务3 "学习篇"幻灯片制作

图5-17 学习篇样板

步骤1：插入新幻灯片并输入标题文字。

再次插入一张新的幻灯片作为第三张幻灯片，输入标题文字"学习篇"。

步骤 2：应用 SmartArt 图形。

> 【提示】
>
> SmartArt 图形是信息和观点的视觉表示形式。可以通过从多种不同布局中进行选择来创建 SmartArt 图形，从而快速、轻松、有效地传达信息。

（1）插入 SmartArt 图形。

鼠标指向"单击此处添加文本"区域→单击"插入 SmartArt 图形"按钮出现"选择 SmartArt 图形"对话框→在对话框左侧选择"列表"→右侧选择"垂直块列表"→确定。将 SmartArt 图形插入到幻灯片中。如图 5-18。

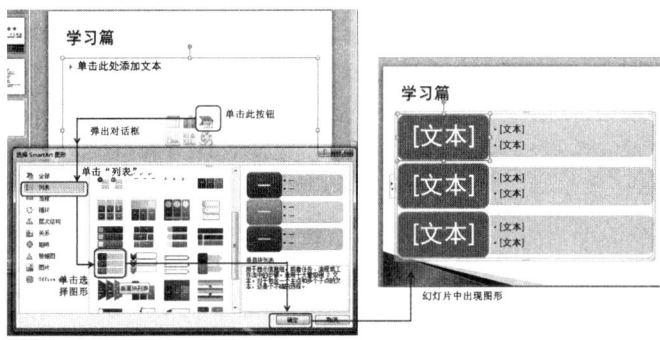

图 5-18　插入 SmartArt 图形

（2）如图按级别在相应文本位置单击出现光标并录入相关的文本。

（3）设置 SmartArt 图形格式。

①设置 SmartArt 颜色效果：选中图形外框→"SmartArt 工具/设计"→单击"更改颜色"→单击选择"渐变范围—强调文字颜色 1"。

②设置 SmartArt 样式：单击选择 SmartArt 样式"强烈效果"。如图 5-19。

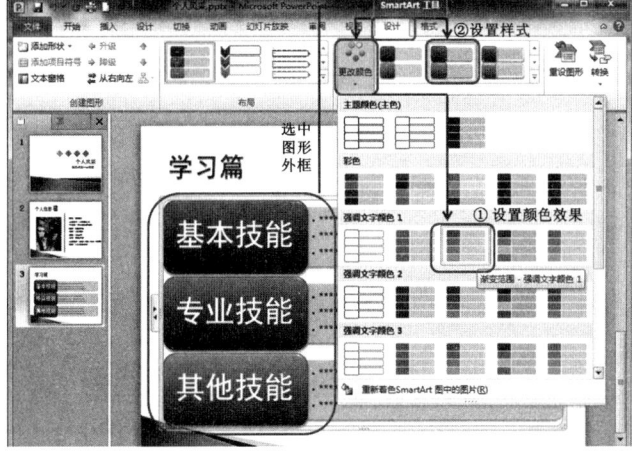

图 5-19　设置 SmartArt 图形格式

任务4 "社会生活篇"幻灯片制作

图 5-20 社会生活篇样板

步骤1：插入新幻灯片并输入文字。

插入一张新的幻灯片作为第四张幻灯片，输入标题文字"社会生活篇"。

步骤2：插入图片并进行编辑。

（1）参考"任务2/步骤5"插入一张图片。

（2）选中图片→"图片工具/格式"→使用"更正和颜色"功能适当调整图片的质量。

【提示】

PowerPoint 2010 中图片的调整项。

①更正：改善图片的亮度、对比度和清晰度。

• 亮度：指画面的明亮程度。

• 对比度：指一幅图像中明暗区域最亮的白和最暗的黑之间不同亮度层级的测量，即指一幅图像灰度反差的大小。

• 锐化：快速聚焦模糊边缘，改善图像边缘的清晰度，使画面整体更加清晰。

• 柔化：与锐化相反，柔化是使图片看起来更柔滑，图片会变模糊。

②更改图片颜色以提高质量或匹配文档内容。

• 饱和度：颜色的鲜艳程度（浓度），值越大图片越鲜艳。

(3) 调整图片的大小以适应版面。
(4) 应用图片样式"映像圆角矩形"。

选中图片→"图片工具/格式"→展开图片样式→单击"映像圆角矩形"。如图 5-21 所示。

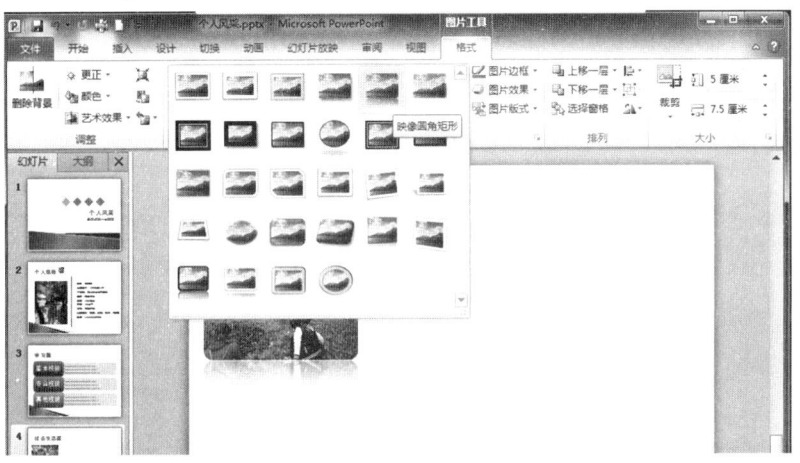

图 5-21　应用图片样式

步骤 3：插入剩下的图片并进行编辑。

单击"插入"→"图片"→在弹出的"插入图片"对话框中选中要插入的图片文件→单击"插入"，即插入选中的图片→调整图片的质量、大小并放在合适的位置（参考前面的操作进行格式编辑）。

【提示】

在"插入图片"对话框中选中多个文件（参考 Windows 部分选择多个文件的方法）。如图 5-22 所示。

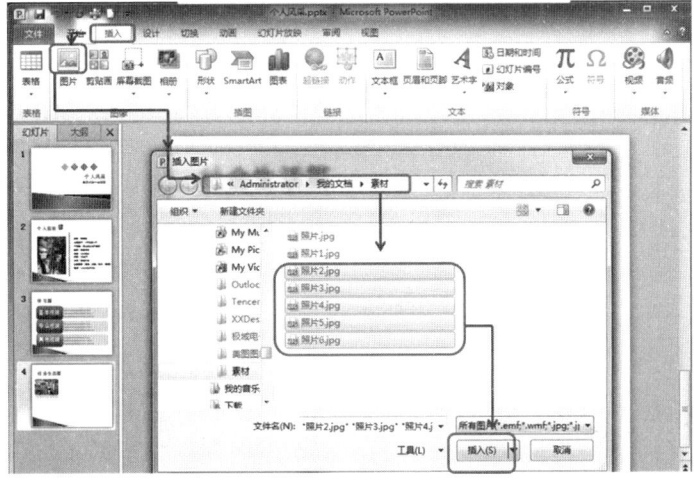

图 5-22　同时插入多张图片

步骤4：排列对齐图片。

（1）确定第一排第一张和第三张的位置→按住 Shift 不放，依次单击选中这三张图片→单击"图片工具/格式"→对齐→顶端对齐→对齐→横向分布。具体参考"任务1/步骤四/（4）"的操作。

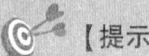【提示】

可用鼠标快速框选多个对象。

（2）第二排的三张图片分别用鼠标拖曳利用智能对齐功能对齐对应上方的图片，如图 5-23 所示。

【提示】

使用智能对齐的前提是"对齐"菜单下勾选了"对齐所选对象"项。

图 5-23 智能对齐

任务 5 "荣誉篇"幻灯片制作

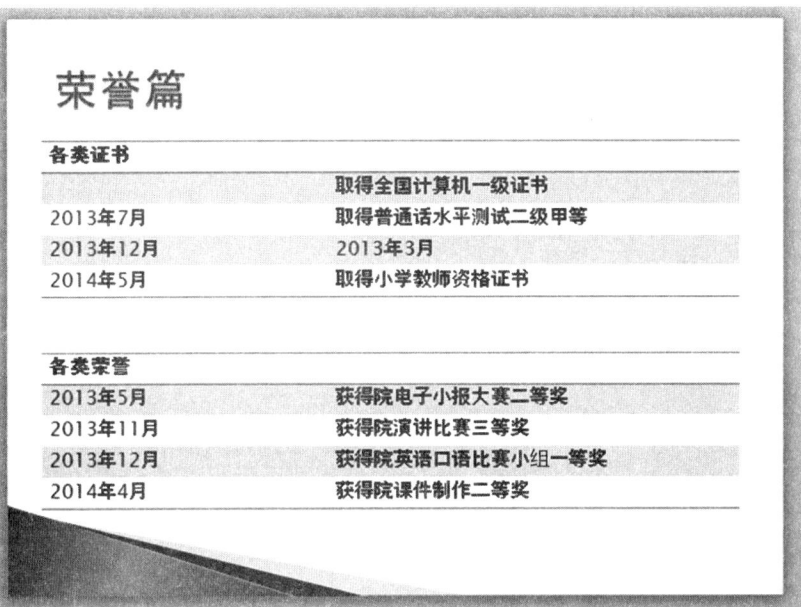

图 5-24 荣誉篇样板

步骤 1：插入新幻灯片并输入文字。

插入一张新的幻灯片作为第五张幻灯片，输入标题文字"荣誉篇"。

步骤 2：创建表格。

指向"单击此处添加文本"区域→单击"插入表格"按钮出现"插入表格"对话框→输入 2 列 5 行，如图 5-25 所示。→用鼠标拖曳四角调整表格的整体大小→移动表格到合适的位置。

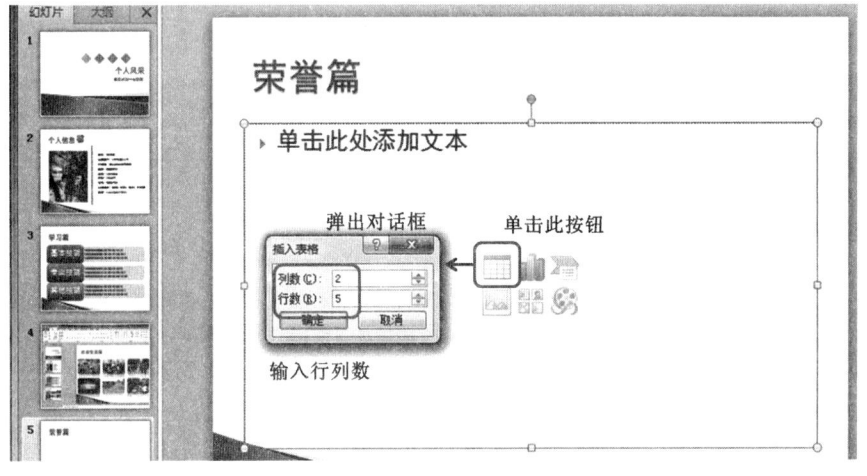

图 5-25 创建表格

步骤3：录入文字。

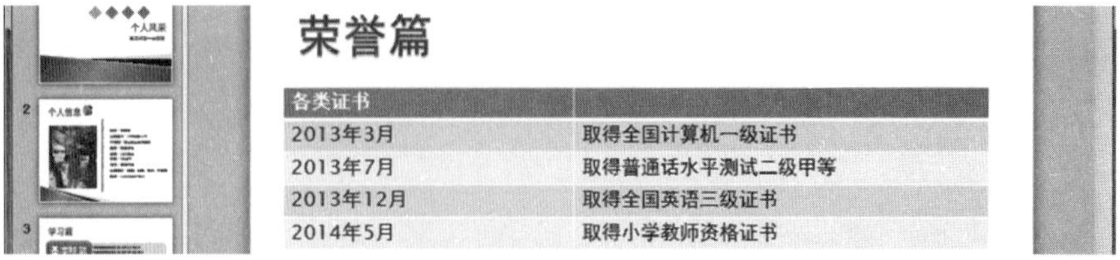

图 5-26　录入文字

步骤4：适当调整行高和列宽。

和 Word 操作类似，参考 Word 表格行列的调整方法。

步骤5：合并单元格。

选中表格的第一行 →单击"表格工具/布局"→合并单元格。如图 5-27 所示。

图 5-27　合并单元格

【提示1】选中行的方法。

方法一：鼠标拖曳选中。

方法二：将鼠标移动到表格行首边框外→当鼠标变成向右的黑色实心箭头→单击选中表格的一行。

【提示2】合并单元格的方法：

合并单元格也可以选中操作对象后右击，在右键菜单中选择"合并单元格"。

步骤6：表格中的文字对齐。

选中表格→单击"表格工具/布局"单击"①文本左对齐"→再单击②"垂直居中"。如图 5-28 所示。

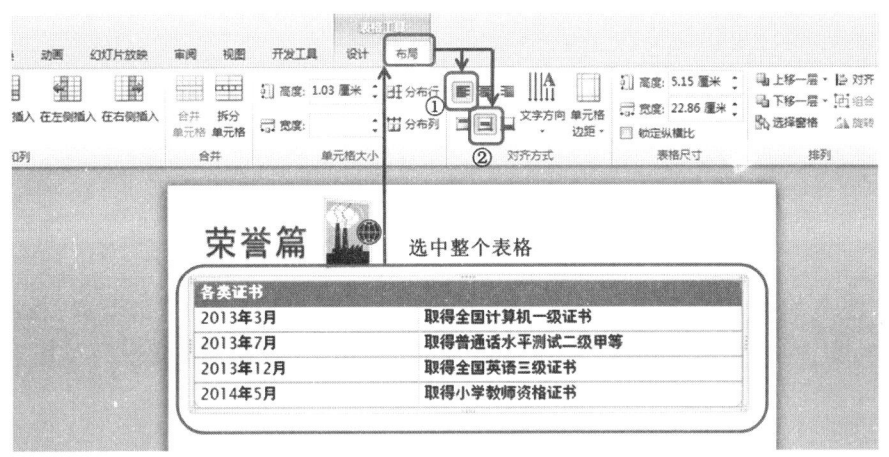

图 5-28　文字布局

【提示】

文本左对齐：将文字左对齐。

垂直居中：使文字在单元格中距离上下边线的垂直距离相等。

步骤 7：应用表格样式。

选中整个表格→单击"表格工具/设计"→展开全部表格样式→选择"浅色样式 1—强调 4"。如图 5-29 所示。

图 5-29　表格样式

步骤 8：创建和编辑第二个表格"各类荣誉"。

【提示】

在 PowerPoint 中对表格的其他操作基本与 Word 软件类似，不再赘述。

任务6 封底幻灯片制作

图 5-30 封底样板

步骤1：复制幻灯片。

右击第 1 张幻灯片→复制幻灯片→拖曳复制的幻灯片移动到幻灯片最末尾→松开鼠标。如图 5-31 所示。

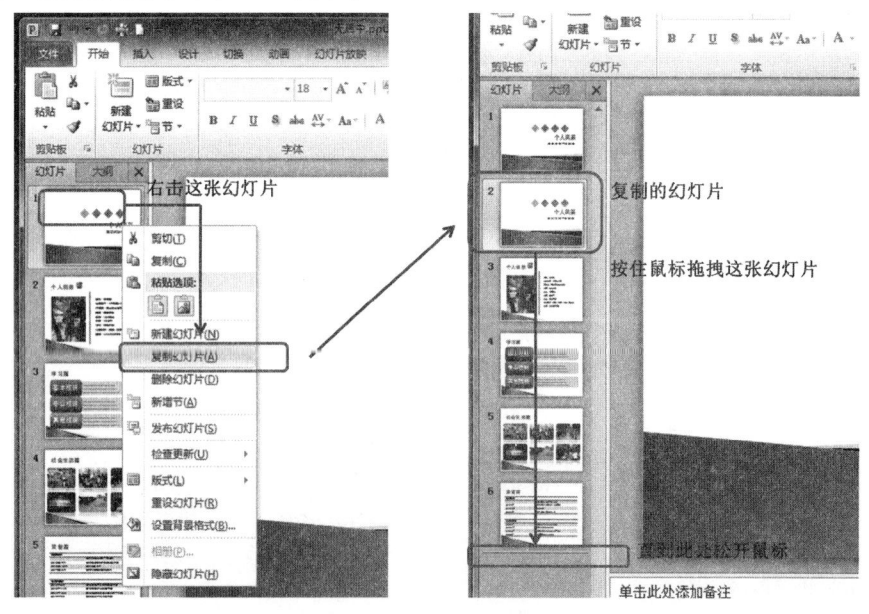

图 5-31 复制幻灯片

【提示】方法 2：

新建一张幻灯片→单击"开始"选项卡→单击"版式"→选择"标题幻灯片"即可。

步骤 2：修改文字和删除文本框。

（1）修改"个人风采"文字为"谢谢观看"。

（2）选中"真实的我——古晓敏"文本框→按键盘上的 Delete 键进行删除→相同方法继续删除"单击此处添加副标题"文本框。

【提示】

若用方法 2 创建的幻灯片，只需要在标题处输入"谢谢观看"，再删除掉"单击此处添加副标题"文本框。

 任务 7　动态切换幻灯片

步骤 1：设置幻灯片切换方式。

（1）切换到幻灯片浏览视图。

单击"视图"选项卡→单击"幻灯片浏览"按钮切换到"幻灯片浏览视图"，如图 5-32 所示。

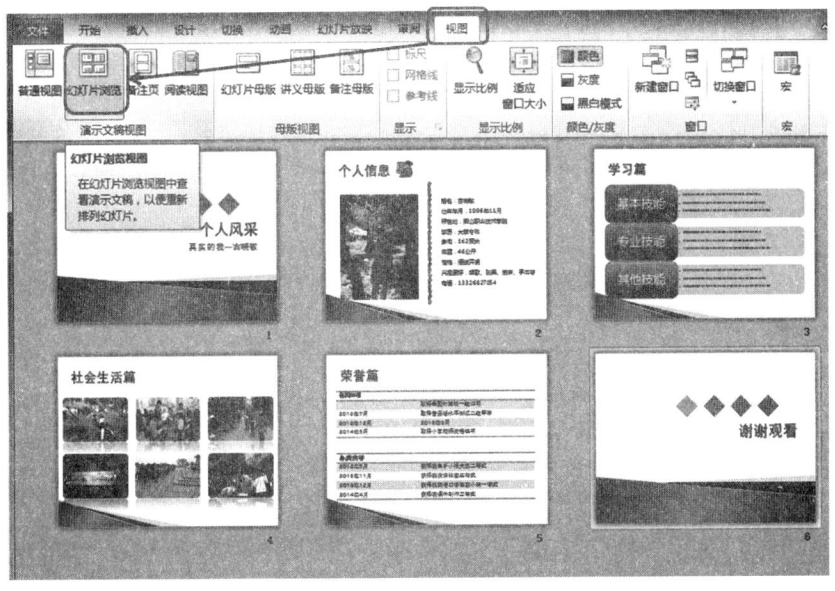

图 5-32　切换视图

(2) 将所有幻灯片设置为"淡出"切换效果。

全选幻灯片（Ctrl+A）→单击"切换"功能区→单击选择"淡出"→单击"全部应用"按钮，如图5-33所示。

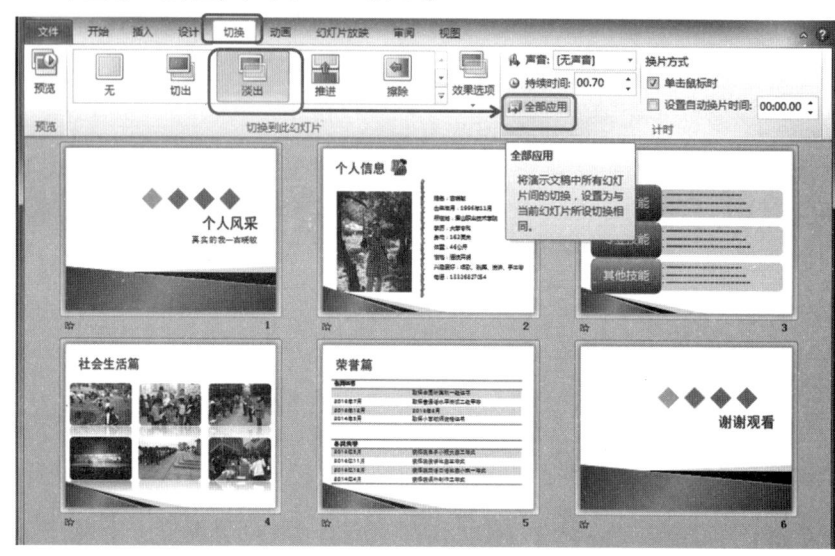

图5-33 切换效果

【提示】切换效果的其他设置。

还可以根据需要设置切换动画的效果、声音、切换动画持续时间、每张幻灯片换片的时间等。

步骤2：播放幻灯片观看效果。

单击"幻灯片放映"选项卡→单击"从头开始"按钮→播放幻灯片观看效果确认无再修改的地方。

【提示】播放选择。

从头开始：从第一张幻灯片开始整体播放演示文稿。

从当前幻灯片开始：从当前选中的幻灯片开始播放演示文稿。

任务8　幻灯片自动播放

步骤1：保存排练计时。

（1）单击"幻灯片放映"功能选项卡→单击"排练计时"按钮，如图5-34所示→进入排列计时的幻灯片播放。

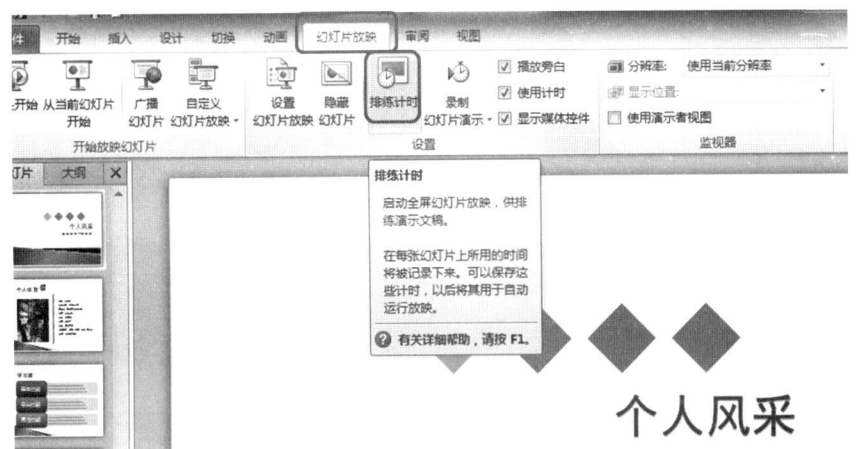

图 5-34 排练计时

（2）此时左上角会出现一个计时框，记录每张幻灯片的播放时间，如图 5-35 所示。

图 5-35 计时框

→完整预演一次演示文稿的播放→播放完成后会弹出时间提示对话框，如图 5-36 所示→单击"是"，此时保存下了每张幻灯片预演播放的时间。

图 5-36 地间提示对话框

步骤 2：让幻灯片自动播放。

（1）设置以排列计时自动放映。

单击"幻灯片放映"选项卡→单击"设置幻灯片放映"按钮→在弹出的对话框中设置"放映类型"：⊙演讲者放映（全屏幕）→"放映选项"：循环放映，按 Esc 键终止→"换片方式"：⊙如果存在排练时间，则使用它→其他保留默认选项→确定。如图 5-37。

（2）将演示文稿保存为放映类型。

文件→另存为→"保存位置"：桌面→"文件名"："个人风采.PPSX"→"保存类型"：Powe Point 放映（*.PPSX）→保存。如图 5-38 所示。

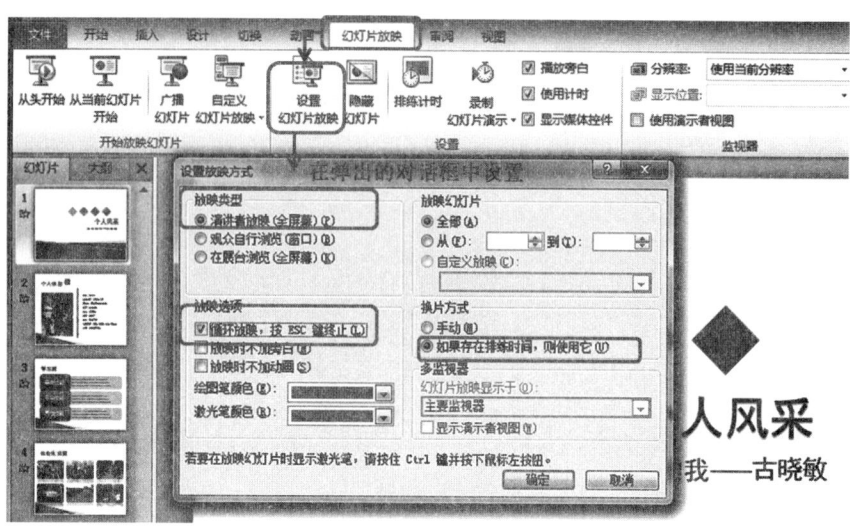

图 5-37 设置放映模式

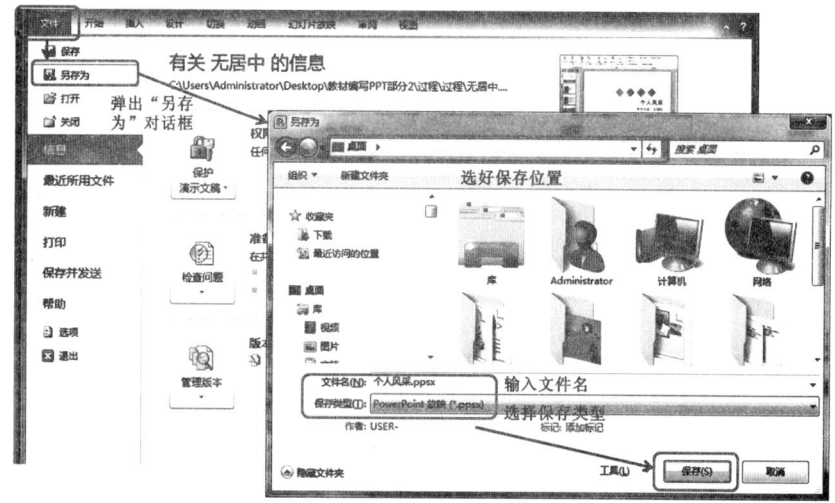

图 5-38 保存 PPSX 类型

（3）打开"个人风采.PPSX"观看自动播放效果。

【提示】幻灯片的放映方式

在实际放映幻灯片时，用户可以根据自己的需求设置幻灯片的放映方式。PowerPoint 2010 提供了三种幻灯片放映方式，分别是"演讲者放映"、"观众自行浏览"和"在展台浏览"。

演讲者放映（全屏幕）：主要用于演讲者亲自播放 PPT，这种方式，演讲者具有完全的控制权，可以使用鼠标逐个放映，也可以自动放映，同时还可以进行暂停、回放、录制旁白以及添加标记等操作。

观众自行浏览（窗口）：适合小规模演示，在放映时，演示文稿在标准窗口中进行放映，且可以提供相应的操作命令，允许用户移动、编辑、复制和打印幻灯片。

在展台浏览（全屏幕）：一种自动运行的全屏幕循环放映的方式，在幻灯片放映结束的5分钟之内，如果没有接到指令则重新放映。这种方式，演示文稿通常会自动放映，且大多数控制命令都不可以使用，只能使用Esc键终止幻灯片的放映。

任务9　拓展练习（设置多种幻灯片背景格式）

幻灯片的背景可设置多种格式，演讲者根据需要可以使用颜色、渐变、图片、纹理、图案来填充背景。具体做法是：

在幻灯片的空白处右击鼠标→在弹出的菜单中单击"设置背景格式"→弹出"设置背景格式"对话框如图5-39所示→选择填充方式颜色、渐变、图片、纹理或图案进行填充设置。

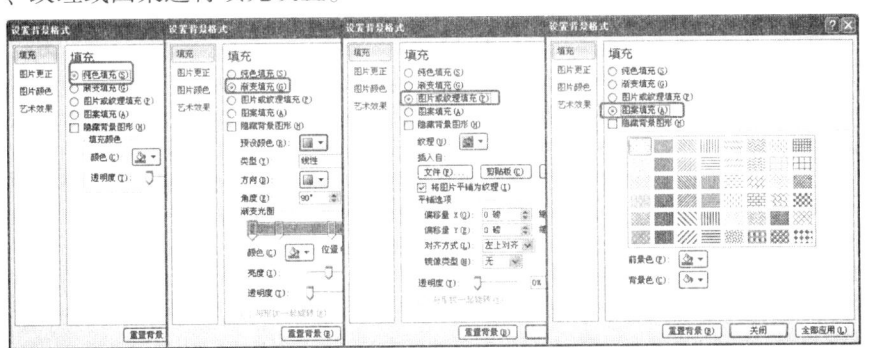

图5-39　设置背景格式

【提示1】

单元"设置背景格式"对话框中的"关闭"按钮表示对选中幻灯片应用设置；单击"全部应用"将把设置应用到所有的幻灯片中；"重置背景"则取消掉背景格式设置。

【提示2】

勾选"隐藏背景图形"选项可隐藏母版图形，不被显示出来。

项目 2 "团队宣传"演示文稿

项目描述：制作多媒体演示文稿"团队宣传"，宣传团队。

项目预览：如图 5-40 所示。

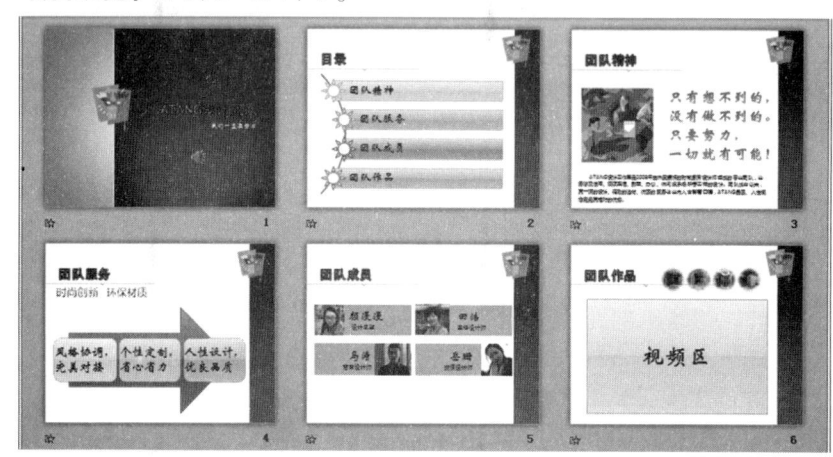

图 5-40 "团队宣传"样板

项目准备：团队 LOGO，团队合照和团队成员照片，背景音乐，团队作品视频及相关资料。

任务清单：

任务	名称	操作技能
任务1	创建文档并保存，制作封面 PPT	1. 插入音频；2. 根据需求编辑音频对象的播放设置
任务2	目录页幻灯片制作	1. 添加 SmartArt 图形；2. 修改内部图形
任务3	利用母版统一风格	在母版视图下为指定幻灯片统一添加对象
任务4	"团队精神"幻灯片制作	艺术字和文本框的应用
任务5	"团队服务"幻灯片制作	艺术字和 SmartArt 图形的应用
任务6	"团队成员"幻灯片制作	1. 复制 SmartArt 图形；2. 图片应用
任务7	"团队作品"幻灯片制作	1. 插入视频；2. 根据需求编辑视频对象的播放设置
任务8	设置幻灯片切换效果	1. 整体设置；2. 个别设置
任务9	设置对象的动画效果	1. 灵活的为对象添加各类动画效果 2. 灵活设置动画时间效果及播放效果
任务10	拓展练习	SmartArt 图形和自定义动画的灵活运用
任务11	演示文稿打包	将演示文稿打包成 CD

任务1 创建文档并保存，制作封面

图 5-41 封面样板

步骤 1：创建并保存文档。

启动 PowerPoint 2010 →文件 → 保存 →"保存位置"：桌面 → "文件名"：团队宣传 → "文件类型"：PowerPoint 演示文稿→保存。

步骤 2：选择主题。

单击"设计"功能选项卡 → 显示所有主题 → 单击选用"华丽"主题。

步骤 3：在占位符中输入文字。

在"单击此处添加标题"处单击鼠标，录入"ATANG 设计团队"文字 → 在"单击此处添加副标题"处单击鼠标，录入"我们一直在努力"。

步骤 4：插入团队 LOGO。

插入一张来自文件的图片→ 调整大小并放在合适的位置。

【提示】

以上 4 步具体操作参考项目 1 的相似操作。

步骤 5：插入背景音乐。

单击"插入"选项卡→单击"音频"下拉按钮→选择"文件中的音频"→打开"插入音频"对话框→选中"media1.mp3"→插入→幻灯片中将出现喇叭图标。如图 5-42 所示。

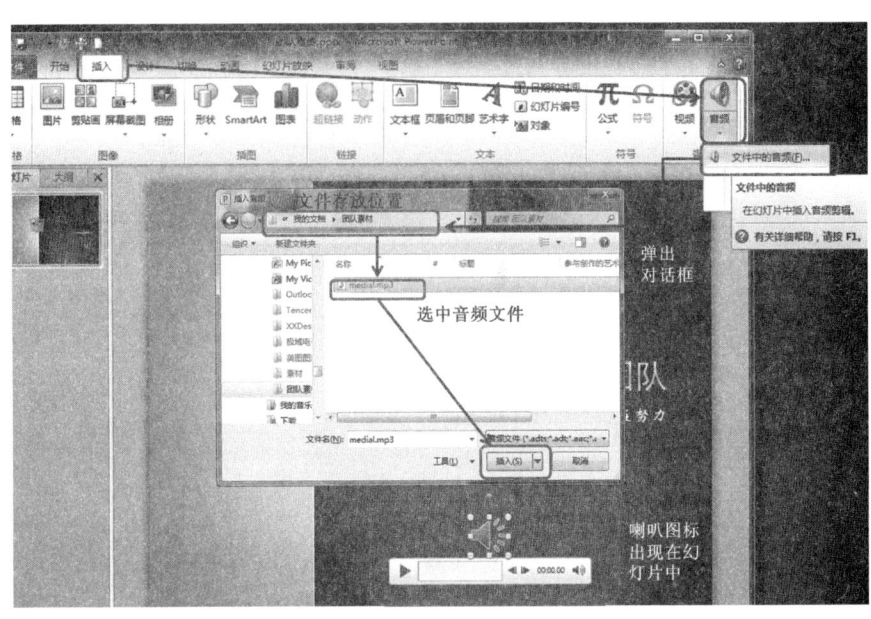

图 5-42 插入音频

> 【提示】
>
> 插入音频的下拉菜单包括：文件中的音频、剪贴画音频、录制音频三种选择。如果不点开下拉菜单，直接点击喇叭标志，则直接弹出"插入音频"对话框。

步骤 6：设置音频贯穿幻灯片播放。

选中喇叭图标→单击"音频工具/播放"→详细设置"开始"：跨幻灯片播放→勾选"循环播放直到停止"→勾选"放映时隐藏"则在播放幻灯片时将看不到声音图标。如图 5-43 所示。

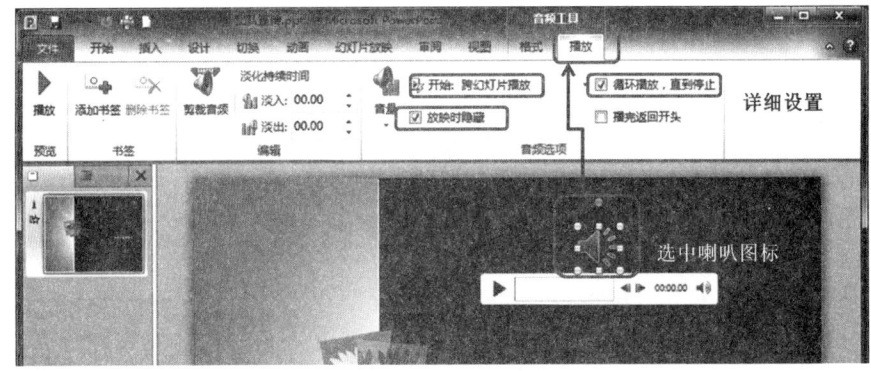

图 5-43 设置音频播放

【提示】

插入声音的效果，根据不同的需要至少可实现五种效果。
① 自动播放。（播放声音：自动）
② 单击"喇叭图标"播放。（播放声音：在单击时）
③ 声音跨幻灯片播放。（播放声音：跨幻灯片播放）
④ 循环播放直到翻页停止。（播放声音：自动→勾选"循环播放直到停止"）
⑤ 循环播放直到幻灯片放映结束停止。（播放声音：跨幻灯片播放→勾选"循环播放直到停止"）

任务2　目录页幻灯片制作

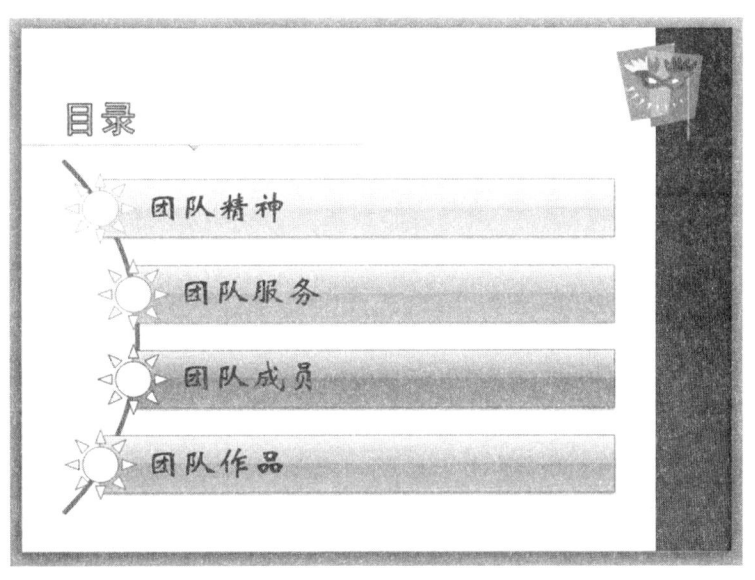

图 5-44　目录页样板

步骤1：插入新幻灯片。

插入新幻灯片作为第 2 张幻灯片，输入标题文字"目录"。

步骤2：插入 Smart 图形创建目录。

鼠标指向"单击此处添加文本"区域→单击"插入 SmartArt 图形"按钮出现"选择 SmartArt 图形"对话框→在对话框左侧选择"列表"→垂直曲形列表→确定。

步骤3：添加 Smart 形状。

单击图框左侧的小三角形展开文本窗格，在其中文本位置对应输入"团队精神"、"团队服务"、"团队成员"三列文本→回车继续输入"团队作品"，此时 SmartArt 图形会自动添加一个新的对应的图形。如图 5-45 所示。

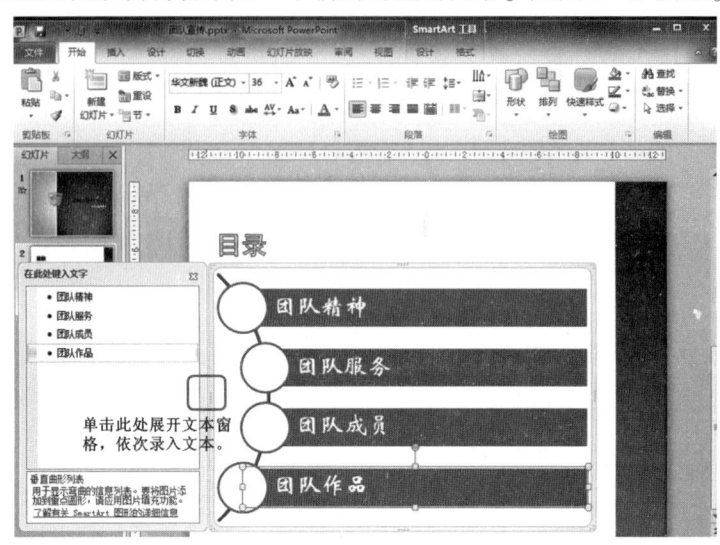

图 5-45　录入文本

【提示】

也可以通过 Smart 工具进行添加形状：选中最后一个 SmartArt 图形→"SmartArt 工具/设计"→添加形状→在后面添加形状→右击图形→编辑文字→输入文字。

步骤 4：修改 SmartArt 内部图形。

按住 Shift 键不放→依次单击选中 SmartArt 图形中的所有圆形→单击"SmartArt 工具/格式"→单击"更改形状"按钮→单击选择"太阳形"。如图 5-46 所示。

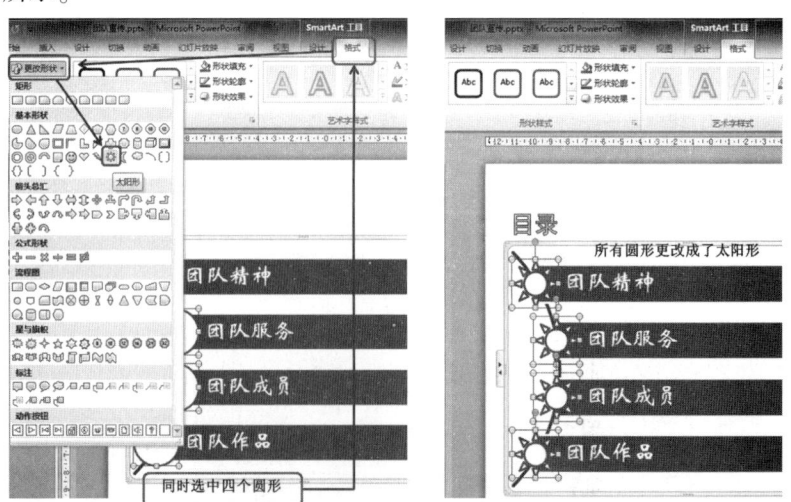

图 5-46　修改内部图形

步骤 5：修改 SmartArt 样式。

选中图形→"SmartArt 工具/设计"→更改颜色→彩色→样式：细微效果。

任务 3 利用母版统一风格

步骤 1：切换到母版视图。

单击"视图"选项卡→单击"幻灯片母版"按钮切换到幻灯片母版视图。如图 5-47 所示。

图 5-47 幻灯片母版视图

步骤 2：编辑母版内容。

（1）选中显示为"标题和内容版式：由幻灯片 2 使用"的幻灯片→插入 LOGO 图片调整大小并放在合适的位置。如图 5-48 所示。

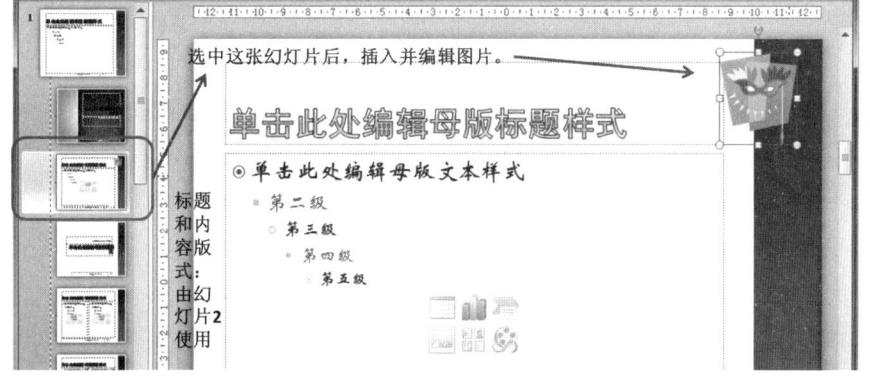

图 5-48 插入 Logo

（2）插入→剪贴画→搜索文字：装饰→单击选择一装饰线条→调整线条的大小和位置，如图5-49所示。

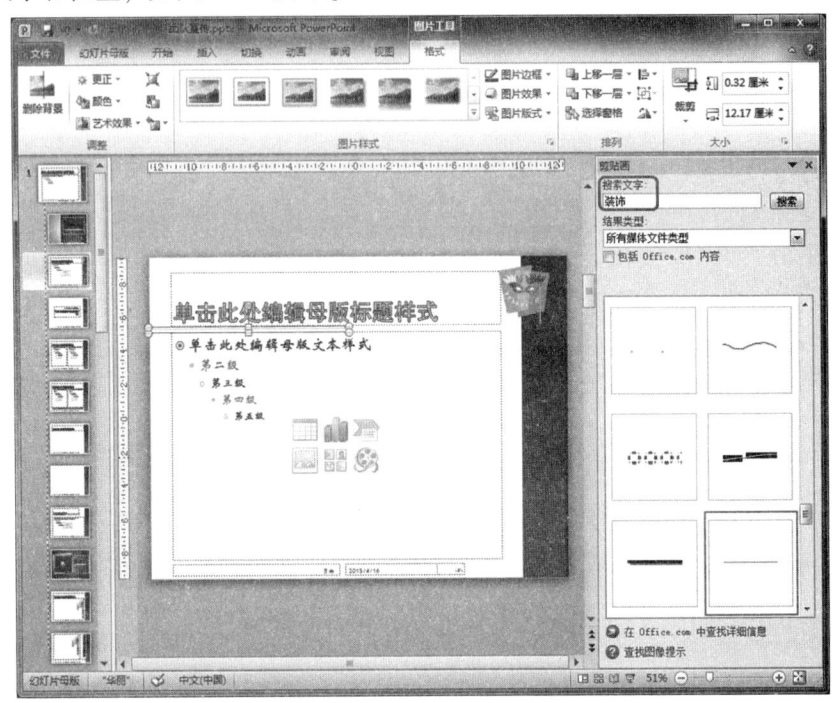

图5-49　插入装饰剪贴画

步骤3：退出母版视图。

单击"幻灯片母版"功能选项卡→单击'关闭母版视图'。如图5-50所示。

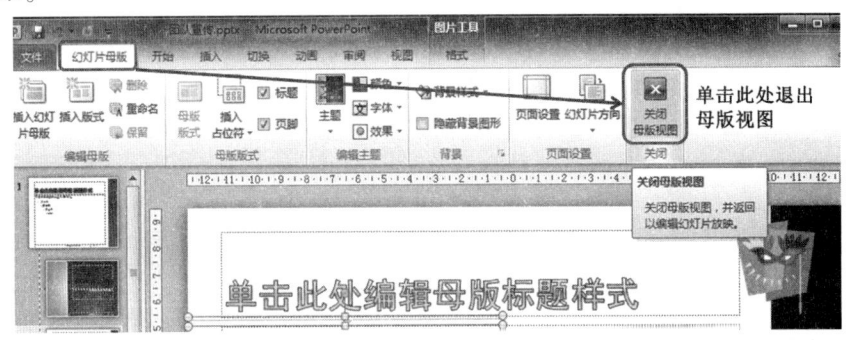

图5-50　退出母版视图

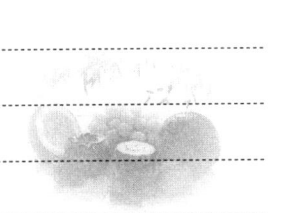

【提示】

以后新插入的此版式的幻灯片中都将出现相同的LOGO图标和装饰线条。

任务4 "团队精神"幻灯片制作

图 5-51 团队精神样板

步骤1：插入新幻灯片。

插入新幻灯片作为第3张幻灯片，输入标题文字"团队精神"。可以看到新插入的幻灯片有和母板幻灯片相同的 LOGO 和装饰线条，如图 5-52 所示。

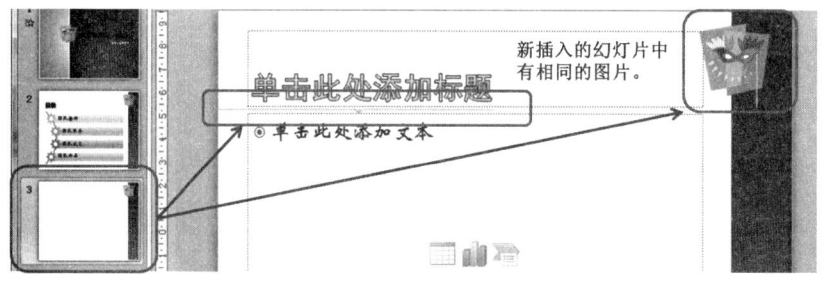

图 5-52 新幻灯片

步骤2：插入团队照片。

单击"插入图片"按钮，插入一张团队的照片，如图 5-51 调整好大小和位置。

步骤3：用文本框创建和编辑文本。

（1）插入→文本框→横排文本框→单击幻灯片空白处→输入"只有想不到的，没有做不到的，只要努力，一切就有可能！"，可用 Enter 键进行换行。

（2）选中文本框→单击"开始"→设置字体：华文新魏，字号48。

（3）单击"绘图工具/格式"→选择艺术字样式：渐变填充——橙色，

应用艺术字样式。如图 5-53 所示。

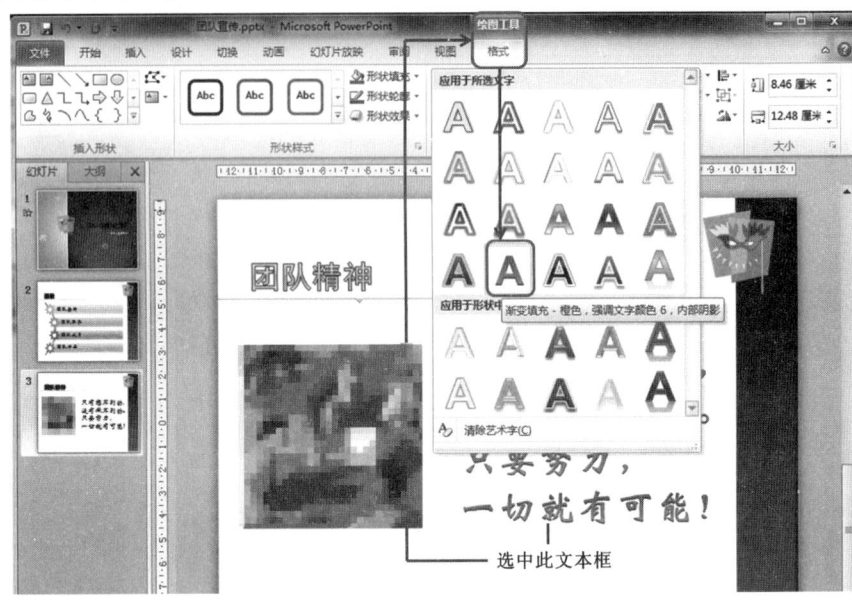

图 5-53　应用艺术字样式

步骤 4：在下方空白处再插入一个文本框，输入一段团队说明文字，并设置字体格式（微软雅黑，16 号）和段落格式（左对齐、首行缩进 1 厘米、1.2 倍行距），如图 5-54 所示。

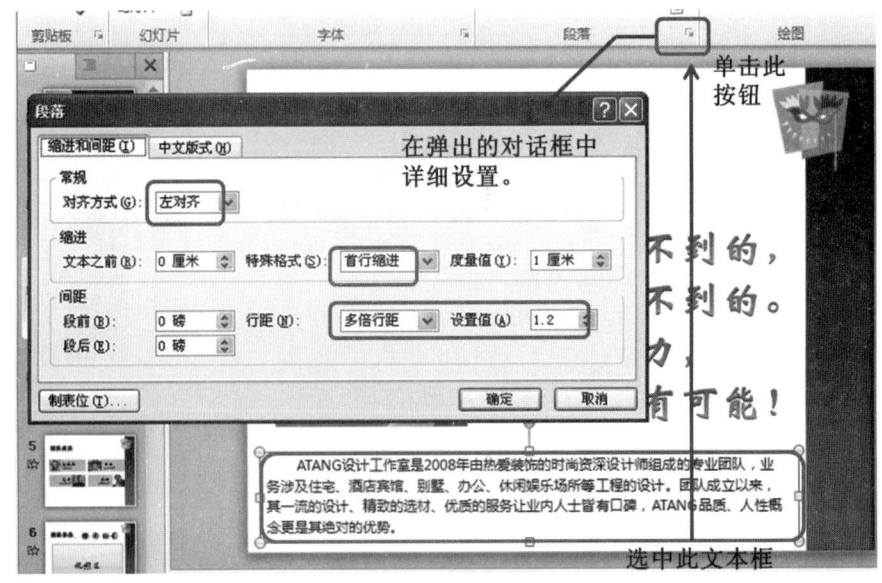

图 5-54　设置文本格式

任务5 "团队服务"幻灯片制作

图 5-55 团队服务样板

步骤 1：插入新幻灯片。

插入新幻灯片作为第 4 张幻灯片，输入标题文字"团队服务"。

步骤 2：插入标语。

插入文本框，输入"时尚创新，环保材质"，并应用快速艺术字样式"渐变填充黑色，轮廓白色，外部阴影"。〔具体操作参考"任务 4/步骤 3/（2）"〕

步骤 3：应用 SmartArt 图形。

插入并选择流程中名为"连续块状流程"的 SmartArt 图形并进行编辑，应用彩色、细微样式。（前面已多次用到 SmartArt 图形，不再赘述）

 ## 任务6 "团队成员"幻灯片制作

图 5-56 团队成员样板

步骤1：插入新幻灯片。

插入新幻灯片作为第5张幻灯片，输入标题文字"团队成员"。

步骤2：插入图片SmartArt图形。

插入SmartArt图形在弹出的对话框中选择"图片"→选择名为"交替图片块"的图形，如图5-57所示。

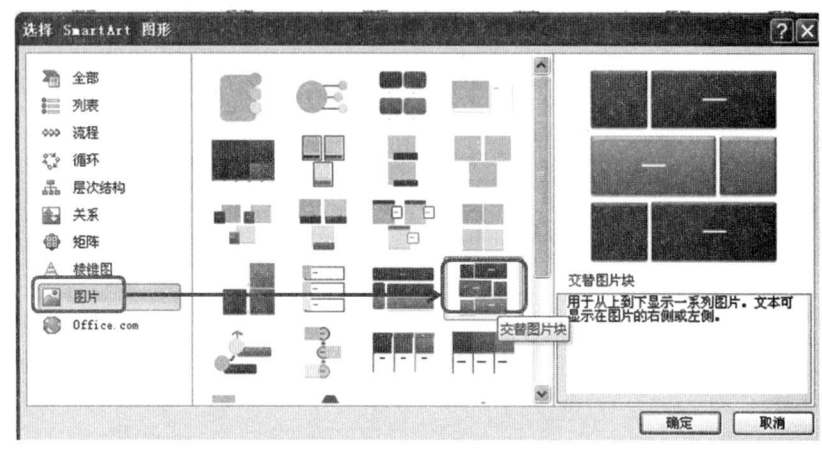

图5-57　插入SmartArt图形

步骤3：删除SmartArt图形。

选中的SmartArt图形的最后一个文本框→按下键盘上的Delete键进行删除→这时SmartArt图形变成了如图5-58所示图形。

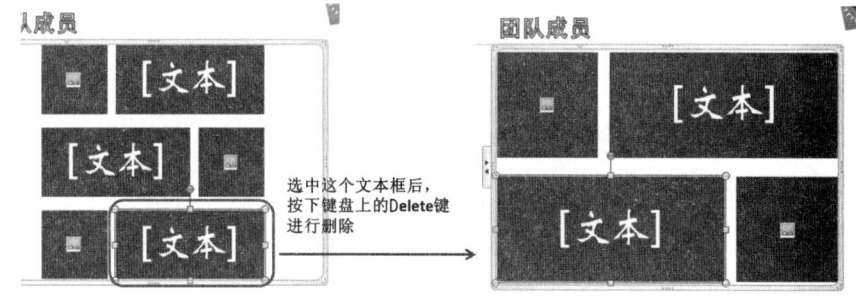

图5-58　删除SmartArt图形

步骤4：修改SmartArt图形的大小并复制Smart图形。

（1）选中SmartArt图形外框→拖曳图形框四角缩放图形，也可以精确调整大小（具体方法和普通图形的调整一样，参考"项目1/任务1"），将图形放置在左侧合适的位置。

（2）右击SmartArt图形外框→选择"复制"命令→在幻灯片右侧空白处右击→选择"粘贴/使用目标主题"命令得到一个相同的SmartArt图形。

【提示】

复制的方法很多，再介绍两种常用的方法。

①按住 Ctrl 键不放→鼠标拖曳 SmartArt 图形外框到目标位置→先松开鼠标→再松开 Ctrl 键。

②使用"开始"选项卡下的复制粘贴按钮。

（3）适当调整两个图形位置，以适应版面。

【提示】

若还须调整 SmartArt 图形的大小，则应先将两个 SmartArt 图形一起选中整体调整，保证两个图形大小一致，再排列对齐，使画面美观。如图 5-59 所示。

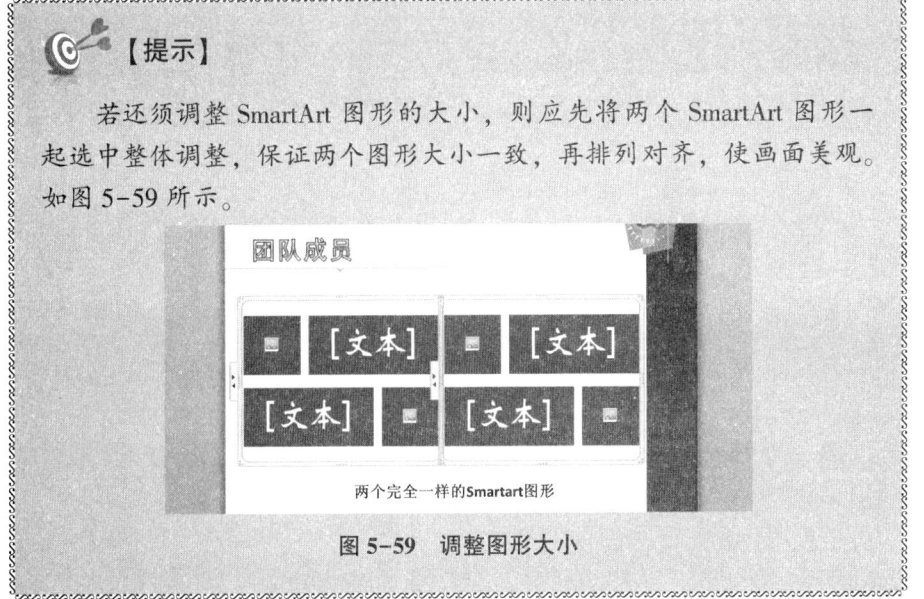

图 5-59　调整图形大小

步骤 5：设置 SmartArt 图形的颜色和样式。

（1）同时选中左边的两个文本框→单击"SmartArt 工具/格式"→单击展开"形状填充"下拉列表→选择"其他填充颜色"→在弹出的"颜色"对话框中单击"标准"→单击选择需要的颜色（红 153，绿 204，蓝 255）。如图 5-60 所示。

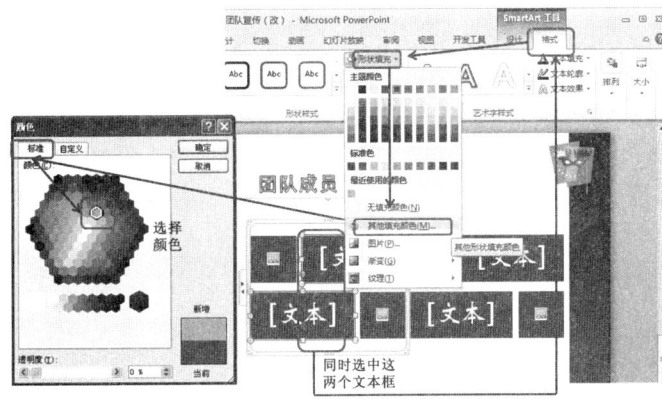

图 5-60　设置 SmartArt 图形样式

（2）相同的方法将右侧 SmartArt 图形的两个文本框设置为中灰色（红 178，绿 178，蓝 178）。

步骤 6：在 SmartArt 图形中插入图片。

单击图片 SmartArt 图形图片位置中心的"插入图片"按钮→弹出"插入图片"对话框→选择需要的图片并插入。如图 5-61 所示。

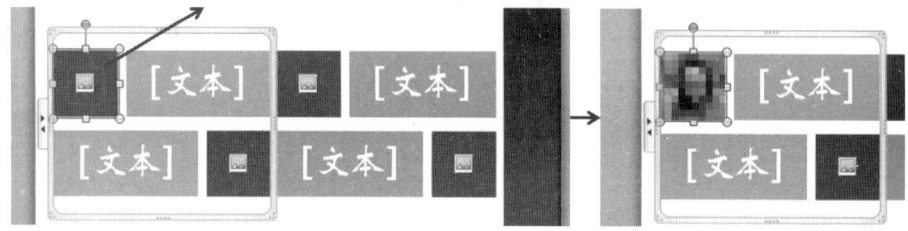

图 5-61　插入图片

步骤 7：输入文字设置文字格式。

在文本位置输入相对应的文字→分别选中文字调整文字的字体和字号，如图 5-62 所示。

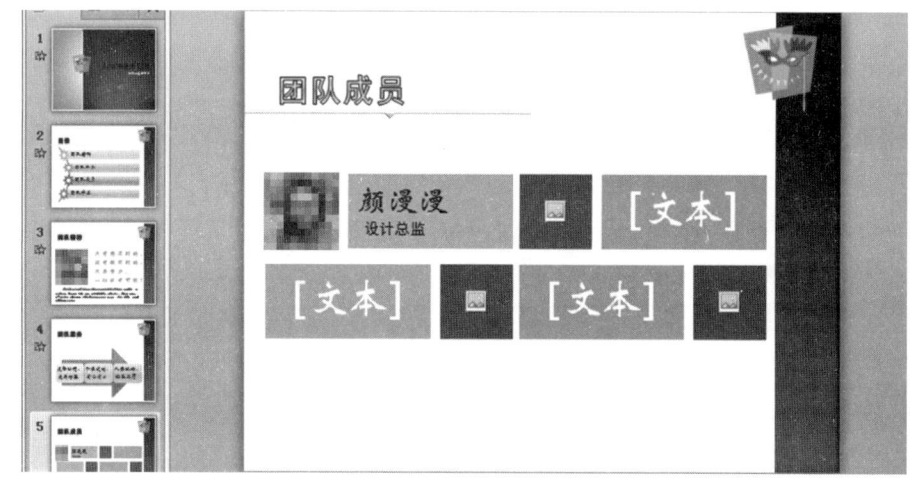

图 5-62　设置文字格式

步骤 8：创建其他的文字和图片。

相同的方法插入其他的成员照片，并编辑相对应的文字。

【提示】

可用格式刷复制文字的格式。

任务7 "团队作品"幻灯片制作

图 5-63 团队作品样板

步骤1：插入新幻灯片。

插入新幻灯片作为第6张幻灯片，输入标题文字"团队作品"。

步骤2：创建和编辑四个特殊样式的圆。

（1）绘制一个圆形，并复制对齐排列（参考项目1，任务1中四个菱形的对齐方式）。

（2）用图片填充圆形，并应用柔化样式。

①选中圆形→单击"绘图工具/格式"→展开"形状填充"→单击"图片"→在弹出的"插入图片"对话框中选中图片→"插入"。

②选择形状效果：单击"绘图工具/格式"→形状效果→柔化边缘→10磅。效果如图 5-64 所示。

图 5-64 图形效果

步骤 3：插入视频文件。

（1）鼠标指向"单击此处添加文本"区域→单击"插入媒体剪辑"按钮打开"插入视频文件"对话框→找到要插入的视频文件并选中→单击"插入"按钮，即将视频插入到幻灯片中。如图 5-65 所示。

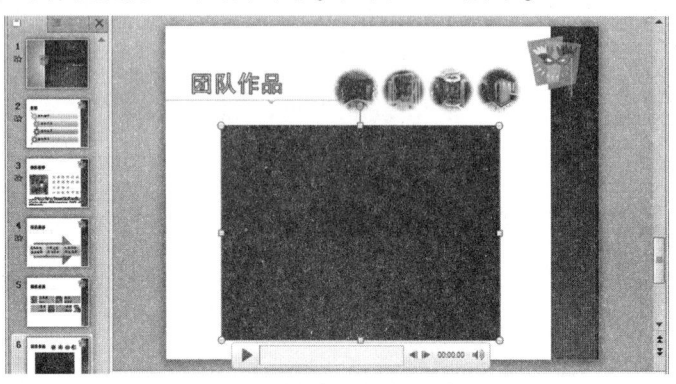

图 5-65　插入视频文件

（2）拖曳视频框四周白色控制柄调整视频的大小以适应版面。

【提示】

演示文稿支持的视频文件格式有限，包括 AVI、WMV、MPEG 等格式，对 Real、Flv、Apple Quick Time 等常用文件格式不支持。可以借助格式工厂、会声会影、Premiere 等软件进行格式转换。推荐使用 WMV 格式，这种视频文件较小，且与 PowerPoint 兼容度高，不易发生问题。

步骤 4：设置视频自动循环播放。

选中视频→单击"视频工具/播放"→设置"开始"：自动→勾选"循环"播放，直到停止。如图 5-66 所示。

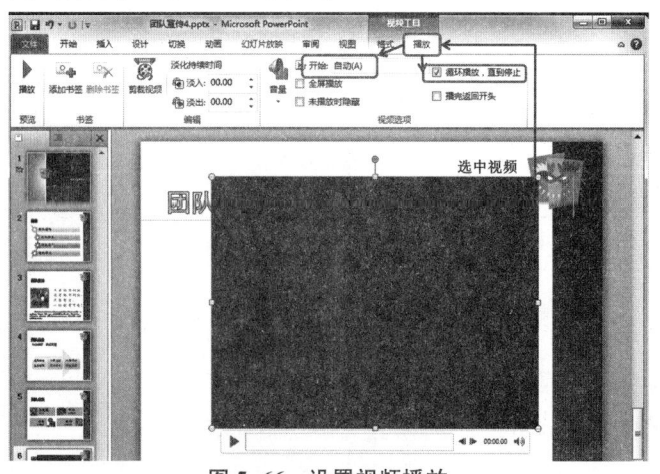

图 5-66　设置视频播放

任务8 设置幻灯片切换效果

步骤1：将所有幻灯片应用一种切换效果。
将幻灯片切换效果统一设置为淡出（参考项目1/任务7）。
步骤2：单独设置第一张幻灯片的切换效果。
选中第一张幻灯片→单击"切换"→选用"分割"效果。

任务9 设置对象的动画效果

回到普通视图下，对单张幻灯片中的对象设置动画效果。

【概述】PowerPoint提供了四大类自定义动画效果：进入动画、强调动画、退出动画和路径动画。只要在幻灯片中选中对象（包括文本、图形、图片、表格、图表、表格、组合及多媒体素材等），即可应用这些动画效果。一个对象可应用多个动画效果，多个对象也可同时应用一种动画效果。动画效果出现可控制，速度有快慢，时间有先后。大部分动画都包含有效果、时间、重复等设置。

1. 动画的类型
（1）进入动画：对象从无到有的出现动画。
（2）强调动画：已出现对象的强调效果动画。
（3）退出动画：对象从有到无的退出动画。
（4）路径动画：已出现对象的按照某一特定路径运动的动画。

2. 基本动画操作原则
（1）设置自定义动画：选中对象→进入"动画"选项卡→在功能区添加动画效果——根据实际需要进行效果设置。
（2）查看和设置动画：进入"动画"选项卡→调出"动画窗格"，进行设置。

步骤1：设置"目录"页幻灯片对象动画效果。
（1）设置"目录"文本框进入动画效果。

【提示1】
进入动画：对选中对象添加播放时进入幻灯片的动画效果。

选中"目录"文本框→单击"动画"功能选项卡→单击"添加动画"按钮→选择"随机线条"。如图5-67所示。

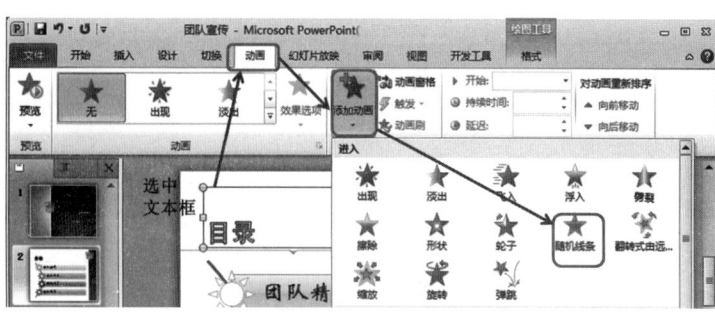

图 5-67 添加进入动画

> 【提示 2】
>
> 单击"动画窗格"按钮显示出"动画窗格",在其中可以看到和编辑对象的动画,如图 5-68 所示。

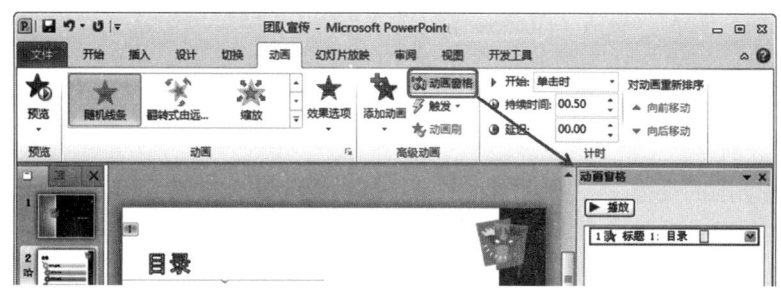

图 5-68 显示"动画窗格"

(2) 设置"SmartArt 对象"动画效果。

①选中"SmartArt 对象"→添加动画→"擦除"。

②选中对象动画→单击"效果选项"按钮→在下拉菜单中选择"自顶部"→将"开始"下拉设置为"上一动画之后"。如图 5-69 所示。

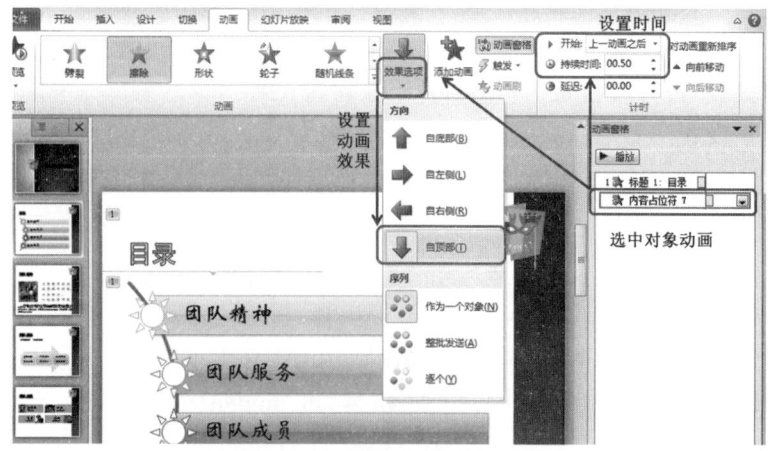

图 5-69 设置动画效果

【提示1】动画"开始"的设置选项。

(1) 单击：通过鼠标单击激活动画效果。
(2) 与上一动画同时：和上一动画同时激活。
(3) 上一动画之后：在上一动画完成之后激活动画。

【提示2】持续时间和延迟。

(1) 持续时间：一次动画效果完成的时间。
(2) 延迟：上一个动画结束到激活下一动画的间隔时间。

【提示3】

如需修改已有的动画效果，则应在动画窗格中选择相应的动画效果后，再在动画组列表中进行相应的修改。

步骤2："团队精神"页幻灯片的对象动画效果设置。
(1) 添加"团队图片"进入动画效果。
①选中图片→单击"动画"功能选项卡→添加动画→更多进入效果→选择"旋转式由远及近"动画效果。如图5-70所示。

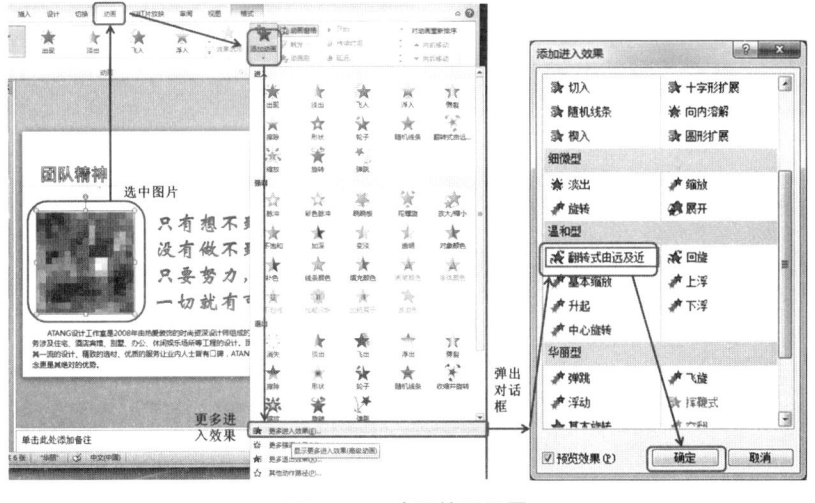

图5-70 动画效果设置

②设置时间："开始"：与上一动画同时→"持续时间"：0.75秒。如图5-71所示。

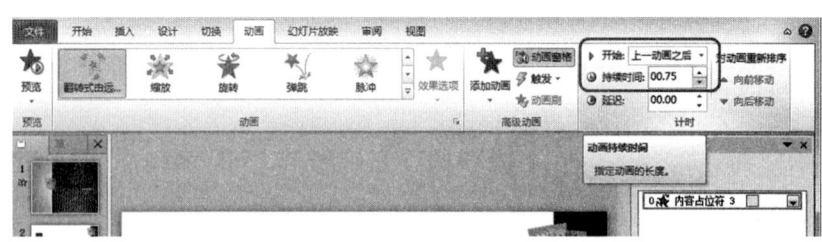

图 5-71　播放时间设置

（2）相同的方法选中"只有……可能"文本框，设置文字进入效果为"缩放"，并将开始设置为上一动化之后出现。

（3）同样将"ATANG……优势"设置为在上一动画之后的"向内溶解"效果。

【提示】

相同的动画设置可使用"动画刷"来复制动画效果。

步骤 3："团队服务"页幻灯片的对象动画效果设置。

（1）设置"时尚创新　环保材质"持续的强调特效。

①选中"时尚创新 环保材质"文本框→单击"动画"功能选项卡→添加动画→更多强调效果→选择"彩色脉冲"。如图 5-72 所示。

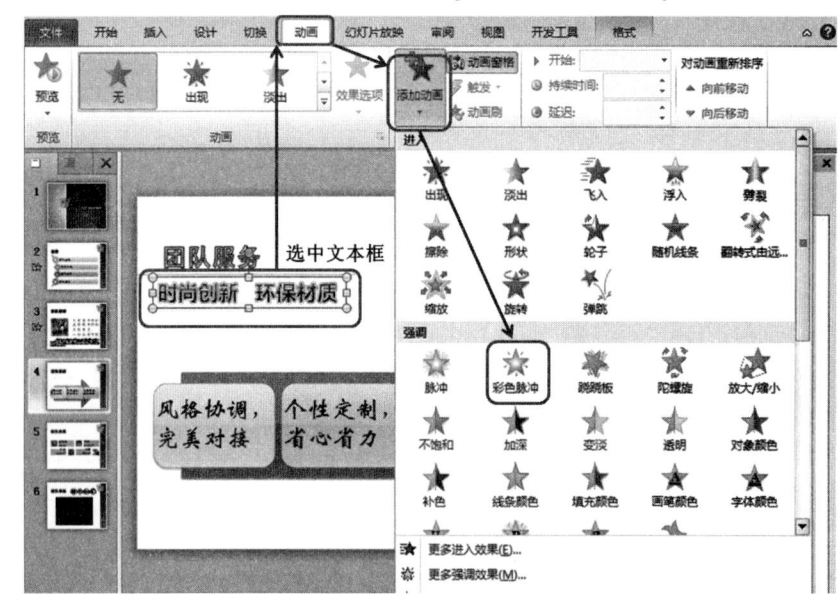

图 5-72　强调效果

②设置"开始"：上一动画之后→"持续时间"：1 秒。

③在动画窗格中选中此动画效果→单击下拉三角形展开下拉菜单→选择"效果选项"→设置"动画文本"为：按字母→选择"计时"→设置"重

复":直到幻灯片末尾→其他保留默认设置。如图5-73所示。

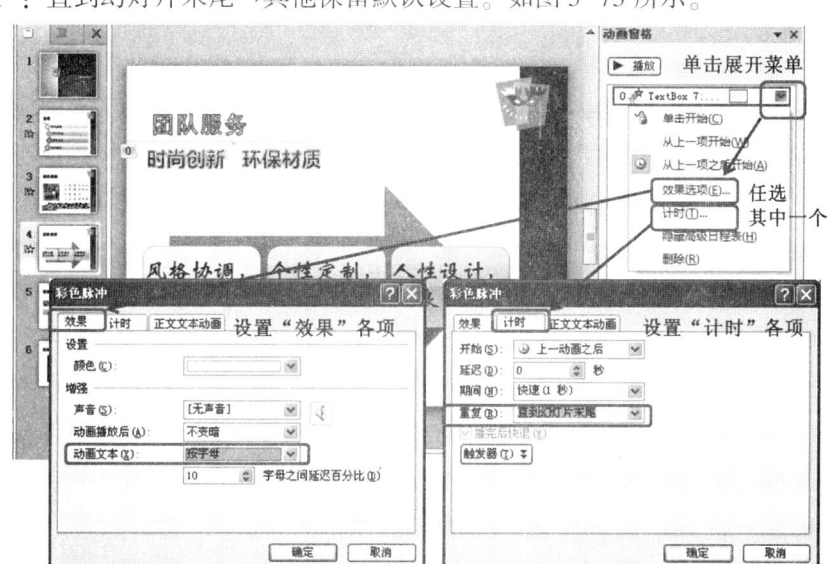

图5-73 详细效果设置

(2) 设置SmartArt图形为在上一动画之后自动出现的自左侧擦除的动画效果。

步骤4:设置"团队成员"幻灯片的对象动画效果。

将本张幻灯片中的两个SmartArt图形设置为幻灯片播放后,同时自左和自右切入的动画效果。

(1) 选中两个SmartArt图形→单击"动画/添加动画"→更多进入效果→选择"切入"→确定。如图5-74两个SmartArt图形都同时应用了切入动画。

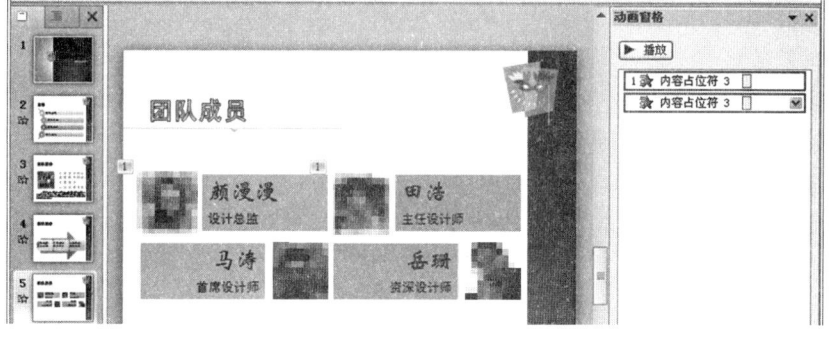

图5-74 动画效果

(2) 修改动画设置。

①选中第一个SmartArt图形的动画效果→单击"动画/效果选项"→选择"自左侧"→设置"开始":单击→其他设置保持默认选项。如图5-75所示。

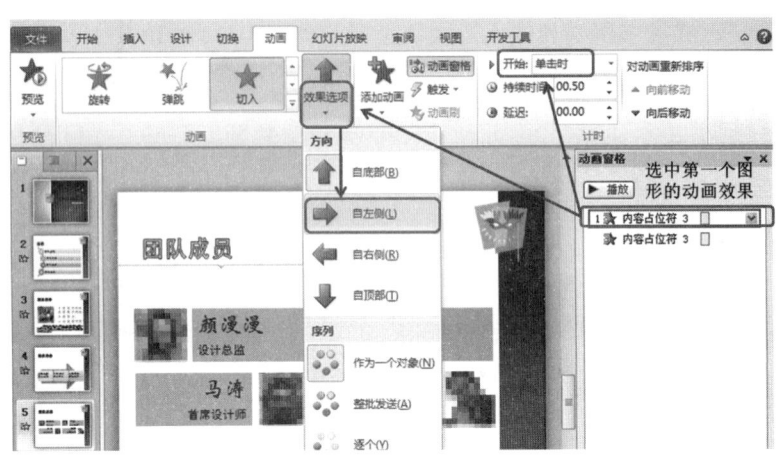

图 5-75 动画效果设置

②选中第二个 SmartArt 图形的动画效果，相同的方法设置效果选项为"自右侧"，将"开始"设置为"与上一动画同时"，其他设置保持默认选项。

任务 10　拓展练习

将"团队成员"幻灯片中各图形对象及文字设置不同的动画效果。

> 【提示】
>
> SmartArt 图形是一个整体，要对其中的对象设置不同的动画效果，可以先将其解散。方法是选中 SmartArt 图形→右击→选择"取消组合"→再次选中右击→选择"取消组合"。此时，一个完整的 SmartArt 对象将解散成为多个独立的图形对象，可单独设置动画。

步骤 1：设置四个矩形同时出现的动画效果。

同时选中四个矩形→添加动画→更多进入效果→基本缩放→其他使用默认设置。

步骤 2：设置图片和文字出现的效果。

同时选中田浩的照片和田浩的说明文字→添加动画→更多进入效果→向内溶解→单独选中图片的动画效果修改"开始"：上一动画之后。

步骤 3：相同的方法设置其他图片和文字的出现效果。

任务 11　演示文稿打包

步骤 1：设置自动播放。

参考项目 1 的操作将"团队宣传.PPT"以排列计时设置好自动播放。

步骤 2：将演示文稿打包。

（1）单击"文件"选项卡→选择"保存并发送"→选择"将演示文稿打包成 CD"→单击"打包成 CD"。如图 5-76 所示。

图 5-76　文稿打包

（2）在弹出的'打包成 CD'对话框中单击"选项"→弹出"选项"对话框→勾选"链接的文件"和"嵌入的 TrueType 字体"→分别输入打开和修改密码→确定。如图 5-77 所示。

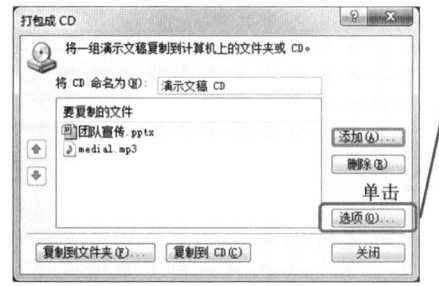 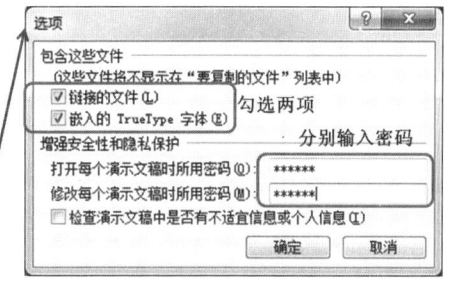

图 5-77　设置密码

（3）这时会弹出"确认密码"对话框→再次输入打开密码→确认→在对话框中再次输入修改密码，如图 5-78 所示→确定后则返回到"打包成 CD"对话框。

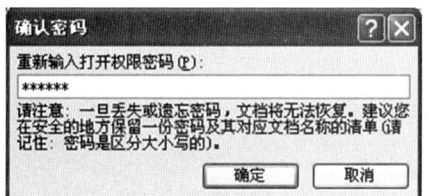

图 5-78　确认密码

(4) 返回"打包成 CD"对话框→单击"复制到文件夹"按钮→弹出"复制到文件夹"对话框→设置文件夹的名称和位置→确定→在弹出的提示信息对话框中单击"是",如图 5-79 所示。此时开始复制文件操作,等待完毕即可。

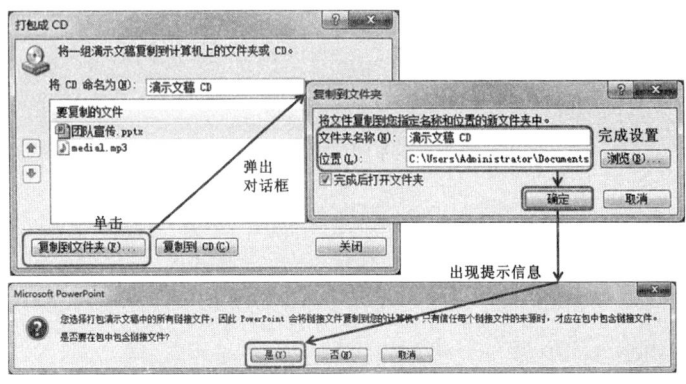

图 5-79 复制到文件夹

【提示】

打包的演示文稿复制到另一台电脑上进行放映时,单击打包后文件夹中的文件即可,前提是打包的演示文稿复制到的电脑中安装了 PowerPointviewer 软件。

习题 5

一、单项选择题

1. PowerPoint 是（　　）。

A. 数据库管理系统　　　　　　　B. 电子数据表格软件

C. 动画制作软件　　　　　　　　D. 演示文稿制作软件

2. PowerPoint 演示文稿和模板的扩展名分别是（　　）。

A. doc 和 txt　　　　　　　　　B. html 和 ptr

C. pot 和 ppt　　　　　　　　　D. ppt 和 pot

3. 超链接可以链接到（　　）。

A. 其他幻灯片　　　　　　　　　B. 其他文件

C. 网页　　　　　　　　　　　　D. 以上都行

4. 超链接只有在（　　）下才能被激活。

A. 幻灯片视图　　　　　　　　　B. 幻灯片浏览视图

C. 大纲视图　　　　　　　　　　D. 幻灯片放映视图

5. 在PowerPoint中，（　　）设置能够应用幻灯片模板改变幻灯片背景、标题字体格式。
   A. 幻灯片版式　　　　　　　　B. 幻灯片设计
   C. 幻灯片切换　　　　　　　　D. 幻灯片放映

6. PowerPoint中，插入幻灯片的操作可以在（　　）下进行。
   A. 普通视图　　　　　　　　　B. 大纲视图
   C. 幻灯片浏览视图　　　　　　D. 以上三种

7. 在幻灯片放映时，用户可以利用绘图笔或荧光笔在幻灯片上留下痕迹，这些内容（　　）。
   A. 自动保存在演示文稿中　　　B. 可以保存在演示文稿中
   C. 在本次演示中不可擦除　　　D. 演示完后自动清除

8. 演示文稿中的每一张演示的单页称为（　　），它是演示文稿的核心。
   A. 母版　　　　　　　　　　　B. 模板
   C. 版式　　　　　　　　　　　D. 幻灯片

9. 按下键盘上的（　　）键，可以结束幻灯片的放映。
   A. prtscr　　　　　　　　　　B. Esc
   C. Enter　　　　　　　　　　 D. Ctrl+Shift

10. 在PowerPoint动画中，不可以设置（　　）。
    A. 动画效果　　　　　　　　　B. 动画循环播放
    C. 放映类型　　　　　　　　　D. 时间和顺序

11. 在（　　）选项卡下可以设置隐藏某张幻灯片。
    A. 开始　　　　　　　　　　　B. 幻灯片放映
    C. 视图　　　　　　　　　　　D. 切换

12. 下列不属于PowerPoint选项卡的是（　　）。
    A. 动画　　　　　　　　　　　B. 开始
    C. 审阅　　　　　　　　　　　D. 编辑

13. 在PowerPoint的（　　）视图中，可方便地对幻灯片进行移动、复制、删除等编辑操作。
    A. 幻灯片浏览视图　　　　　　B. 幻灯片视图
    C. 幻灯片放映视图　　　　　　D. 幻灯片母版视图

14. PowerPoint中各种视图模式的切换快捷键按钮在PowerPoint窗口的（　　）位置。
    A. 左上角　　　　　　　　　　B. 右上角
    C. 左下角　　　　　　　　　　D. 右下角

15. 在播放演示文稿时若希望从一张幻灯片以"溶解"效果切换到下一张幻灯片，应该在（　　）选项卡进行设置。
    A. 幻灯片放映　　　　　　　　B. 切换
    C. 插入　　　　　　　　　　　D. 动画

16. 要使幻灯片中的标题、图片、文字、图表等按用户的要求顺序出现效果，应在（　　）选项卡中进行设置。

　　A. 幻灯片放映　　　　　　　　　B. 切换

　　C. 插入　　　　　　　　　　　　D. 动画

17. 在 PowerPoint 空白幻灯片中，不可以直接插入的是（　　）。

　　A. 文字　　　　　　　　　　　　B. 图片

　　C. 图形　　　　　　　　　　　　D. 表格

18. PowerPoint 2010 中，设置背景格式时，若使所选择的背景仅适用于当前所选的幻灯片，应该单击（　　）按钮。

　　A. "全部应用"按钮　　　　　　　B. "关闭"按钮

　　C. "取消"按钮　　　　　　　　　D. "重置背景"按钮

19. 在 PowerPoint 2010 中，下列关于幻灯片主题的说法中，错误的是（　　）。

　　A. 选定的主题可以应用于所有的幻灯片

　　B. 选定的主题只能应用于所有的幻灯片

　　C. 选定的主题可以应用于选定的幻灯片

　　D. 选定的主题可以应用于当前幻灯片

20. 在 PowerPoint 中，将某张幻灯片版式更改为"垂直排列标题与文本"，应选择的选项卡是（　　）。

　　A. 文件　　　　　　　　　　　　B. 动画

　　C. 插入　　　　　　　　　　　　D. 开始

21. 在 PowerPoint 2010 中，要设置幻灯片循环放映，应使用的是（　　）选项卡，然后选择"设置幻灯片放映"命令按钮。

　　A. 开始　　　　　　　　　　　　B. 视图

　　C. 幻灯片放映　　　　　　　　　D. 切换

22. 将编辑好的幻灯片保存到 Web，需要进行的操作是（　　）。

　　A. "文件"选项卡中，在"保存并发送"选项中选择

　　B. 直接保存幻灯片文件

　　C. 超级链接幻灯片文件

　　D. 需要在制作网页的软件中重新制作

23. 在 PowerPoint 中，将某张幻灯片版式更改为"垂直排列标题与文本"，应选择的选项卡是（　　）。

　　A. 文件　　　　　　　　　　　　B. 动画

　　C. 插入　　　　　　　　　　　　D. 开始

24. 在 PowerPoint 2010 中，若要幻灯片按规定的时间，实现连续自动播放，应先进行（　　）。

　　A. 设置放映方式　　　　　　　　B. 打包操作

　　C. 排练计时　　　　　　　　　　D. 幻灯片切换

25. 要为所有幻灯片添加编号，下列方法中正确的是（　　）。
   A. 执行"插入"选项卡的"幻灯片编号"按钮即可
   B. 在母版视图中，执行"插入"菜单的"幻灯片编号"命令
   C. 执行"视图"选项卡的"页眉和页脚"命令
   D. 以上说法全错

二、多项选择题

1. 可以通过以下哪些方式设置超链接？（　　）
   A. 执行"插入"选项卡的"超链接"
   B. 执行"插入"选项卡的"动作"
   C. 执行"插入"选项卡的"形状"的"动作按钮"
   D. 执行"插入"选项卡的"对象"

2. PowerPoint 提供了多种视图方式，以下哪些不是 PowerPoint 2010 提供的视图有？（　　）
   A. 幻灯片视图　　　B. 大纲视图　　　C. 页面视图
   D. 备注页视图　　　E. 打印视图　　　F. 阅读视图
   G. 母版视图　　　　H. 联机版式视图　I. 幻灯片浏览视图

3. 以下对文本框的叙述正确的有（　　）。
   A. 添加文本框可以在"插入"选项卡完成
   B. 添加文本框可以在"开始"选项卡完成
   C. 文本框的大小不可以改变
   D. 添加文本框时可选"横排"或"竖排"

4. 以下哪些是 PowerPoint 2010 提供的版式？（　　）
   A. 标题幻灯片　　　B. 标题和内容　　　C. 比较
   D. 表格和文字　　　E. 仅标题　　　　　F. 标题和竖排文字
   G. 分栏　　　　　　H. 空白

5. 在操作 PowerPoint 对象时，可以完成复制操作的是（　　）。
   A. 按住 Ctrl 键拖曳　　　　　B. 按住 Shift 键拖曳
   C. 用右键菜单完成　　　　　　D. 在"开始"选项卡下完成

6. 在幻灯片大纲视图窗格中，不可以修改的是（　　）。
   A. 占位符中的文字　　　　　　B. 图片
   C. 图形　　　　　　　　　　　D. 文本框中的文字

7. 在 PowerPoint 2010 的普通视图下，若要插入一张新幻灯片，可用操作为（　　）。
   A. 单击"开始"选项卡→"幻灯片"组中的"新建幻灯片"按钮
   B. 单击"插入"选项卡→"幻灯片"组中的"新建幻灯片"按钮
   C. Ctrl+M
   D. Ctrl+N

8. PowerPoint 2010 可以保存的文件类型有（　　）。

A. wmv B. PPSX
C. PPTX D. PDF

9. 以下（　　）是包含在在 PowerPoint 2010 设置幻灯片背景格式的选项中。

A. 纯色 B. 渐变
C. 图片 D. 图案

10. 以下描述正确的是（　　）。

A. 在幻灯片中插入音频时，PowerPoint 2010 支持所有的音频格式。
B. 在幻灯片中插入视频时，PowerPoint 2010 支持所有的视频格式。
C. 动画效果的内部音效只支持 WAV 格式。
D. 插入的 GIF 动画须在播放时才能看到动态。

三、判断题

1. 在 PowerPoint 2010 设计主题中，可以设计主题颜色、主题字体、主题效果和主题动画这些方面。（　　）

2. PowerPoint 窗口的显示大小是不能改变的。（　　）

3. 用 A4 纸打印幻灯片时，可以设置纵向或横向打印，但每页纸只能打印一张幻灯片。（　　）

4. 在幻灯片中插入的日期和时间可以是固定的，也可以是能自动更新的。（　　）

5. 要选中幻灯片中的多个对象，可以按住 Shift 键依次单击。（　　）

6. 在 PowerPoint 2010 编辑中，想要在每张幻灯片相同的位置插入某个学校的校标，最好的设置方法是在幻灯片的母版中进行。（　　）

7. 在幻灯片中，超链接的颜色设置是不能改变的。（　　）

8. 在 PowerPoint 2010 中将一张幻灯片上的内容全部选定的快捷键是Ctrl+A。（　　）

9. 在 SmartArt 层次结构图中，不能添加上司。（　　）

10. 在 PowerPoint 2010 中，"动画刷"工具可以快速设置相同动画效果。（　　）

四、填空题

1. 在 PowerPoint 2010 幻灯片浏览视图中，选定多张不连续幻灯片，在单击选定幻灯片之前应该按住_____。

2. 在进行图形绘制时，选择矩形或椭圆工具后，按住_____键辅助绘制可绘制出正方形或正圆形。

3. 从头播放幻灯片的快捷键是_____，从当前幻灯片开始播放幻灯片的快捷键是_____。

4. PowerPoint 有四种类型的动画效果，分别是：进入动画、_____退出动画和_____、_____。

5. 若制作的演示文稿中包含链接的数据、特殊字体、视频或音频文件，当希望在其他电脑中能正常播放，经常使用的是演示文稿的_____功能。

第6单元 畅游网络
——计算机网络基础知识

单元简介

计算机网络是计算机技术和通信技术紧密结合的产物。计算机在通信中的应用促使数据通信和数字通信技术迅速发展,并促进了通信由模拟向数字化并最终向综合服务的方向发展;通信技术为计算机之间信息的快速传递、资源共享和协调合作提供了强有力的手段。计算机网络在社会和经济发展中起着非常重要的作用,网络已经渗透到人们生活的各个角落,影响着人们的日常生活。计算机网络的发展水平不仅反映了一个国家的计算机和通信技术的水平,而且已成为衡量其国力及现代化程度的重要标志之一。本单元主要介绍计算机网络的基本概念和基本知识,以及局域网基本技术、因特网基本技术及因特网接入技术等。

单元安排

项目	项目知识要点	参考学时
项目1 认识计算机网络	网络概念、功能以及网络分类等	1
项目2 认识局域网	局域网概念、特点、分类、工作模式等	1
项目3 认识Internet	Internet概念、发展概况、接入方式、提供的服务及浏览器操作	2

项目 1　认识计算机网络

项目描述：计算机网络在社会和经济发展中起着非常重要的作用，网络已经渗透到人们生活的各个角落，影响着人们的日常生活。该项目的学习能让同学们对计算机网络的相关术语有所了解。

任务清单：

任务	名称	操作技能
任务1	认识计算机网络的定义	计算机网络的概念
任务2	熟悉计算机网络的主要功能	1. 信息交换和通信功能；2. 资源共享功能；3. 提高系统可靠性功能；4. 均衡负荷和分布处理功能；5. 综合信息服务功能
任务3	了解计算机网络的发展	1. 单机系统阶段；2. 多机系统阶段；3. 网络阶段；4. 分布式阶段
任务4	了解计算机网络的组成和分类	1. 计算机网络的构成；2. 计算机网络的不同分类
任务5	认识网络的常用硬件设备	1. 网卡；2. 中继器；3. 集线器；4. 网桥；5. 交换机；6. 路由器；7. 网关

任务 1　认识计算机网络的定义

计算机网络是把地理上分散的、具有独立功能的多个计算机系统通过通信设备和通信线路连接起来，且以功能完善的网络软件（网络协议，信息交换方式及网络操作系统等）实现网络资源共享的系统。

通过计算机网络的定义，我们可以从下面几个方面更好地理解计算机网络：

（1）网络中的计算机具有独立的功能，它们在断开网络连接时，仍可单机使用。

（2）网络的目的是实现计算机硬件资源、软件资源及数据资源的共享，以克服单机的局限性。

（3）计算机网络靠通信设备和线路，把处于不同地理位置的计算机连接起来，以实现网络用户间的数据传输。

（4）在计算机网络中，网络软件和网络协议是必不可少的。

在计算机网络中，提供信息和服务能力的计算机是网络的资源，索取信息和请求服务的计算机是网络的用户。由于网络资源与网络用户之间的连接

方式、服务方式及连接范围的不同，形成了不同的网络结构及网络系统。

任务2　熟悉计算机网络的主要功能

计算机网络是计算机技术和通信技术紧密结合的产物，它不仅使计算机的作用范围超越了地理位置的限制，而且大大加强了计算机本身的信息处理能力。它的功能如下：

（1）信息交换和通信。

这是计算机网络最基本的功能，计算机网络中的计算机之间或计算机与终端之间，可以快速可靠地相互传递数据、程序或文件。例如用户可以在网上传送电子邮件、数据交换，可以实现在商业部门或公司之间进行订单、发标等商业文件安全准确的交换。

（2）资源共享。

资源共享包括计算机硬件资源、软件资源和数据资源的共享。硬件资源的共享提高了计算机硬件资源的利用率，由于受经济和其他因素的制约，这些硬件资源不可能所有用户都有，所以使用计算机网络不仅可以使用自身的硬件资源，也可共享网络上的资源。软件资源和数据资源的共享可以充分利用已有的信息资源，减少软件开发过程中的劳动，避免大型数据库的重复建设。

（3）提高系统的可靠性。

在单机使用情况下，任何一个系统都可能发生故障，这样就会为用户带来不便。当计算机联网后，各计算机可以通过网络互为后备，一旦某台计算机发生故障时，则可由别处的计算机代为处理，还可以在网络的一些节点上设置一定的备用设备。这样计算机网络就能起到提高系统可靠性的作用了。更重要的是，由于数据和信息资源存放于不同的地点，因此可防止由于故障而无法访问或由于灾害造成数据破坏。

（4）均衡负荷，分布处理。

对于大型的任务或课题，如果都集中在一台计算机上，负荷太重，这时可以将任务分散到不同的计算机分别完成，或由网络中比较空闲的计算机分担负荷。各个计算机连成网络有利于共同协作进行重大科研课题的开发和研究。利用网络技术还可以将许多小型机或微型机连成具有高性能的分布式计算机系统，使它具有解决复杂问题的能力，从而使费用大为降低。

（5）综合信息服务。

计算机网络可以向全社会提供各种经济信息、科研情报、商业信息和咨询服务。如Internet中的WWW就是如此。

任务3　了解计算机网络的发展

计算机网络的发展历史不长，但发展速度很快，其演变过程大致可概括为以下4个阶段：

（1）具有通信功能的单机系统阶段。

该系统又称终端-计算机网络，是早期计算机网络的主要形式。它是将一台主计算机（Host）经通信线路与若干个地理上分散的终端（Terminal）相连，这种连接不受地理位置的限制，系统可以在千里之外连接远程终端。主计算机一般称为主机，它具有独立处理数据的能力，而所有的终端设备均无独立处理数据的能力。在通信软件的控制下，每个用户在自己的终端上分时轮流地使用主机系统的资源。20世纪50年代初，美国建立的半自动地面防空系统SAGE就是将远距离的雷达和其他测量控制设备的信息，通过通信线路汇集到一台中心计算机进行集中处理，从而首次实现了计算机技术与通信技术的结合。

（2）具有通信功能的多机系统阶段。

上述简单的"终端-通信线路-计算机"系统存在两个问题：

①因为主机既要进行数据的处理工作，又要承担多终端系统的通信控制，随着所连远程终端数目的增加，主机的负荷加重，系统效率下降。

②由于终端设备的速率低，操作时间长，尤其在远距离时，每个终端独占一条通信线路，线路利用率低，费用也较高。为了解决这个问题，20世纪60年代出现了把数据处理和数据通信分开的工作方式，主机专门进行数据处理，而在通信线路之间设置一台功能简单的计算机，专门负责处理网络中的数据通信、传输和控制。这种负责通信的计算机称为通信控制处理机（Communication Control Processor，CCP）或称为前端处理机（Front End Processor，FEP）。此外，在终端聚集处设置多路器或集中器。集中器与前端处理机功能类似，它的一端通过多条低速线路与各个终端相连，另一端通过高速线路与主机相连，这样也降低了通信线路的费用。由于前端机和集中器在当时一般选用小型机担任，因此这种结构称为具有通信功能的多计算机系统。20世纪60年代初，此网络在军事、银行、铁路、民航和教育等部门都有应用。

不论是单机系统还是多机系统，它们都是以单个计算机（主机）为中心的联机终端网络，它们都属于第一代计算机网络。

（3）以共享资源为主的计算机-计算机网络阶段。

20世纪60年代中期，随着计算机技术和通信技术的进步，人们开始将若干个联机系统中的主机互连，以达到资源共享的目的，或者联合起来完成某项任务。此时的计算机网络呈现出多处理中心的特点，即利用通信线路将多台计算机（主机）连接起来，实现了计算机之间的通信，由此也开创了"计算机—计算机"通信的时代，计算机网络的发展进入到第二个时代。

第二代计算机网络与第一代网络的区别在于多个主机都具有自主处理能力，它们之间不存在主从关系。第二代计算机网络的典型代表是 Internet 的前身 ARPA 网。

ARPA 网（ARPA Net）是美国国防部高级研究计划署 ARPA，现在称为 DARPA（Defense Advanced Research Project Agency）提出设想，并与许多大学和公司共同研究发展起来的，它的主要目标是借助于通信系统，使网内各计算机系统间能够共享资源。ARPA 网是一个成功的系统，它是第一个完善地实现分布式资源共享的网络，它在概念、结构和网络设计方面都为今后计算机网络的发展奠定了基础，ARPA 网也是最早将计算机网络分为资源子网和通信子网两部分的网络。

（4）以局域网络及其互联为主要支撑环境的分布式计算机阶段

进入 20 世纪 70 年代，局域网技术得到了迅速的发展。特别是到了 20 世纪 80 年代，随着硬件价格的下降和微型计算机的广泛应用，一个单位或部门拥有微型计算机的数量越来越多，各机关、企业迫切要求将自己拥有的为数众多的微型计算机、工作站、小型机等连接起来，从而达到资源共享和互相传递信息的目的。局域网组网花费低、传输速度快，因此局域网的发展对网络的普及起到了重要的作用。

局域网的发展也导致计算模式的变革。早期的计算机网络是以主计算机为中心的，计算机网络控制和管理功能都是集中式的，也称为集中式计算机模式。随着个人计算机（PC）功能的增强，用户一个人就可以在微型计算机上完成所需要的作业，PC 方式呈现出的计算机能力已发展成为独立的平台，这就导致了一种新的计算机结构——分布式计算机模式的诞生。

局域网的发展及其网络的互联还促成了网络体系结构标准的建立。由于各大计算机公司均制定有自己的网络技术标准，这些不同的标准在早期的以主计算机为中心的计算机网络中不会有大的影响。但是，随着网络互连需求的出现，这些不同的标准为网络互连设置了障碍，最终促成了国际标准的制定。20 世纪 70 年代末，国际标准化组织（ISO）成立了专门的工作组来研究计算机网络的标准，制定了开放系统互连参考模型（OSI），它旨在便于多种计算机互连，构成网络。今天，几乎所有的网络产品厂商都声称自己的产品是开放系统，这种统一的、标准化产品互相竞争的市场给网络技术的发展带来了更大的繁荣。

目前计算机网络的发展正处于第四个阶段。这一阶段计算机网络发展的特点是：互连、高速、智能与更为广泛的应用。当今覆盖全球的 Internet 就是这样一个互连的网络，可以利用 Internet 实现全球范围的电子邮件、电子传输、信息查询、语音与图像通信等服务功能。实际上 Internet 是一个用路由器（Router）实现多个远程网和局域网互连的网际网。

在互联网发展的同时，高速与智能网的发展也引起人们越来越多的注意。高速网络技术的发展表现在宽带综合业务数据网 B-ISDN、帧中继、异步传输模式 ATM、高速局域网、交换局域网与虚拟网络上。随着网络规模的增大与网络服务功能的增多，各国正在开展智能网络的研究。

任务 4　了解计算机网络的组成与分类

一、计算机网络的组成

计算机网络是一个十分复杂的系统，在逻辑上可以分为进行数据处理的资源子网和完成数据通信的通信子网两部分。

1. 通信子网

通信子网提供网络通信功能，能完成网络主机之间的数据传输、交换、通信控制和信号变换等通信处理工作，由通信控制处理机 CCP、通信线路和其他通信设备组成数据通信系统。广域网的通信子网通常租用电话线或铺设专线。为了避免不同部门对通信子网重复投资，一般都租用邮电部门的公用数字通信网作为各种网络的公用通信子网。

2. 资源子网

资源子网为用户提供了访问网络的能力，它由主机系统、终端控制器、请求服务的用户终端、通信子网的接口设备、提供共享的软件资源和数据资源（如数据库和应用程序）构成。它负责网络的数据处理业务，向网络用户提供各种网络资源和网络服务。

二、计算机网络的分类

计算机网络的分类方法很多，从不同的角度对计算机网络的分类也不同，通常的分类方法有：按网络覆盖的地理范围分类、按网络的拓扑结构分类、按网络的传输技术分类、按网络的传输介质来分类等。

1. 按网络覆盖的地理范围分类

按网络覆盖的地理范围的大小，可将网络分为局域网（LAN）、城域网（MAN）和广域网（WAN），Internet 可以看作世界范围内最大的广域网。

（1）局域网（LAN）——Local Area Network。

局域网是指其规模相对小一些、通信距离在几十公里以内，将计算机、外部设备和网络互联设备连接在一起的网络系统。通常装在一个建筑物内或一群建筑物内（如一个工厂、一个企业内），例如：在一个办公楼内，将分布在不同教室或办公室里的计算机连接在一起组成局域网。

（2）城域网（MAN）——Metropolitan Area Network。

城域网与局域网相比要大一些，可以说是一种大型的局域网，技术与LAN相似，它覆盖的范围介于局域网和广域网之间，通常覆盖一个地区或城市，范围可从几十公里到上百公里，它借助一些专用网络互联设备连接到一起，即使没有连入某局域网的计算机也可以直接接入城域网，从而访问网络中的资源。

（3）广域网（WAN）——Wide Area Network。

广域网又称为远程网，是非常大的一个网络，能跨越大陆海洋，甚至形成全球性的网络。国际互联网（因特网）就是广域网中的一种，它利用行政辖区的专用通信线路将多个城域网互联在一起构成。广域网的组成已非个人或团体的行为，而是一种跨地区、跨部门、跨行业、跨国的社会行为。

2. 按网络的拓扑结构分类

网络中的每一台计算机都可以看作是一个节点，通信线路可以看作是一根连线，网络的拓扑结构就是网络中各个节点相互连接形式。常见的有拓扑结构、星形结构、总线结构、环形结构和树形结构。

3. 按网络应用领域分类

计算机网络按照应用领域的不同可以分为公用网和专用网。

（1）公用网。

公用网一般由国家机关或行政部门组建，它的应用领域是对全社会公众开放。如邮电部门的163网、商业广告、列车时刻表查询等各处公开信息都是通过这类网络发布的。

（2）专用网。

专用网一般由某个单位或公司组建，专门为自己服务的网络，这类网络可以只是一个局域网的规模，也可以是一个城域网乃至广域网的规模。它通常不对社会公众开放，即使开放也有很大的限度。如校园网、银行网等。

4. 按照通信传输介质分类

计算机网络的传输介质常见的有双绞线、同轴电缆、光纤和卫星等，因此按通信传输的介质可将计算机网络分为双绞线网、同轴电缆网、光纤网和卫星网等。

任务5　认识网络的常用硬件设备

计算机网络由网络硬件系统和网络软件系统组成。硬件：服务器（Server）、工作站、连接设备、传输介质。软件：网络操作系统、网络协议。

一、网络适配器

网络适配器又称为网络接口卡（Network Interface Card，NIC），简称为网卡。它是插入到主板总线插槽上的一个硬件设备，用于将用户计算机与网络相连，属于数据链路层设备。如图 6-1 所示。

图 6-1　网络适配器

二、中继器

中继器属于网络物理层互联设备，把所接收到的弱信号分离，并再放大以保持与原数据相同。如图 6-2 所示。

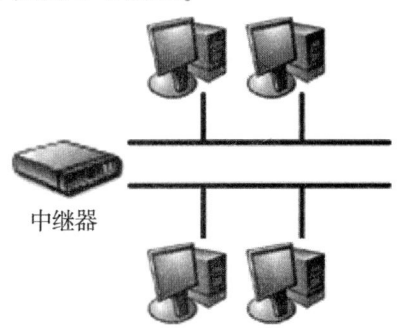

图 6-2　中继器的连接方式

三、集线器（hub）

局域网的连接设备，现在通常用集线器，分为切换式、共享式和可堆叠共享式 3 种。如图 6-3 所示。

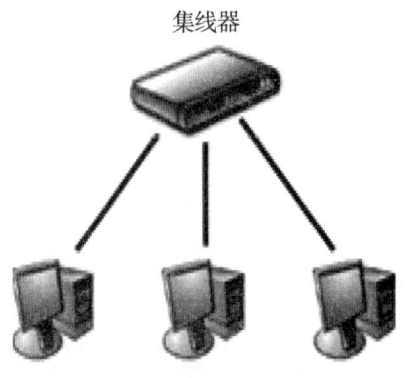

图 6-3　集线器连接方式

四、网桥（Bridge）

网桥是一个局域网与另一个局域网之间建立连接的桥梁。网桥是属于数据链路层互联设备。见图 6-4。

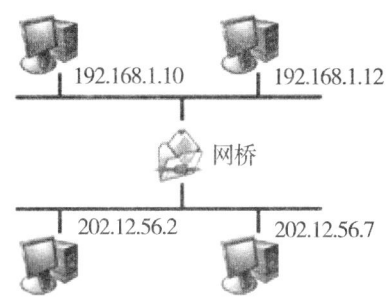

图 6-4　网桥的连接方式

五、交换机（Switch）

交换机与网桥一样，属于数据链路层互联设备，可看作是多端口的网桥（Multi Port Bridge）。见图 6-5 和图 6-6。

图 6-5　交换机正面

图 6-6　交换机背面

六、路由器（Router）

路由器属于网络层互联设备，用于连接多个逻辑上分开的网络，见图 6-7。

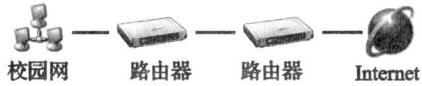

路由器的连接方式

路由器正面　　　　　　路由器背面

图 6-7　路由器及其连接方式

七、网关

当连接不同类型而协议差别又较大的网络时,要选用网关设备,它属于应用层互联设备。

项目 2　认识局域网(LAN)

项目描述:局域网常被用于同一办公室、同一建筑物、同一公司和同一学校等,一般是方圆几千米以内,以便共享资源和交换信息。局域网可以实现文件管理、应用软件共享、打印机共享、扫描仪共享、工作组内的日程安排、电子邮件和传真通信服务等功能。该项目的学习能让同学们深入地了解局域网的相关内容。

任务清单:

任务	名称	操作技能
任务1	了解局域网概念及其特点	1. 局域网概念;2. 局域网特点
任务2	熟悉局域网的分类	1. 按拓扑结构分类;2. 按传输介质分类;3. 按介质访问控制分类;4. 按数据传输速度分类;5. 按信息交换方式分类
任务3	掌握局域网的工作模式	1. 专用服务器结构模式;2. 客户机/服务器模式;3. 对等式模式
任务4	熟悉局域网的常规应用	1. 磁盘和文件共享;2. 打印共享

任务1　了解局域网概念及其特点

一、局域网概念

局域网LAN(Local Area Network),是一种在较小的地理范围内将大量计算机及各种设备互联一起实现高速数据传输和资源共享的计算机网络。社会对信息资源的广泛需求及计算机技术的广泛普及,促进了局域网技术的迅猛发展。在当今的计算机网络技术中,局域网是目前应用最广泛的网络。

二、局域网的特点

区别于一般的广域网(WAN),局域网(LAN)具有以下特点:

(1)地理分布范围较小,一般不超过10公里。可覆盖一幢大楼、一所校园或一个企业。

（2）数据传输速率高，一般为 10M～100Mbps，但目前已出现速率高达 1000Mbps 的局域网。可交换各类数字和非数字（如语音、图像、视频等）信息。

（3）误码率低，这是因为局域网通常采用有限介质传输，两个站点之间具有专用的通信线路使数据传输有专一的通道，可以使用高质量的传输媒体，从而提高了数据传输质量。

（4）以工作站和计算机为主体，包括终端及各种外设，网中一般不设中央主机系统。

（5）一般包含 OSI 参考模型中的低三层功能，即涉及通信子网的内容。

（6）协议简单、结构灵活、建网成本低、周期短、便于管理和扩充。

任务 2　熟悉局域网的分类

由于存在着多种分类方法，因此一个局域网可能属于多种类型。对局域网进行分类经常采用以下方法：按拓扑结构分类、按传输介质分类、按访问介质分类和按网络操作系统分类。

一、按拓扑结构分类

局域网经常采用总线型、环形、星形和树形拓扑结构，因此可以把局域网分为总线型局域网、环形局域网、星形局域网和树形局域网等类型。这种分类方法是最常用的分类方法。

1. 总线型拓扑结构

总线型拓扑结构是采用一根传输总线作为传输介质，各个节点都通过网络连接器连接在总线上。总线的长度可使用中继器来延长。这种结构的优点是，工作站连入网络十分方便；两工作站之间的通信通过总线进行，与其他工作站无关；系统中某工作站一旦出现故障，不会影响其他工作站之间的通信。因此，这种结构的系统可靠性高。总线拓扑结构如图 6-8 所示。

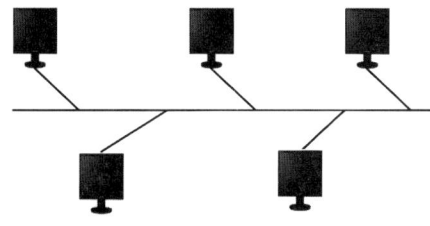

图 6-8　总线拓扑结构

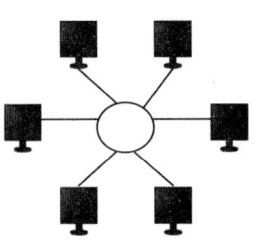

图 6-9 星形拓扑结构图

2. 星形拓扑结构

星形结构是最早的通用网络拓扑结构形式,如图 6-9 所示。它由一个中心节点和分别与它单独连接的其他节点组成,各个节点之间的通信必须通过中央节点来完成,它是一种集中控制方式,这种结构通常使用集线器作为中心设备。这种结构的优点是:采用集中式控制,容易重组网络,每个节点与中心节点都有单独的连线,因此某一节点出现故障,不影响其他节点的工作,缺点是:对中心节点的要求较高,因为一个中心节点出现故障,系统将全部瘫痪。

3. 环形拓扑结构

环形拓扑结构是将所有的工作站串联在一个封闭的环路中,在这种拓扑结构中,数据总是按一个方向逐节点地沿环传递,信号依次通过所有的工作站,最后回到发送信号的主机。在环形拓扑结构中,每一台主机都具有类似中继器的作用,如图 6-10 所示。这种结构的优点是网络管理简单,通信设备和线路较为节省,而且还可以把多个环经过若干交接点互联,扩大连接范围。缺点是由于本身结构的特点,当一个节

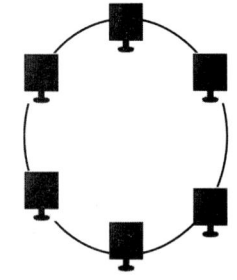

图 6-10 环形拓扑结构

点出故障时,整个网络就不能工作;对故障的诊断困难,网络重新配置也比较困难。

4. 树形拓扑结构

该结构中的任何两个用户都不能形成回路,每条通信线路必须支持双向传输。这种网络结构中只有一个根节点,对根节点的计算机功能要求高,可以是中型机或大型机。如图 6-11 所示。这种结构的优点是控制线路简单,管理也易于实现,它是一种集中分层的管理形式。缺点是数据要经过多级传输,系统的响应时间较长,各工作站之间很少有信息流通,共享资源的能力较差。

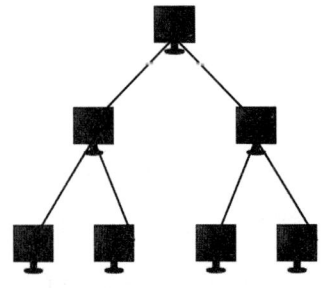

图 6-11 树形拓扑结构

二、按传输介质分类

局域网上常用的传输介质有同轴电缆、双绞线、光纤等,因此可以把局域网分为同轴电缆局域网、双绞线局域网和光纤局域网(各种传输介质见下列各图所示)。

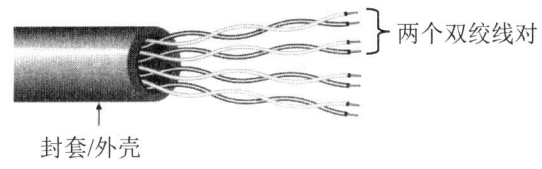

图 6-12 常见非屏蔽双绞线结构

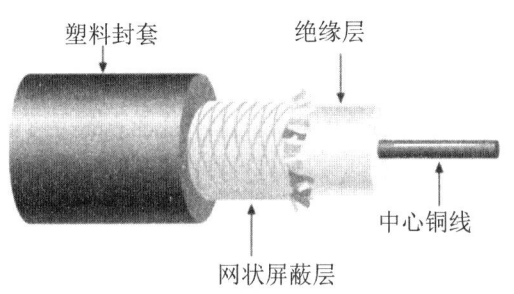

图 6-13 同轴电缆的结构

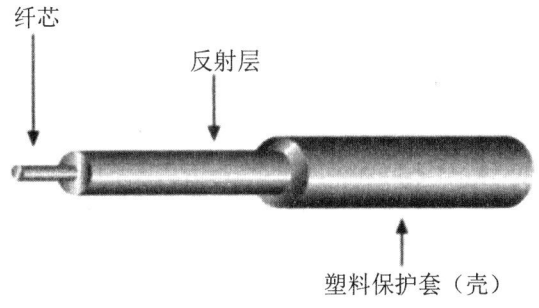

图 6-14 常见光纤的结构

三、按介质访问控制的方法分类

根据介质访问控制来分,可分为以太网(Ethernet)、光纤分布式数据接口(FDDI)、异步传输模式(ATM)、令牌环网(Token Ring)、交换网 Switching 等。其中应用最广泛的当属以太网——一种总线结构的 LAN,目前发展最迅速、也最经济的局域网。我们这里简单对以太网（Ethernet）、光纤分布式数据接口（FDDI）、异步传输模式（ATM）进行介绍。

1. 以太网 Ethernet

Ethernet 是 Xerox、Digital Equipment 和 Intel 三家公司开发的局域网组网规范，并于 20 世纪 80 年代初首次出版，称为 DIX1.0。1982 年修改后的版本为 DIX2.0。这三家公司将此规范提交给 IEEE（电子电气工程师协会）802 委员会，经过 IEEE 成员的修改并通过，变成了 IEEE 的正式标准，并编号为 IEEE802.3。Ethernet 和 IEEE802.3 虽然有很多规定不同，但术语 Ethernet 通常认为与 802.3 是兼容的。IEEE 将 802.3 标准提交国际标准化组织（ISO）第一联合技术委员会（JTC1），再次经过修订变成了国际标准 ISO8802.3。

早期局域网技术的关键是如何解决连接在同一总线上的多个网络节点有秩序地共享一个信道的问题，而以太网络正是利用载波监听多路访问/碰撞检测（CSMA/CD）技术成功地提高了局域网络共享信道的传输利用率，从而得以发展和流行的。交换式快速以太网及千兆以太网是近几年发展起来的先进的网络技术，使以太网络成为当今局域网应用较为广泛的主流技术之一。随着电子邮件数量的不断增加，以及网络数据库管理系统和多媒体应用的不断普及，迫切需要高速高带宽的网络技术。交换式快速以太网技术便应运而生。快速以太网及千兆以太网从根本上讲还是以太网，只是速度快。它基于现有的标准和技术（IEEE802.3 标准，CSMA/CD 介质存取协议，总线性或星形拓扑结构，支持细缆、UTP、光纤介质，支持全双工传输），可以使用现有的电缆和软件，因此它是一种简单、经济、安全的选择。然而，以太网络在发展早期所提出的共享带宽、信道争用机制极大地限制了网络后来的发展，即使是近几年发展起来的链路层交换技术（即交换式以太网技术）和提高收发时钟频率（即快速以太网技术）也不能从根本上解决这一问题，具体表现在：（1）以太网提供的是一种所谓"无连接"的网络服务，网络本身对所传输的信息包无法进行诸如交付时间、包间延迟、占用带宽等等关于服务质量的控制。因此没有服务质量保证（Quality of Service）。（2）对信道的共享及争用机制导致信道的实际利用带宽远低于物理提供的带宽，因此带宽利用率低。

2. FDDI 网络

光纤分布数据接口（FDDI）是目前成熟的 LAN 技术中传输速率最高的一种。这种传输速率高达 100Mb/s 的网络技术所依据的标准是 ANSIX3T9.5。该网络具有定时令牌协议的特性，支持多种拓扑结构，传输媒体为光纤。使用光纤作为传输媒体具有多种优点：

（1）较长的传输距离，相邻站间的最大长度可达 2km，最大站间距离为 200km。

（2）具有较大的带宽，FDDI 的设计带宽为 100Mb/s。

（3）具有对电磁和射频干扰抑制能力，在传输过程中不受电磁和射频噪声的影响，也不影响其设备。

(4) 光纤可防止传输过程中被分接偷听，也杜绝了辐射波的窃听，因而是最安全的传输媒体。

光纤分布式数据接口 FDDI 是一种使用光纤作为传输介质的、高速的、通用的环形网络。它能以 100Mbps 的速率跨越长达 100km 的距离，连接多达 500 个设备，既可用于城域网络也可用于小范围局域网。FDDI 采用令牌传递的方式解决共享信道冲突问题，与共享式以太网的 CSMA/CD 的效率相比在理论上要稍高一点（但仍远比不上交换式以太网），采用双环结构的 FDDI 还具有链路连接的冗余能力，因而非常适于做多个局域网络的主干。然而 FDDI 与以太网一样，其本质仍是介质共享、无连接的网络，这就意味着它仍然不能提供服务质量保证和更高的带宽利用率。在少量站点通信的网络环境中，它可达到比共享以太网稍高的通信效率，但随着站点的增多，效率会急剧下降，这时候无论从性能和价格上都无法与交换式以太网、ATM 网相比。交换式 FDDI 会提高介质共享效率，但同交换式以太网一样，这一提高也是有限的，不能解决本质问题。另外，FDDI 有两个突出的问题极大地影响了这一技术的进一步推广：一个是其居高不下的建设成本，特别是交换式 FDDI 的价格甚至会高出某些 ATM 交换机；另一个是其停滞不前的组网技术，由于网络半径和令牌长度的制约，现有条件下 FDDI 将不可能出现高出 100M 的带宽。面对不断降低成本同时在技术上不断发展创新的 ATM 和快速交换以太网技术的激烈竞争，FDDI 的市场占有率逐年缩减。据相关部门统计，现在各大型院校、教学院所、政府职能机关建立局域或城域网络的设计倾向较为集中的在 ATM 和快速以太网这两种技术上，原先建立较早的 FDDI 网络，也在向星形、交换式的其他网络技术过渡。

3. ATM 网络

随着人们对集语音、图像和数据为一体的多媒体通信需求的日益增加，特别是为了适应今后信息窗体顶端高速公路建设的需要，人们又提出了宽带综合业务数字网（B-ISDN）这种全新的通信网络，而 B-ISDN 的实现需要一种全新的传输模式，此即异步传输模式（ATM）。在 1990 年，国际电报电话咨询委员会（CCITT）正式建议将 ATM 作为实现 B-ISDN 的一项技术基础，这样，以 ATM 为机制的信息传输和交换模式也就成为电信和计算机网络操作的基础和 21 世纪通信的主体之一。尽管目前世界各国都在积极开展 ATM 技术研究和 B-ISDN 的建设，但以 ATM 为基础的 B-ISDN 的完善和普及却还要等到下一世纪，所以称 ATM 为一项跨世纪的新兴通信技术。不过，ATM 技术仍然是当前国际网络界所注意的焦点，其相关产品的开发也是各厂商想要抢占的网络市场的一个制高点。

ATM 是目前网络发展的最新技术，它采用基于信元的异步传输模式和虚电路结构，根本上解决了多媒体的实时性及带宽问题。实现面向虚链路的点到点传输，它通常提供 155Mbps 的带宽。它既汲取了话务通信中电路交换的"有连接"服务和服务质量保证，又保持了以太、FDDI 等传统网络中带宽可变、适于突发性传输的灵活性，从而成为迄今为止适用范围最广、技术最先进、传输效果最理想的网络互联手段。ATM 技术具有如下特点：（1）实现网络传输有连接服务，实现服务质量保证（QoS）。（2）交换吞吐量大、带宽利用率高。（3）具有灵活的组网拓扑结构和负载平衡能力，伸缩性、可靠性极高。（4）ATM 是现今唯一可同时应用于局域网、广域网两种网络应用领域的网络技术，它将局域网与广域网技术统一。

目前大多数单位和个人用的局域网类型多为以太网，下文中所提局域网，如无特殊说明，都为以太网。

四、按数据的传输速度分类

可分为 10Mbps 局域网、100Mbps 局域网、1Gbps 局域网等。这其中 bps 为数据传输率，记为 b/s，即每秒传输的二进制数据位数。

五、按信息的交换方式分类

可分为共享式局域网和交换式局域网等。共享式局域网组建时典型的设备为集线器，而交换式局域网组建时的典型设备为交换机。

事实上，从不同的角度来划分还有不同的网络分类方式，在此就不一一赘述了。

任务 3　掌握局域网的工作模式

局域网的工作模式是指在局域网中各个节点之间的关系。按照工作模式的划分可以将其分为专用服务器结构模式、客户机/服务器模式和对等模式 3 种。

1. 专用服务器结构模式

专用服务器结构又称为"工作站/文件服务器"结构，由若干台微机工作站与一台或多台文件服务器通过通信线路连接起来组成工作站存取服务器文件，共享存储设备。

文件服务器以共享磁盘文件为主要目的。对于一般的数据传递来说已经够用了，但是当数据库系统和其他复杂而又被不断增加的用户使用的应用系统到来的时候，服务器已经不能承担这样的任务了。因为随着用户的增多，为每个用户服务的程序也会相应增多，每个程序都是独立运行的大文件，给用户的感觉是极慢的，因此产生了第二种模式——客户机/服务器模式。

2. 客户机/服务器模式

客户机/服务器模式（Client/Server）简称 C/S 模式，如图 6-15 所示。其中一台或几台较大的计算机集中进行共享数据库的管理和存取，称为服务器，而将其他的应用处理工作分散到网络中其他微机上去做，构成分布式的处理系统，服务器控制管理数据的能力已由文件管理方式上升为数据库管理方式，因此，C/S 结构的服务器也称为数据库服务器，注重于数据定义、存取安全备份及还原，并发控制及事务管理，执行诸如选择检索和索引排序等数据库管理功能。它有足够的能力做到把通过其处理后用户所需的那一部分数据而不是整个文件通过网络传送到客户机去，减轻了网络的传输负荷。C/S 结构是数据库技术的发展和普遍应用与局域网技术发展相结合的结果。

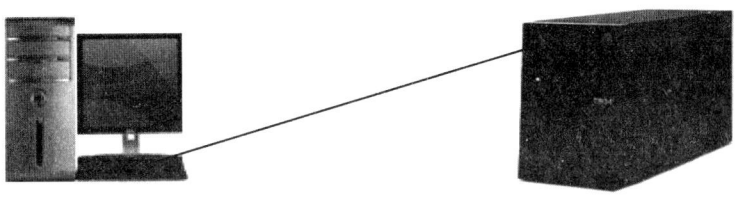

图 6-15 客户机/服务器连接示意图

浏览器/服务器（Browser/Server，B/S）是一种特殊形式的 C/S 模式，在这种模式中客户端为一种特殊的专用软件——浏览器。这种模式下由于对客户端的要求很少，不需要另外安装附加软件，在通用性和易维护性上具有突出的优点。这也是目前各种网络应用提供基于 Web 的管理方式的原因。

这种模式与下面所讲的点对点模式主要存在以下两个方面的不同：

（1）后端数据库负责完成大量的任务处理，如果 C/S 型数据库查找一个特定的信息片段，在搜寻整个数据库期间并不返回每条记录的结果，而只是在搜寻结束时返回最后的结果。

（2）如果数据库应用程序的客户机在处理数据库事务时失败，服务器为了维护数据库的完整性，将自动重新执行这个事件。

3. 对等式网络

对等网也常常被称作工作组。在拓扑结构上与专用 Server 的 C/S 不同，一般常采用星形网络拓扑结构，在对等式网络结构中，没有专用服务器。最简单的对等网络就是使用双绞线直接相连的两台计算机，如图 6-16 所示。

图 6-16 对等网模式示意图

在这种网络模式中，每一个工作站既可以起到客户机作用也可以起到服务器作用。点对点对等式网络有许多优点，如在对等网络中，计算机的数量通常较少，网络结构相对比较简单。而且它比上面所介绍的 C/S 网络模式造价低，它们允许数据库和处理机能分布在一个很大的范围里，还允许动态地安排计算机需求。当然它也有缺点，那就是提供较少的服务功能，并且难以确定文件的位置，使得整个网络难以管理。

任务4　熟悉局域网的常规应用

1. 磁盘和文件共享

磁盘和文件共享是局域网使用最基本的功能。通过磁盘和文件共享，可以让所有联入局域网的用户共同来使用同一个磁盘和文件。下面以文件共享为例，介绍一下磁盘和文件的共享方法。

文件共享，首先要把某一台机器上的文件共享，要在这台机器上打开Windows资源管理器，右击准备共享的文件夹，弹出快捷菜单如图6-17所示，在快捷菜单中选中"共享和安全"，在弹出的"属性"对话框中选"共享"选项，这时会弹出"磁盘属性"对话框，在"共享"选项卡下，选中"共享此文件夹"，并键入共享名。共享用户数量的设置在"用户数限制"处设置，要设置共享的权限，单击"权限"按钮，打开权限对话框，如图6-18所示。

这里有三种权限："完全控制"、"更改"和"读取"。如果你只希望其他的计算机读取该文件夹中的文件，而没有修改或删除的权限，应当选"读取"选项。如果你只允许别人修改你共享的文件，就选择"更改"。如果你允许在其他计算机上也能够像在自己的硬盘上那样随意修改和删除文件，就选择"完全控制"选项。

将文件夹设置为共享后，使用起来十分方便。在其他计算机桌面上的"网上邻居"或Windows资源管理器的"网上邻居"中，即可浏览到共享后的文件夹。然后，根据授予的权限，就像在本地硬盘一样读取、修改、删除或写入文件。

图6-17　右击文件弹出的快捷菜单

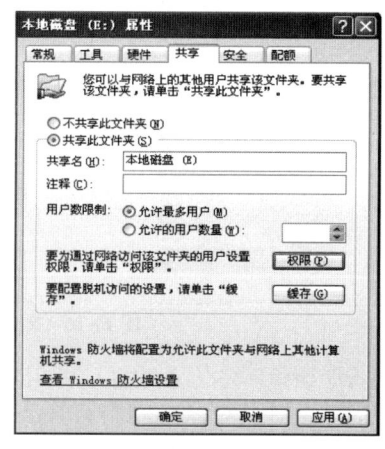

图6-18　"磁盘属性"对话框

2. 打印共享

如果你的电脑上没有连着打印机，要在从前，想要打印文件的时候总是得用软盘把文件拷贝出来，然后带到装有打印机的电脑上才能打印，既麻烦又不可靠。联网以后，只要是别人电脑上的打印机，在自己的电脑上就可以直接对它进行操作。

与文件和磁盘共享一样，共享打印机的第一步就是先到连接着打印机的那台电脑上，把打印机资源给"共享"出来。方法是：选择"开始"→"设置"→"打印机和传真机"，弹出"打印机和传真机"对话框，在此对话框内选择"共享"选项卡，在要共享的打印机图标上按鼠标右键，选择"共享"。这里的设置与共享文件夹和磁盘是一样的。如图6-19所示。

打印机设置为"共享"后，通过"网上邻居"就能找到它。在网络中使用打印机的每一台电脑同样也需要安装打印驱动程序。具体的步骤跟安装本地打印机是大同小异的，只是当出

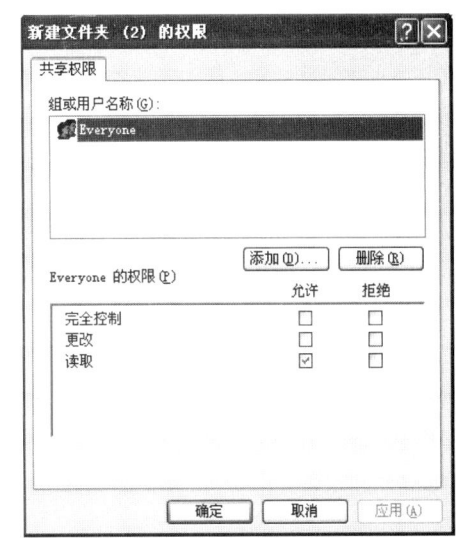

图 6-19　"权限"对话框

现对话框的时候选择"网络打印机"。网络打印机的使用没有什么特别值得注意的地方，因为它跟使用本地打印机是完全一样的。

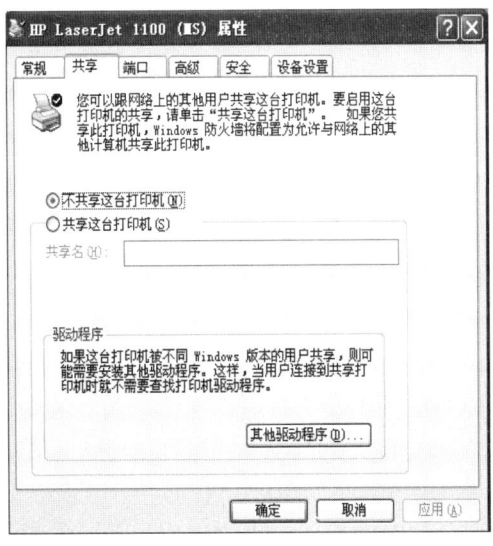

图 6-20　打印机"属性"对话框

> 注意：除了上面介绍的两种共享外，还可以设置"媒体播放共享"、"消息共享"等。总之局域网的资源可以使计算机的软、硬件资源得到充分的利用，既节省了费用，又给我们的工作带来了极大的方便。

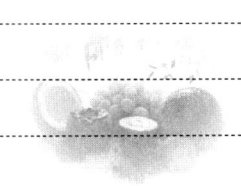

项目 3 认识 Internet

项目描述：因特网（Internet）又称互联网，是一个全球性的信息系统，以 TCP/IP（传输控制协议/网际协议）协议进行数据通信，把世界各地的计算机网络连接在一起，进行信息交换和资源共享。简言之，Internet 是一种以 TCP/IP 为基础的、国际性的计算机互联网络，是世界上规模最大的计算机网络系统。我们一般称之为因特网或国际互联网。这个项目，我们将从 Internet 发展概述、因特网的相关概念、因特网接入方式、因特网提供的服务等方面为大家进行介绍。

任务清单：

任务	名称	操作技能
任务 1	了解 Internet 发展概况	1. Internet 发展史；2. Internet 在中国的发展
任务 2	掌握因特网的相关概念	1. TCP/IP 协议；2. IP 地址概念；3. IP 地址分类；4. 域名地址
任务 3	掌握 Internet 的接入方式	1. 拨号接入方式；2. 局域网接入方式；3. ASDL 接入方式；4. ISDN 接入方式；5. DDN 接入方式；6. 光纤接入方式
任务 4	了解 Internet 提供的服务	1. WWW 服务；2. FTP 服务；3. E-mail 服务；4. TELNET 服务；5. 信息讨论和公布服务；6. BBS 服务；7. 网络新闻服务
任务 5	学会浏览器的使用	1. 浏览器的基本概念；2. 设置浏览器主页；3. 添加和整理收藏夹；4. 搜索网页；5. 保存网页

任务 1 了解 Internet 发展概况

1. 因特网（Internet）的发展历史

1969 年，为了能在爆发核战争时保障通信联络，美国国防部高级研究计划署（Advance Research Projects Agency，简称 ARPA）资助建立了世界上第一个分组交换试验网 ARPA Net。ARPA Net 将位于美国不同地方的几个军事及研究机构的计算机主机连接起来，它的建成和不断发展标志着计算机网络发展的新纪元。

1980 年，TCP/IP 协议研制成功，ARPA 开始把 ARPA Net 上运行的计算机转向采用新 TCP/IP 协议。1983 年起，开始逐步进入 Internet 的实用阶段，在美国和一部分发达国家的大学和军事部门中得到广泛使用，作为教学、研究和通信的学术网络。Internet 真正的发展是从 NSFNET 的建立开始的。1986

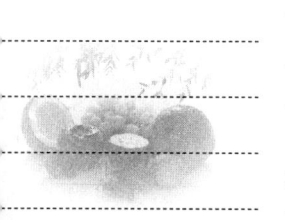

年美国国家科学基金会 NSF 资助建成了基于 TCP/IP 技术的主干网 NSFNET，连接美国的若干超级计算中心、主要大学和研究机构，组成基于 IP 协议的计算机通信网络 NSFNET，并以此作为 Internet 的基础。世界上第一个互联网产生，迅速连接到世界各地。后来，其他联邦部门的计算机网相继并入 Internet。NSFNET 最终将 Internet 向全社会开放，成为 Internet 的主干网。NSFNET 停止运营之后，在美国各 Internet 服务提供商 ISP（Internet Service Provider）之间的高速链路成了美国 Internet 的骨干网。在丰富因特网服务和内容的同时，也促进了 Internet 的扩展。1995 年以来，互联网用户数量呈指数增长趋势，平均每半年翻一番。截至 2002 年 5 月，全球已经有 5 亿 8 千多万用户。其中，北美 1.82 亿，亚太 1.68 亿。截至 2001 年 7 月，全球连接的计算机数量约 1.26 亿台。随着 Web 技术和相应的浏览器的出现，互联网的发展和应用出现了新的飞跃。今天，它已经深入到社会生活的各个方面，从网上聊天、网上购物，到网上办公以及 E-mail 信息传递，我们无处不在地受到 Internet 的影响，它已成为人们与世界沟通的一个重要窗口。

2. 因特网（Internet）在中国的发展

在大力发展我国自身数字通信网络的同时，我国也积极加入了全球互联的 Internet 的国际互联。虽然中国 Internet 起步较晚，但自从 1994 年接入 Internet 后我国的网上市场也得到快速增长，并且形成了一定的网上市场规模，促进了我国经济的发展。Internet 也为国内企业提供了让世界了解自己产品、增加国际贸易的商机。到目前为止，我国与 Internet 互联的四个主干网络如下：中国科学技术计算机网（CSTNET）、中国教育和科研计算机网（CERNET）、中国公用计算机互联网（CHINANET）、中国公用经济信息网通信网（GBNET），它们在中国的 Internet 中分别扮演不同领域的主要角色，为我国经济、文化、教育和科学的发展走向世界起着重要作用。

任务2 掌握因特网的相关概念

1. TCP/IP 协议

TCP/IP（Transmission Control Protocol/Internet Protocol）是传输控制协议/互联网络协议，这种协议使得不同厂牌、规格的计算机系统可以在互联网上正确地传递信息。TCP/IP 协议是 Internet 最基本的协议，它们不只是 TCP 和 IP 两个协议，它们实质上是个协议集。使用 TCP/IP 协议，就可向因特网上所有其他主机发送 IP 数据报。TCP/IP 有如下特点：

（1）开放的协议标准，可以免费使用，并且独立于特定的计算机硬件与操作系统。

（2）独立于特定的网络硬件，可以运行在局域网、广域网，更适用于互联网中。

（3）统一的网络地址分配方案，使得整个 TCP/IP 设备在网中都具有唯一的地址。

(4) 标准化的高层协议,可以提供多种可靠的用户服务。

2. IP 地址概念

为了能够保证每一台连接到因特网上的电脑都有一个唯一的身份标识,由 TCP/IP 协议中的 IP 协议提供了一种互联网通用的地址格式,也即 IP 地址,该地址管理机构进行统一管理和分配,保证互联网上运行的设备(如主机、路由器等)不会产生地址冲突。IP 地址是网络上任一个设备用来区别于其他设备的标志。就好像公用电话网中的电话号码一样,一个家庭如果不装电话,即没有分配到电话号码,就没法和他人通过电话进行联系一样。

每个 IP 地址共占 32 位(bit),这 32 位被分为 4 个段,每一个段占 8 个位(即一个字节)每个字节之间用"."隔开。

例如:11000000. 10101000. 00000000. 00000001

但是对于大多数人而言,记忆如此长的 32 位二进制数是很不习惯的,我们更习惯记忆的数字是十进制,所以,在实际的地址书写中,我们一般都是用十进制来表示。

例如:192. 168. 0. 1

3. IP 地址分类

Internet 组织已经将地址进行分类以适应不同规模的网络。IP 地址中的网络地址分为(A、B、C、D、E)五类,IP 地址的第一个数字范围决定了该地址具体属于哪一类,而每一类地址所能够容纳的主机数量是不一样的,不同类型的地址也因此被用于不同的网络环境中(如图 6-21 所示)。

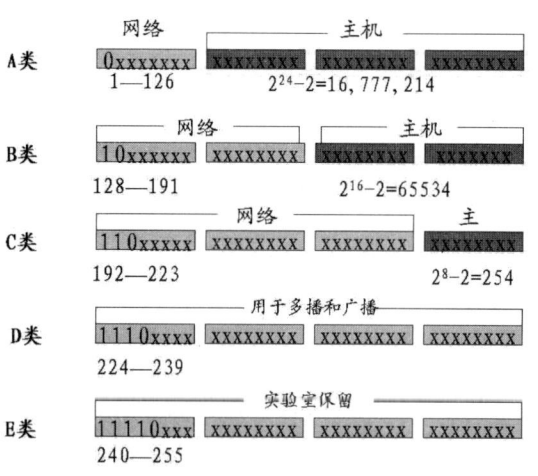

图 6-21 IP 地址分类

4. 域名地址

由于 IP 地址由数字组成,记忆起来很不方便,Internet 采用了域名来解决这一问题。

域名格式:主机名.子域名.顶级域名(子域名可以是多级结构)

例如："搜狐"的 WWW 服务器的域名是 www.sohu.com

把域名也分成如下部分,意义分别是:

（1）主机名:表示提供的服务,如:WWW 表示 WEB 服务,mail 表示 mail 服务。

（2）机构名:表示机构名称,如:sina 表示新浪。

（3）顶级域名:包括类别顶级域名和地理顶级域名,表示机构的性质或地理区域。

如:com 公司、edu 教育、gov 政府、net 网络机构。

如:cn 中国大陆、tw 中国台湾、uk 英国。

任务 3　掌握 Internet 的接入方式

从终端用户计算机接入到 Internet 的方式有多种,常用的主要是拨号接入、ISDN 接入、ADSL 接入、DDN 专线接入、通过 LAN 接入等,下面对各种接入方式做一个简单的介绍。

1. 拨号接入方式

拨号接入方式是通过已有电话线路,通过安装在计算机上的 Modem（调制解调器）并拨号连接到网络供应服务商（ISP）的主机,从而可以享受互联网服务的一种上网接入方式。Modem 分为外置和内置的,它的作用是在发送端将计算机处理的数字信号转换成能在公用电话网络传输模拟信号,经传输后,再在接收端模拟信号转换成数字信号送给计算机,最终利用公用电话网 PSTN 实现计算机之间的通信。这种上网方式的特点是:安装和配置简单,投入较低,但上网传输速率较低,质量较差,上网时电话线路被占用,不能拨打和接听电话。这种接入方式适合于家庭或办公室的个人用户上网。

2. 局域网（LAN）方式接入

如果本地的微机较多而且有很多人同时需要使用 Internet,可以考虑把这些微机连成一个以太网（如常用的 Novell 网）,再把网络服务器连接到主机上。以太网技术是当前具有以太网布线的小区、小型企业、校园中用户实现因特网接入的首选技术。LAN 接入技术目前已比较成熟,这种方式是一种比较经济的多用户系统,而且局域网上的多个用户可以共享一个 IP 地址。当然,给局域网中的每个主机分配一个 IP 地址也是可能的,但这种接入方式的特点是传输距离短,投资成本较高。

3. ASDL 接入

ADSL 技术即非对称数字用户环路技术。是一种充分利用现有的电话铜质双绞线（即普通电话线）来开发宽带业务的非对称民生的因特网接入技术。为用户提供上、下行非对称的传输速率（带宽）。非对称主要体现在上行速率（最高 640kbps）和下行速率（最高 8Mdps）的非对称性上。上行（从用户到网络）为低速的传输,可达 640kbps;下行（从网络到用户）为高速传输,可达 8Mbps。有效传输距离在 3~5 公里范围以内。它最初主要是针对视频点播业务开发的，随着技术的发展，逐步成为了一种较方便的宽带接入技术，为电信部门所重视。这种接入方式的特点是：上网与打电话互不干扰；电话线虽然同时传递语音和数据，但其数据并不通过电话交换机，因此用户不用拨号一直在线，不需交纳拨号上网的电话费用；能为用户提供上、下行不对称的宽带传输。

4. ISDN 接入方式

ISDN（Integrated Service Digital Network，窄带综合数字业务数字网，俗称"一线通"。它采用数字传输和数字交换技术，除了可以用来打电话，还可以提供诸如可视电话、数据通信、会议电视等多种业务，从而将电话、传真、数据、图像等多种业务综合在一个统一的数字网络中进行传输和处理。这种接入方式的特点是：综合的通信业务，利用一条用户线路，就可以在上网的同时拨打电话、收发传真，就像两条电话线一样；由于采用端到端的数字传输，传输质量明显提高；使用灵活方便：只需一个入网接口，使用一个统一的号码，就能从网络得到所需要使用的各种业务。用户在这个接口上可以连接多个不同种类的终端，而且有多个终端可以同时通信；上网速率可达 128kbps。但它的速度相对于 ADSL 和 LAN 等接入方式来说，速度不够快。

5. DDN 接入方式

DDN（Digital Data Network，数字数据网）是利用光纤、数字微波、卫星等数字信道，以传输数据信号为主的数字通信网络，它是利用数字信道提供永久性连接电路，可以提供 2M 及 2M 以内的全透明的数据专线，并承载语音、传真、视频等多种业务。它的特点是传输速率高，在 DDN 网内的数字交叉连接复用设备能提供 2Mbit/s 或 N∗64kbit/s（≤2M）速率的数字传输信道；传输质量较高，数字中继大量采用光纤传输系统，用户之间专有固定连接，网络时延小；协议简单，采用交叉连接技术和时分复用技术，由智能化程度较高的用户端设备来完成协议灵活的连接方式，可以支持数据、语音、图像传输等多种业务，它不仅可以和用户终端设备进行连接，也可以和用户网络连接，为用户提供灵活的组网环境。

6. 光纤接入方式

光纤接入是指局端与用户之间完全以光纤作为传输媒体。光纤用户网的主要技术是光波传输技术。光纤接入可以分为有源光接入和无源光接入。目前光纤传输的复用技术发展相当快，多数已处于实用化。它是一种理想的宽带接入方式，它的特点是：可以很好地解决宽带上网的问题，传输距离远、速度快、障碍率低、不受电磁干扰，保证了信号传输质量；用光缆替换铜线电缆，可以解决城市地下通信管道拥挤的问题。但是，出于出口带宽的限制，如果路线上的用户数量激增，会导致网络接入的速度陡降，局部掉线是经常碰到的问题。

任务 4　了解 Internet 提供的服务

1. 主要的信息服务

（1）WWW 服务。

WWW 的含义是 World Wide Web，环球信息网，是一个基于超文本方式的信息查询服务。WWW 是由欧洲粒子物理研究中心（CERN）研制的。WWW 将位于全世界 Internet 网上不同网址的相关数据信息有机地编织在一起，提供了一个友好的界面，大大方便了人们的信息浏览，而且 WWW 方式仍然可以提供传统的 Internet 服务。它不仅提供了图形界面的快速信息查找，还可以通过同样的图形界面（GUI）与 Internet 的其他服务器对接。它把 Internet 上现有资源统统连接起来，使用户能在 Internet 上已经建立了 WWW 服务器的所有站点提供超文本媒体资源文档。而内容则从各类招聘广告到电子版圣经，可以说包罗万象，无所不有。WWW 是当前 Internet 上最受欢迎、最为流行、最新的信息检索服务系统。

（2）文件传输服务（FTP）。

FTP（File Transfer Protocol）服务解决了远程传输文件的问题，Internet 网上的两台计算机在地理位置上无论相距多远，只要两台计算机都加入互联网并且都支持 FTP 协议，它们之间就可以进行文件传送。只要两者都支持 FTP 协议，网上的用户既可以把服务器上的文件传输到自己的计算机上（即下载），也可以把自己计算机上的信息发送到远程服务器上（即上传）。

FTP 实质上是一种实时的联机服务。与远程登录不同的是，用户只能进行与文件搜索和文件传送等有关的操作。用户登录到目的服务器上就可以在服务器目录中寻找所需文件，FTP 几乎可以传送任何类型的文件，如文本文件、二进制文件、图像文件、声音文件等。匿名 FTP 是最重要的 Internet 服务之一。匿名登录不需要输入用户名和密码，许多匿名 FTP 服务器上都有免费的软件、电子杂志、技术文档及科学数据等供人们使用。

（3）电子邮件服务（E-mail）。

电子邮件（Electronic Mail）亦称 E-mail。是 Internet 上使用最广泛和最受欢迎的服务，它是网络用户之间进行快速、简便、可靠且低成本联络的现代通信手段。

电子邮件使网络用户能够发送和接收文字、图像和语音等多种形式的信息。使用电子邮件的前提是拥有自己的电子信箱，即 E-Mail 地址，实际上就是在邮件服务器上建立一个用于存储邮件的磁盘空间。电子信箱是提供电子邮件服务的机构为用户建立的，实际上是该机构在与 Internet 联网的计算机上为你分配的一个专门用于存放往来邮件的磁盘存储区域，这个区域是由电子邮件系统管理的。自动读取、分析该邮件中的命令，若无错误则将检索结果通过邮件方式发给用户。

2. Internet 的其他服务

(1) 远程登录服务（TELNET）。

远程登录（Remote-login）是 Internet 提供的最基本的信息服务之一，它是指允许一个地点的用户与另一个地点的计算机上运行的应用程序进行交互对话；是指远距离操纵别的机器，实现自己的需要。Telnet 协议是 TCP/IP 通信协议中的终端机协议。Telnet 使你能够从与网络连接的一台主机进入 Internet 上的任何计算机系统，只要你是该系统的注册用户，就像使用自己的计算机一样使用该计算机系统。在远程计算机上登录，必须事先成为该计算机系统的合法用户并拥有相应的账号和口令。登录成功后，用户便可以实时使用该系统对外开放的功能和资源，Telnet 是一个强有力的资源共享工具，许多大学图书馆都通过 Telnet 对外提供联机检索服务，一些政府部门、研究机构也将它们的数据库对外开放，使用户通过 Telnet 进行查询。例如：共享它的软硬件资源和数据库，使用其提供的，Internet 的信息服务，如：E-mail、FTP、Archie、Gopher、WWW、WAIS 等。

(2) 信息讨论和公布服务。

由于 Internet 上有许许多多的用户，使其成为人相互联系、交换信息和发表观点以及发布信息的场所。如：电子公告板系统（BBS）、网络新闻（USENET）、对话（TALK）等。往往是为那些对共同主题感兴趣的人们相互讨、交换信息的场所。

(3) 电子公告板（BBS）。

BBS（Bulletin Boards System）是 Internet 上的电子公告板系统，实质上是 Internet 上的一个信息资源服务系统。提供 BBS 服务的站点叫 BBS 站，BBS 通常是由某个单位或个人提供的，Internet 上的电子公告栏相对独立，不同的 BBS 站点的服务内容差别很大，用户可以根据它提供的菜单，浏览信息、收发电子邮件、提出问题、发表意见、网上交谈。根据建立网站的目的和对象的不同，可以建立各种 BBS 网站，它们彼此之间没有特别的联系，但有些 BBS 之间相互交换信息。

(4) 网络新闻服务（Usenet）。

网络新闻（Network News）通常又称作 USENET。它是具有共同爱好的 Internet 用户相互交换意见的一种无形的用户交流网络，它相当于一个全球范围的电子公告牌系统。

网络新闻是按不同的专题组织的。参与者以电子邮件的形式提交个人的意见和建议，只要用户的计算机运行一种称为"新闻阅读器"的软件，就可以通过 Internet 随时阅读新闻服务器提供的各类消息，并可以将你的建议提供给新闻服务器，以便作为一条消息发送出去。值得注意的是，这里所谓的"新闻"并不是通常意义上的大众传播媒体提供的各种新闻，而是在网络上开展的对各种问题的研究、讨论和交流。如果你想向 Internet 上的素不相识的专家请教，那么网络新闻则是最好的选择途径。

任务 5　学会浏览器的使用

浏览器是一种用于搜索、查找、查看和管理网络上的信息的带图形交互界面的应用软件，常用的浏览器软件很多，常用的有 Microsoft 公司的 Internet Explorer 浏览器（又称 IE）和 Netscape 公司开发的 Netscape Communicator、360 浏览器、火狐浏览器等。本书以 Internet Explorer 浏览器为例进行介绍。

（一）基本概念

1. 万维网（WWW）

WWW 是因特网的典型应用，用户可以用 Web 浏览器在网上实现对它的访问，在其上存放着 HTML 语言制作的各种信息资源文件（网页）。它的工作模式是客户/服务器模式。

2. 网页（Web Page）

它是浏览 WWW 资源的基本单位。WWW 通过超文本传输协议向用户提供多媒体信息，所提供的信息的基本单位就是网页，网页的内容可以包含普通文字、图形、图像、声音、动画等多媒体信息，还包含指向其他网页的链接。

3. 主页（Home Page）

WWW 是通过相关信息的指针链接起来的信息网络，由提供信息服务的 Web 服务器组成。在 Web 系统中，这些服务信息以超文本文档的形式存储在 Web 服务器上。每个 Web 服务器上的第一个页面叫做主页。通过主页上的提示标题（链接）可以转到主页之下各个层次的其他各个页面，如果用户从主页开始浏览，可以完整地获取这一服务器所提供的全部信息。

4. 超文本传输协议（HTTP）

HTTP（Hypertext Transfer Protocol，超文本传输协议）是 WWW 服务程序所用的网络传输协议。FTTP 协议是一种面向对象的协议，为了保证 WWW 客户机与 WWW 服务器之间通信不会产生歧义，HTTP 精确定义了请求报文和响应报文的格式。

5. 统一资源定位器 URL

URL（Uniform Resource Locator，统一资源定位器）是 Internet 上某一资源的地址。通常 URL 包括几个部分：协议类型、信息资源所在主机名、路径名和文件名等。如：

http：//www.bsnc.cn/ jwdt/index.html

其中，http 为协议类型，www.bsnc.cn 为信息资源所在主机名，jwdt 为路径名，index.html 为具体的文件名。

（二）浏览器 IE 7.0 的基本操作

1. 启动 IE 7.0 及窗口组成

双击桌面上的 Internet Explorer 图标启动 IE 7.0，出现如图 6-22 所示的窗口，该窗口由标题栏、菜单栏、工具栏、地址栏、主窗口和状态栏等组成。

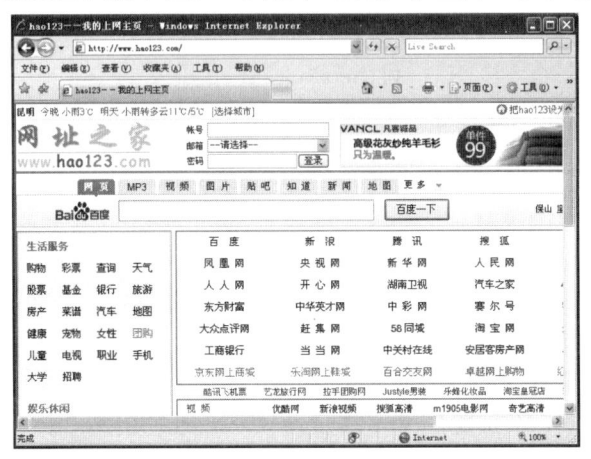

图 6-22 浏览器窗口

（1）标题栏。

位于屏幕最上方，显示标题名称，由当前浏览的网页名称和最右面的"最大化"、"最小化"、"关闭"按钮组成。

（2）菜单栏。

菜单栏提供了 Internet Explorer 的若干命令，有文件、编辑、查看、收藏、工具和帮助等 6 个菜单项通过菜单可以实现对 WWW 文档的保存、复制、收藏等操作。

（3）工具栏。

位于菜单栏下方，包括一系列最常用的工具按钮，如后退、前进、停止、刷新、主页、搜索、收藏、历史、邮件、打印等常用菜单命令的功能按钮。

（4）地址栏。

显示当前打开网页的 URL 地址。还可在地址栏输入要访问站点的网址，单击右侧的下拉式按钮，还可弹出以前访问过网络站点的地址清单，供用户选择。

（5）主窗口。

主窗口用于显示和浏览当前打开的页面，网页中有超级链接项，单击可链接到相应的网页浏览其中的内容。

（6）状态栏。

用于反映当前网页的运行状态的信息。

2. 设置浏览器主页

浏览器主页是指每次启动 IE7.0 时默认访问的页面，如果希望在每次启动 IE7.0 时都进入"搜狐"的页面，可以把该页设为主页。具体操作如下：

①在菜单中选择"工具"→"Internet 选项"命令。

②在"常规"卡的主页地址中输入"http：//www.hao123.com"，单击"确定"按钮。如图6-23所示。

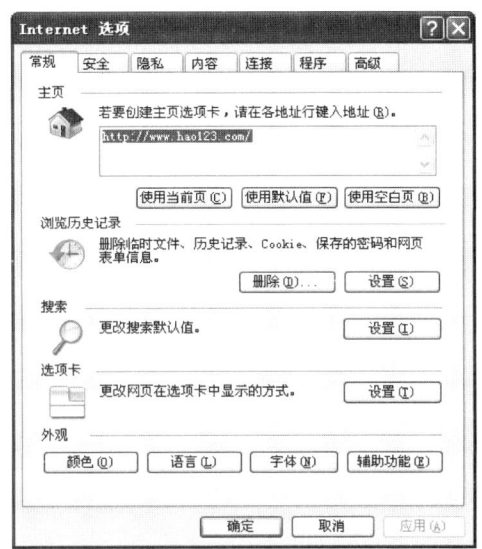

图6-23　Internet 选项

3. 浏览网页

用鼠标单击IE浏览器图标，就可打开主页，地址栏是输入和显示网页地址的地方，如果用户在上网之前了解了一些网址，可以直接在浏览器的地址栏中输入已知的网址来访问该网页。当鼠标在网页上移动时，有许多手型指针，这就是超级链接，要通过超级链接浏览网页时可以用鼠标单击要浏览的链接，就可打开相应链接内容。浏览网页时，当主页的内容超出一个页面一屏显示不下时，可用窗口右边的垂直滚动条来翻页。

4. 通过历史记录浏览网页

在IE浏览器的历史栏中，保存着用户最近浏览过的网站的地址。如果用户要访问曾经浏览过的网站，可以在历史记录栏中快速地选择地址。

在工具栏上，单击"历史"按钮，在浏览器中就会出现历史记录栏，其中包含了在最近访问过的Web页和站点的链接。在此栏中，单击"查看"按钮选择日期、站点、记问次数或当天的访问次序，单击文件夹以显示各个Web页，再单击Web图标显示该Web页。

5. 添加到收藏夹

用户在上网过程中经常会遇到自己十分喜欢的网站，为了方便以后能访问这个网站，通常采取记下该网站网址的方法，为此IE为用户提供了一个保存网址的工具——收藏夹。

（1）添加到收藏夹。具体操作如下：

①打开一个需要保存的网页。

②在菜单中选择"收藏"→"添加到收藏夹"命令，弹出"添加到收藏夹"对话框。

③在"添加到收藏夹"对话框中输入页面命名。浏览器默认把当前网页的标题作为收藏夹名称,单击"确定",那么你所选择的页面保存在 IE 浏览器的收藏夹中。

(2) 打开收藏的网页。

①单击工具栏中的"收藏"按钮或菜单栏中的"收藏"命令。

②单击相应的名称项即可打开相应的网页。

6. 整理收藏夹

选择"收藏"→"整理收藏夹"命令,弹出标题为"整理收藏夹"的对话框。

在此对话框中,可以进行"创建文件夹、重命名文件夹、移至文件夹、和删除操作。

(三) 网页搜索

Internet 在不断扩大,它几乎有无尽的信息资源供查找和利用,但是如何从大量的信息中迅速、准确地找到自己需要的信息就显得尤为重要。下面就来介绍一下网页的搜索方法。

1. 利用 IE 进行简单搜索

IE7.0 本身就提供了一些默认的搜索工具,在 IE 浏览器上的搜索工具搜索信息是最简单的搜索方式,使用 IE 搜索网络资源有两种方法:

(1) 在地址栏中输关键字或关键词进行搜索。

启动 IE 浏览器后,在地址栏中输入希望查询的网络关键字或关键词,然后按 Enter 键,页面上就会列出与输入的关键字或关键词相关的网页站点的列表,单击其中一个就会链接到相应的站点。

(2) 单击工具栏上的"搜索"按钮进行搜索。

在工具栏上,单击"搜索"按钮,在浏览器窗口左侧就会出现搜索对话框,在"搜索"对话框的"请选择要搜索的内容"选项组中,选中一个单选按钮,在"请输入查询关键词"文本框中输入要搜索的关键字或关键词,然后单击"搜索"按钮就可进行搜索了。

2. 使用搜索引擎进行搜索

在网络上搜索信息,除了使用 IE 进行简单的搜索以外,还可以利用搜索引擎进行搜索。搜索引擎实际上也是一个网站,是提供用于查询网上信息的专门站点。搜索引擎站点周期性地在 Internet 上收集新的信息,并将其分类储存,这样就建立了一个不断更新的"数据库",用户在搜索信息时,实际上就是从这个库中查找。搜索引擎的服务方式有:

(1) 目录搜索。

目录搜索是将搜索引擎中的信息分成不同的若干大类,再将大类分为子类、子类的子类……最小的类中包含具体的网址,用户直到找到相关信息的网址,即按树形结构组成供用户搜索的类和子类,这种查找类似于在图书馆找一本书的方法,适用于按普通主题查找。

(2) 关键字搜索。

"关键字搜索"是搜索引擎向用户提供一个可以输入要搜索信息关键字的查询框界面，用户按一定规则输入关键字后，单击查询框后的"搜索"按钮，搜索引擎即开始搜索相关信息，然后将结果返回给用户。

3. 如何使用搜索引擎

(1) 使用通配符。

在输入搜索关键字时，可以直接输入搜索关键字，也可以使用 AND、OR、NOT 和通配符"＊"或"？""＊"表示任意多个字符，"？"表示任意 1 个字符（有些搜索引擎可能不完全支持）。例如：在搜索框中输入"古典文学 AND 毕业论文"将返回包含古典文学也包含毕业论文的网站信息。

(2) 常见的搜索引擎。

百度搜索引擎：http：//www.baidu.com/

雅虎搜索引擎：http：//www.yahoo.com/

谷歌搜索引擎：http：//www.google.com.hk/

（四）网页保存

浏览网页时，经常会看到非常好的网页时，一定会想办法把它保存下来，供以后需要时使用，或在不连接 Internet 时浏览。

1. 保存整个网页

当需要将整个网页的信息完整地保存，可以使用下面的方法：

(1) 打开要保存网页，可单击菜单栏中"文件"→"另存为"命令，弹出"另存为"对话框。

(2) 在打开的另存为对话框中，有四种保存类型，如图 6-24 所示，选择相应的保存类型后，单击保存按钮。

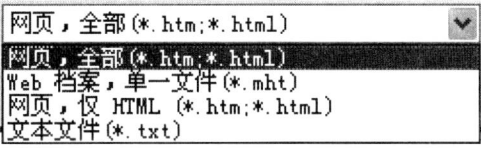

图 6-24

网页，全部（＊htm；＊html）：用于保存包含动画、链接、图片等超文本的完整网页。

①Web 档案，单一文件（＊mht）：将页面中所有可以收集的元素全部存放在一个页面里，就是把 html 和它相关的图片之类的东西打包成一个单独的文件。

②网页，仅 HTML 文件：用于保存只有文字及其格式的网页文件。

TXT 文件：用于保存无格式，只有文字的文本文件。

(3) 最后选择相应的路径和文件名，单击"保存"命令，即可。

2. 保存页面中的部分信息

上面的操作可以将自己喜欢的整个页面保存下来，也可以只保存页面的一部分内容。

(1) 保存页面中的文字。具体操作如下：

①用鼠标选定要保存的常规文字内容。

②在菜单中选择"编辑"→"复制"命令，或使用快捷键 Ctrl+C。选定的文字内容复制到 Windows 的剪贴板中。再打开 Word，在菜单中选择"编辑"→"粘贴"或使用快捷 Ctrl+V。

【小技巧】保存网页的内容时常常会有一些不想要的格式，例如表格等，如果只想保存网页中的文字，可以复制后粘贴在记事本中，这样就可以清除那些格式！

(2) 保存页面中的图片。

①将鼠标移动到页面中希望保存的图片上。

②单击右键，在快捷菜单中选择"图片另存为…"命令，"保存图片"对话框。

③在"保存图片"对话框中，键入或选定文件名和保存位置，这时实现文件的下载。

习题 6

一、单项选择题

1. 计算机网络按地理范围可分为（　　　）。
   A. 广域网、城域网、局域网　　B. 因特网、城域网、局域网
   C. 广域网、因特网、局域网　　D. 因特网、广域网、对等网

2. Internet 是覆盖全球的大型互联网络，用于连接多个远程网和局域网的互联设备主要是（　　　）。
   A. 路由器　　　　　　　　　　B. 主机
   C. 网桥　　　　　　　　　　　D. 防火墙

3. 在 Internet 中完成从域名到 IP 地址或从 IP 到域名转换的是（　　　）服务。
   A. DNS　　　　　　　　　　　B. FTP
   C. WWW　　　　　　　　　　D. ADSL

4. 中国的域名是（　　　）。
   A. com　　　　　　　　　　　B. uk
   C. cn　　　　　　　　　　　　D. jp

5. 根据域名代码规定，域名为 toame.com.cn 表示网站类别应是（　　　）。
   A. 教育机构　　　　　　　　　B. 国际组织
   C. 商业组织　　　　　　　　　D. 政府机构

6. 下列 URL 的表示方法中，正确的是（　　　）。

A. http：//www.microsoft.com/index.html

B. http：\ www.microsoft.com/index.html

C. http：//www.microsoft.com \ index.html

D. http：www.microsoft.com/index.html

7. 下面电子邮件地址的书写格式正确的是（　　）。

A. xuexi@sina.com.cn　　　　B. xuexi，@sina.com.cn

C. xuexi@，sina.com.cn　　　　D. xuexisina.com.cn

8. 下列选项中，不属于计算机病毒特征的是（　　）。

A. 破坏性　　　　　　　　B. 潜伏性

C. 传染性　　　　　　　　D. 免疫性

9. 关于计算机病毒的叙述中，正确的选项是（　　）。

A. 计算机病毒只感染.exe或.com文件

B. 计算机病毒可以通过读写软盘、光盘或Internet网络进行传播

C. 计算机病毒是通过电力网进行传播的

D. 计算机病毒是由于软盘片表面不清洁而造成的

10. 防止软盘感染病毒的有效方法是（　　）。

A. 对软盘进行格式化　　　　B. 对软盘进写保护

C. 对软盘进行擦拭　　　　　D. 将软盘放到软驱中

11. （　　）是目前网上传播病毒的主要途径，此外，下载文件也存在病毒入侵的可能。

A. 电子邮件　　　　　　　　B. 网上聊天

C. 浏览网页　　　　　　　　D. 在线电影

12. 为了防止已存有信息的软盘被感染病毒，应采取的措施是（　　）。

A. 保持软盘清洁

B. 对软盘进行写保护

C. 不要将有病毒的软盘与无病毒的软盘放在一起

D. 定期格式化软盘

13. 为了防止计算机病毒的传染，应该做到（　　）。

A. 不要拷贝来历不明的软盘上的程序

B. 对长期不用的软盘要经常格式化

C. 对软盘上的文件要经常重新拷贝

D. 不要把无病毒的软盘与来历不明的软盘放在一起

14. 下列软件中，不属于杀毒软件的是（　　）。

A. 金山毒霸　　　　　　　　B. 诺顿

C. KV3000　　　　　　　　　D. Outlook Express

15. 目前使用的防杀病毒软件的作用是（　　）。

A. 检查计算机是否感染病毒，清除已感染的任何病毒

B. 杜绝病毒对计算机的侵害

C. 检查计算机是否感染病毒，清除部分已感染的病毒
D. 查出已感染的任何病毒，清除部分已感染的病毒

16. 计算机网络最突出优点是（　　）。
   A. 运算速度快　　　　　　　　B. 存储容量大
   C. 运算容量大　　　　　　　　D. 可以实现资源共享

17. 从系统的功能来看，计算机网络主要由（　　）组成。
   A. 资源子网和通信子网　　　　B. 数据子网和通信子网
   C. 模拟信号和数字信号　　　　D. 资源子网和数据子网

18. 计算机网络按地理范围可分为（　　）。
   A. 广域网、城域网和局域网　　B. 广域网、因特网和局域网
   C. 因特网、城域网和局域网　　D. 因特网、广域网和对等网

19. 下列不属于网络拓扑结构形式的是（　　）。
   A. 星形　　　　　　　　　　　B. 环形
   C. 总线　　　　　　　　　　　D. 分支

20. 在一个计算机房内要实现所有的计算机联网，一般应选择(　　)网。
   A. GAN　　　　　　　　　　　B. MAN
   C. LAN　　　　　　　　　　　D. WAN

21. 因特网属于（　　）。
   A. 万维网　　　　　　　　　　B. 局域网
   C. 城域网　　　　　　　　　　D. 广域网

22. 下列有关 Internet 的叙述中，错误的是（　　）。
   A. 万维网就是因特网　　　　　B. 因特网上提供了多种信息
   C. 因特网是计算机网络的网络　D. 因特网是国际计算机互联网

23. Internet 是一个覆盖全球的大型互联网网络，它用于连接多个远程网和局域网的互联设备主要是（　　）。
   A. 路由器　　　　　　　　　　B. 主机
   C. 网桥　　　　　　　　　　　D. 防火墙

24. 对于众多个人用户来说，接入因特网最经济、最简单、采用最多的方式是（　　）。
   A. 局域网连接　　　　　　　　B. 专线连接
   C. 电话拨号　　　　　　　　　D. 无线连接

25. 调制解调器的功能是（　　）。
   A. 数字信号的编号　　　　　　B. 模拟信号的编号
   C. 数字信号转换成其他信号　　D. 数字信号与模拟信号之间的转换

26. 以拨号方式连接 Internet 时，不需要的硬件设备是（　　）。
   A. PC 机　　　　　　　　　　B. 网卡
   C. Modem　　　　　　　　　　D. 电话线

27. 通常一台计算机要接入互联网，应该安装的设备是（　　）。

A. 网络操作系统 B. 调制解调器或网卡
C. 网络查询工具 D. 浏览器

28. Internet 实现了分布在世界各地的各类网络的互联，其最基础和核心的协议是（　　）。
   A. TCP/IP B. FTP
   C. HTML   D. HTTP

29. 所有与 Internet 相连接的计算机必须遵守一个共同协议，即（　　）。
   A. http   B. IEEE 802.11
   C. TCP/IP D. IPX

30. 下列各项中，非法的 IP 地址是（　　）。
   A. 33.112.78.6   B. 45.98.12.145
   C. 79.45.9.234   D. 166.277.13.98

31. 下列域名书写正确的是（　　）。
   A. _catch.gov.cn   B. catch.gov.cn
   C. catch，edu，cn   D. catch..gov.cn1

32. 以下（　　）表示域名。
   A. 171.110.8.32   B. www.pheonixtv.com
   C. http://www.domy.asppt.ln.cn D. melon@public.com.cn

33. 中国的域名是（　　）。
   A. com   B. uk
   C. cn   D. jp

34. 根据域名代码规定，域名为 toame.com.cn 表示网站类别应是(　　)。
   A. 教育机构   B. 国际组织
   C. 商业组织   D. 政府机构

35. 下列域名中，表示教育机构的是（　　）。
   A. ftp.mba.net.cn   B. ftp.cnc.ac.cn
   C. www.mda.ac.cn   D. www.mba.edu.cn

36. HTML 的正式名称是（　　）。
   A. 主页制作语言   B. 超文本标识语言
   C. Internet 编程语言 D. WWW 编程语言

37. 因特网上的服务都是基于某一种协议，Web 服务是基于（　　）。
   A. SMTP 协议   B. SNMP 协议
   C. HTTP 协议   D. TELNET 协议

38. 超文本的含义是（　　）。
   A. 该文本包含有图像
   B. 该文本中有链接接到其他文体的链接点
   C. 该文本中包含有声音
   D. 该文本中含有二进制字符

39. 下列四项内容中，不属于 Internet 基本功能的是（ ）。
   A. 实时检测控制　　　　　　　　B. 电子邮件
   C. 文件传输　　　　　　　　　　D. 远程登录

40. Internet 提供的服务有很多，（ ）表示网页浏览。
   A. E-mail　　　　　　　　　　　B. FTP
   C. WWW　　　　　　　　　　　　D. BBS

41. FTP 代表的是（ ）。
   A. 电子邮件　　　　　　　　　　B. 远程登录
   C. 万维网　　　　　　　　　　　D. 文件传输

42. 浏览 Web 网站必须使用浏览器，目前常用的浏览器是（ ）。
   A. Outlook Express　　　　　　B. Hotmail
   C. Internet Explorer　　　　　D. Inter Exchange

43. 下面关于电子邮件的说法，不正确的是（ ）。
   A. 电子邮件的传输速度比一般书信的传送速度快
   B. 电子邮件又称 E-mail
   C. 电子邮件是通过 Internet 邮寄的信件
   D. 通过网络发送电子邮件不需要知道对方的邮件地址也可以发送

44. 某主机的电子邮件地址为：cat@ public.mba.net.cn，其中 cat 代表（ ）。
   A. 用户名　　　　　　　　　　　B. 网络地址
   C. 域名　　　　　　　　　　　　D. 主机名

二、多项选择题

1. 一般来说，适合用来组织局域网的拓扑结构是（ ）。
   A. 总线型网　　　　　　　　　　B. 星形网
   C. 环形网　　　　　　　　　　　D. 分布式网
   E. 专用网

2. 路由器按实现的形式分为（ ）。
   A. 软路由　　　　　　　　　　　B. 服务器
   C. 硬路由　　　　　　　　　　　D. 交换机

3. 中国教育和科研计算机网的三个层次是（ ）。
   A. 全国的主干网　　　　　　　　B. 地区网
   C. 城市网　　　　　　　　　　　D. 校园网

4. 超文本的含义是（ ）。
   A. 信息的表达形式　　　　　　　B. 可以在文本文件中加入图片、声音等
   C. 信息间可以相互转换　　　　　D. 信息间的超链接

三、判断题

1. SMTP 协议规定信件必须是二进制文件。（ ）
2. TCP 协议的主要功能就是控制 Internet 网络的 IP 包正确的传输。
 （ ）

3. WWW 的页面文件存放在客户机上。（　　）
4. Internet 网络主要是通过 FTP 协议实现各种网络的互联。（　　）
5. TTP 是文件传输协议。（　　）
6. Modem 可以通过电话线把两台计算机连接起来。（　　）
7. 只要将几台计算机使用电缆连接在一起，计算机之间就能够通信。（　　）
8. HTML 语言代码程序中<B>…</B>表示中间的字体加粗。（　　）
9. HTML 语言代码程序以<head>开头。（　　）
10. 在计算机网络中只能共享软件资源，不能共享硬件资源。（　　）
11. 局域网的地理范围一般在几公里之内，具有结构简单、组网灵活的特点。（　　）
12. Web 浏览器的默认电子邮件程序只能是 Outlook Express。（　　）
13. 用电缆连接多台计算机就构成了计算机网络。（　　）
14. Internet Explorer 浏览器能识别 Scripting 格式文件。（　　）
15. 收发电子邮件时必须运用 Out Look Express 软件。（　　）
16. 在网络概念里，文件传输与文件访问是两个相同的概念。（　　）
17. Hypertext 即超文本，HTML 即超文本传输协议。（　　）
18. WWW 的 Web 浏览器放在服务器上。（　　）
19. 客户机/服务器方式是 Internet 网上资源访问的主要方式。（　　）
20. 只要有调制解调器（Modem）就可以拨号上网。（　　）

四、填空题

1._____就是允许你用自己的计算机通过 Internet 连接到很远的另一台计算机上，利用你的键盘操作别人的计算机。这种功能需具有较高的技术，一般用户难以掌握。

2._____是 Internet 上新兴的商业模式。

3. IP 协议规定 Internet 网络上的设备都有一个_____，其 IP 地址的长度是_____字节。

4. IP 地址每个字节的数据范围是_____到_____。

5. 电子商务中为了防止黑客攻击服务器所采用的关键技术是_____。

6. Internet 的前身_____是美国国防部高级研究计划局于 1968 年主持研制的，它是用于支持军事研究的实验网络。（英文请写大写字母）

7. 计算机网络有两种工作模式，Internet 采用了_____模式。

第7单元　多媒体技术基础

单元简介

　　计算机技术及信息技术的发展给当今世界带来了飞速的变革和进步，我们的各行各业已经越来越依赖于信息技术。《计算机应用基础》课程中学习多媒体及相关知识，已经是职业教育特别是高等职业教育的发展趋势之一，多媒体技术及流媒体技术的应用越来越广，但是多媒体技术及流媒体技术对硬件和软件要求较高，操作性特点强，尽管限制于计算机正规考试的硬件、软件要求的统一性以及规避考试的不确定性等原因，全国计算机等级考试及各省计算机等级考试对该项知识点的比例不高，主要表现形式为理论题目，但是对于许多非计算机相关专业的学生，在《计算机应用基础》课程中了解相关知识显得更加重要。

单元安排

项目	项目知识要点	参考学时
认识多媒体技术	多媒体概念、多媒体技术的产生及发展趋势、流媒体概念、多媒体技术的应用、构成多媒体中的音频、视频文件等	2

　　项目描述：在计算机发展的早期阶段，人们利用计算机主要从事数据的运算和处理，处理的内容都是文字。早期随着计算机技术的发展，尤其是硬件设备的发展，除了文字信息外，在计算机应用中人们开始使用图像信息。后来随着计算机软硬件的进一步发展，计算机的处理能力越来越强，应用领域得到进一步拓展，在很大程度上促进了多媒体技术的发展和完善，计算机处理的内容由当初的单一的文字媒体形式逐渐发展到目前的动画、文字、声音、视频、图像等多种媒体形式。目前，伴随着网络技术和Internet的发展，多媒体的功能得到了更好的发挥。因此，我们有必要对多媒体技术有所了解。

任务1 了解多媒体技术

（一）多媒体

多媒体是将计算机、电视机、录像机、录音机以及其他音像技术和设备融为一体，形成电脑与用户之间可以相互交流的操作环境。它可以接收外部图像、声音、录像及各种媒体信息，经计算机加工处理后以图片、文字、声音、动画等多种方式输出，实现输入输出方式的多元化，改变了计算机只能输入输出文字、数据的局限。

多媒体技术有两个显著特点：首先是它的综合性，它将计算机、声像、通信技术合为一体，是计算机、电视机、录像机、录音机、音响、游戏机、传真机的性能大综合；其次是充分的互动性，它可以形成人与机器、人与人及机器间的互动，互相交流的操作环境及身临其境的场景，人们根据需要进行控制。人机相互交流是多媒体最大的特点。多媒体技术主要有如下特征：数字化、集成性、多样性、交互性、实时性[①]。

1. 数字化

多媒体信息可以从计算机输出界面向人们展示丰富多彩的文字、图形、声音等信息，在计算机内部都是以转换成0和1的数字化信息后进行处理的，然后以各种不同的文件类型进行存储。各种媒体信息处理为数字信息后，计算机就能对数字化的多媒体信息进行存储、加工、控制、编辑、交换、查询和检索。所以多媒体信息必须是数字信息。

2. 集成性

集成性是指以计算机为中心综合处理多种信息媒体，它包括信息媒体的集成和处理这些媒体的设备的集成。信息媒体的集成如文本、图像、声音、视频等的集成，这些媒体在多任务系统下能够很好地协同工作，有较好的同步关系。多媒体设备的集成包括硬件和软件两个方面。

3. 多样性

多样性一方面指多样性的信息，信息载体也随之多样化。多样化的信息载体包括磁盘介质、磁光盘介质和光盘介质等物理介质载体，以及人类可以感受的语音、图形、图像、视频、动画等媒体。早期的计算机只能处理数值、文字等单一的信息媒体，而多媒体计算机则可以综合处理文字、图形、图像、声音、动画和视频等多种形式的信息媒体。另一方面是指多媒体计算机在处理输入的信息时，不仅仅是简单获取和再现信息，如声像信号的输入与输出，若二者完全一样，那只能称之为记录和重放，从效果上来说并不是很好，如

[①] 全国计算等级考试标准教材提法。

果能根据人的构思、创意，进行交换、组合和加工来处理文字、图形及动画等媒体，就能大大丰富和增强信息的表现力，具有充分自由的发展空间，达到更生动、更活泼、更自然的效果。

4. 交互性

交互是指通过各种媒体信息，使参与的各方都可以对媒体信息进行编辑、控制和传递。多媒体技术的最大特点是交互性，通过交互，可以实现人对信息的主动选择和控制，而交互性是多媒体作品与一般影视作品的主要区别，如传统电视系统的媒体信息是单向流通的，电视台播放什么内容，用户就只能接收什么内容。而多媒体技术的交互性为用户选择和获取信息提供了灵活的手段和方式，如交互电视的出现大大增加了用户的主动性，用户不仅可以坐在家里通过遥控器、机顶盒和屏幕上的菜单来收看自己点播的节目，而且还能利用它来购物、学习、经商和享受各种信息服务。

5. 实时性

多媒体系统中的各种媒体有机地组合成为一个整体，各媒体间有协调同步运行的要求，如影像和配音、视频会议系统和可视电话等，它们要求系统能支持实时快速响应，又能协调同步，对媒体的时序配合和速度响应要求很高，这就是多媒体技术的实时性。

（二）多媒体技术的产生及发展趋势

20 世纪 90 年代以后，多媒体技术逐渐趋于成熟，应于领域不断扩大，所涉及的学科、行业越来越多，特别是多媒体技术走向产业化后，其产品的技术标准和实用化成为大家关注的问题。1990 年，Microsoft 公司与多家厂商召开多媒体开发工作者会议，共同对多媒体技术的规范化管理制定了相应的技术标准，即多媒体个人计算机标准 MPC1，对多媒体计算机所需配置的软硬件规定了最低标准和量化指标。视频／运动图像的主要标准是国际标准化组织下属的一个专家组 MPEG（Moving Picture Experts Group）制定的五个标准：MPEG-1、MPEG-2、MPEG-4、MPEG-7 和 MPEG-21 标准及后，建立了 ISO/IEC1172 压缩编码标准，并制定出 MPEG 格式，大家所熟悉的 MPGE-X 版本，就是由 ISO 制定发布的视频、音频、数据的压缩标准。

21 世纪是多媒体技术飞速发展的世纪，也是多媒体应用不断拓展的世纪。多媒体技术会进一步深入到社会的各个领域中。视频压缩传输、模式识别、虚拟现实、多媒体通信等尖端技术的发展会改变整个人类的生活方式。

在当前形势下，有线电视网、通信网（电话）和因特网的各项应用正在日趋交错，各种多媒体系统尤其是基于计算机网络的多媒体系统，如可视电话系统、点播系统、电子商务、远程教学和医疗等将会得到迅速发展。多媒体通信网络环境的研究和建立将使多媒体从单机单点向分布协同多媒体环境发展，在世界范围内建立一个可自由交互的通信网。一个多点分布、网络连接、协同工作的信息资源环境正在日益完善和成熟。

多媒体技术的进一步发展将会充分地体现出多领域应用的特点，各种多媒体技术手段将不仅仅是科研工作的工具，而且还可以是生产管理的工具、生活娱乐的方式。例如信息家电新理念的提出，有人预测未来的家庭不必购买那么多名目的家用电器，而代之以一个多媒体系统。它能够提供比现在所有家用电器更多更强的服务功能，如欣赏声像图书馆的各种资料，向综合信息中心咨询、电子购物等。

对于未来的多媒体系统，人类可用日常的感知和表达技能与其进行自然的交互，系统本身不仅能主动感知用户的交互意图，而且还可以根据用户的需求做出相应的反应，系统本身会具有越来越高的智能性。

（三）流媒体

流媒体是指采用流式传输的方式在 Internet/Intranet 播放的媒体格式，如音频、视频或多媒体文件。流媒体在播放前并不下载整个文件，只将开始部分内容存入内存，在计算机中对数据包进行缓存并使媒体数据正确地输出。流媒体的数据流随时传送随时播放，只是在开始时有些延迟。显然，流媒体实现的关键技术就是流式传输，流式传输主要指将整个音频和视频及三维媒体等多媒体文件经过特定的压缩方式解析成一个个压缩包，由视频服务器向用户计算机顺序或实时传送。在采用流式传输方式的系统中，用户不必像采用下载方式那样等到整个文件全部下载完毕，而是只需经过几秒或几十秒的启动延时即可在用户的计算机上利用解压设备对压缩的 A/V、3D 等多媒体文件解压后进行播放和观看。与平面媒体不同。流媒体最大的特点在于互动性，这也是互联网的特点之一，目前我们利用电脑和手机播放的在线视频等应用就包含了流媒体技术。

（四）多媒体技术的应用

多媒体技术广泛应用于现代工作和生活的各个方面：

1. 电子商务

电子商务分为第三方电子商务平台和企业自建的商务平台两大类。

同学们熟悉的腾讯的线上商务阿里巴巴、京东等线上网络商务就是典型的第三方电子商务平台。现在已经深入到我们生活、工作的各个角落，深刻影响了我们现在的生产、生活方式。互联网中的许多应用都是建立在多媒体技术的发展基础之上。

2. 远程教育

多媒体技术在远程教育中的应用极大解决了教育中的空间和时间问题，同时提供了个性化的服务，并且充分利用了教育资源。

3. 远程医疗

多媒体技术在远程医疗中的应用提供了传统方式较难解决的医疗资源不

足的难题，同时提供了许多时间与空间的难题，提供了人们在现代医疗制度中更多的选择。

4. 家庭娱乐

多媒体技术在娱乐方面更是应用广泛，家庭影院、电子游戏让现代人的生活丰富多彩。

（五）多媒体系统构成

多媒体计算机系统属于通用计算机系列，分为硬件系统和软件系统两个部分构成。在前面计算机基础知识章节的学习基础上，这里主要介绍几种多媒体硬件及软件。

硬件方面常用的多媒体设备：
（1）扫描仪；（2）数码相机；（3）数码摄像机；（4）绘图仪；（5）投影仪；（6）视频采集卡；（7）触摸屏；（8）读卡器。

软件系统除了操作系统以外重点介绍多媒体演示系统：

1. PowerPoint

微软 Office 软件包之一，这在前面的章节学习了，这里强调 Office 2010 版中的图形图像处理功能较以前版本有较大改进，希望同学们在前面章节的学习基础上继续提高。

2. Authorware

Authorware 是由美国 Macromedia 公司开发的用于多媒体系统创作的交互式软件，是一种基于流程图的可视化演示系统工具。主要特点：基于图标的面向对象创作方式、丰富的交互方式（包括文本、点/触摸屏、移动对象、下拉菜单、条件、热键等）、标准的程序接口、高效的多媒体管理机制等。

其他多媒体演示还有 Toolbook、Premiere 等等。

以上介绍的软件同学们有兴趣的可在以后的课程中学习提高。

（六）多媒体中的音频文件

声音是多媒体技术与应用的重要内容之一。声音的质量与声音的频率有关，采样频率超高，记录的声音质量越好。通常把声音的质量分为五个等级：电话、调幅广播（AM）、调频（FM）、CD（compact disk）、数字录音带（DAT）。

1. 声音的数字化

声音的数字化主要包括采样、量化、编码三个基本过程。最终产生的音频数据量（字节数）按照以下公式进行计算：

音频数据量（B）＝采样时间（s）×采样频率（Hz）×量化位数（b）×声道数/8

2. 常用声音文件类型

（1）WAV 文件。

WAV 文件是微软采用的波形声音文件格式，它以".wav"作为文件扩展名，主要针对外部音源录制，播放时还原成模拟信号由扬声器输出。WAV 格式声音兼容性好，但文件较大，占用较多磁盘空间。

（2）MP3/MP4 文件。

这是基于 MPEG 标准的文件格式，现在较为流行，相比 WAVE 格式文件较小，是在尽量不损失音质的前提下经过压缩得到，非常适合在网络中传递，在播放时一般需要专门的播放器。

（3）MIDI（Musical Instrument Digital Interface）是乐器数字接口标准。

MIDI 文件中记录的是关于乐曲演奏的内容，不是实际的声音，播放时依赖于硬件质量，效果不如 WAV 文件。MIDI 声音文件的扩展名主要有 ".mid"、".rmi"。

其他还有 AU 音频文件，主要用于 Unix 工作站，以 ".au" 作为扩展名；AIF 音频文件 是苹果机的音频格式文件，以 ".aif" 作为扩展名。

（七）多媒体中的图形与图像常识

图像是多媒体中最基本、最重要的数据，图像有黑白图像、灰度图像、彩色图像、摄影图像等。

1. 图形图像分类

计算机的图像分为静态图像和动态图像两大类。图形图像也是多媒体技术中的重点，计算机中的静态图像主要分为位图与矢量图。

矢量图形以线条、色块为主，存储的是图形的坐标等信息，最大特点是放大、缩小不容易失真。矢量图形的编辑软件主要有 AutoCAD、CorelDRAW、Illustrator 等等。

位图图形也叫点阵式图形，由许多点组成，这些点称为像素。位图的色彩表现力丰富，不足是文件较大，在缩放时容易失真。常用的位图编辑软件有 Adobe Photoshop、Core Photopaint、Design Painter 等。

2. 图形图像文件格式

（1）BMP 格式（全称 Bitmap）。

Windows 采用的图像文件格式。

（2）GIF 格式。

GIF（Graphics Interchange Format）的原义是"图像互换格式"，是 CompuServe 公司在 1987 年开发的图像文件格式。GIF 文件的数据，是一种基于 LZW 算法的连续色调的无损压缩格式。其压缩率一般在 50% 左右，它不属于任何应用程序。目前几乎所有相关软件都支持它，公共领域有大量的软件在使用 GIF 图像文件。GIF 图像文件的数据是经过压缩的，而且是采用了可变长度等压缩算法。GIF 格式的另一个特点是其在一个 GIF 文件中可以存多幅彩色图像，如果把存于一个文件中的多幅图像数据逐幅读出并显示到屏幕上，就可构成一种最简单的动画。GIF 是一种无损压缩的 8 位图像文件，在网络上传输速度比其他格式文件快,不足是最多只能处理 256 种色彩。

(3) JPEG(JPG)格式。

这是我们最常用的图形图像文件格式之一,也是许多数码设备的常用标准格式。

(4) TIFF(Tagged Image File Format)格式。

TIFF 也叫标志图像文件格式。

(5) Png 格式(Portable Network Graphics,便携网络图形)。

Png 格式是现在使用率较高的图像格式,其开发的目的是替代 GIF 文件格式和 TIFF 文件格式。

3. 图形图像采集

(1) 通过扫描仪获取图像。

(2) 手机、数码相机等获取图像。

(3) Windows 自带的截图工具。

(4) 其他专业的图形图像软件及设备。

4. 图形图像处理

主要利用 Photoshop、CorelDRAW、CAD 等应用软件新建、编辑、存储图形图像。

(八) 多媒体中的视频

动态图像包括动画和视频。

常用视频格式包括 AVI 格式、MOV 格式、MPG 格式、ASF 格式、WMV 格式等。

动画格式主要有两种:GIF 格式、SWF 格式。

(九) 多媒体数据压缩

多媒体信息数字化以后,其数据量相比传统文字数据等往往非常庞大。为了存储、处理特别是传输多媒体信息,人们采用了压缩的方法来减少数据量,通常是将原始数据通过一定的算法压缩以后存放在磁盘上,或以压缩的形式来传输,当使用时再解压缩以还原。

数据压缩主要分为两种类型:无损压缩和有损压缩。

1. 无损压缩

无损压缩是根据数据的统计冗余进行压缩,无损压缩的数据经解压缩还原后不失真,产生原始对象的完整复制。主要特点是压缩比较低,通常用于文本数据、程序以及重要的图形图像(指纹图像、医学图像等)。

我们在计算机中常用的 WinZip、WinRAR 就是基于无损压缩原理设计的。

2. 有损压缩

有损压缩又称为不可逆压缩,以损失文件中某些不重要的信息来达到高压缩比的目的,降低数据存储和传输的代价。

（十）多媒体文件格式转换

由于多媒体信息数字化以后在计算机中的文件格式类型多样，不同的类型文件对于计算机硬件与软件系统的要求不同，我们在应用多媒体信息时常常需要进行文件格式的转换。现在常用的多媒体文件格式转换软件工具主要有格式转换工厂、Camtasia Studio 等。

习题 7

一、单项选择题

1. 以下哪个软件功能主要是位图编辑？（   ）
   A. AutoCAD   B. CorelDARW
   C. Photoshop   D. Illustrator

2. 以下几种文件的格式哪一种不是计算机动画格式？（   ）
   A. GIF 格式   B. MOV 格式
   C. SWF 格式   D. MIDI 格式

3. 以下哪种应用属于多媒体应用的范畴？（   ）
   A. 交互式视频游戏   B. 图书
   C. 彩色画报   D. 彩色电视

4. 数字音频采样和量化过程所用的主要硬件是（   ）。
   A. 数字编码器
   B. 数字解码器
   C. 模拟到数字的转换器（A/D 转换器）
   D. 数字到模拟的转换器（D/A 转换器）

5. 下列声音文件格式中，（   ）是波形文件格式。
   A. WAV   B. CMF
   C. VOC   D. MID

6. 下列设备中，（   ）不是多媒体计算机常用的图像输入设备。
   A. 数码照相机   B. 彩色扫描仪
   C. 键盘   D. 彩色摄像机

7. 下列选项中，不属于多媒体的媒体类型的是（   ）。
   A. 图像   B. 程序
   C. 音频   D. 视频

8. 用 WinRAR 软件创建自解压文件时，文件的后缀名为（   ）。
   A. EXE   B. RAR
   C. ZIP   D. ARJ

9. 只读光盘 CD-ROM 属于（   ）。
A. 表现媒体　　　　　　　B. 存储媒体
C. 传播媒体　　　　　　　D. 通信媒体
10. 声卡是多媒体计算机处理（   ）的主要设备。
A. 音频与视频　　　　　　B. 动画
C. 音频　　　　　　　　　D. 视频

参考文献

1. 北京阿博泰克北大青鸟信息技术有限公司．计算机基础［M］．北京：科学技术文献出版社，2008．
2. 王超，杨明广．计算机应用基础［M］．成都：四川科学技术出版社，2009．
3. 刘玉萍．大学计算机基础［M］．北京：中国铁道出版社，2008．
4. 周南岳．计算机应用基础［M］．北京：高等教育出版社，2009．
5. 方美琪．全国计算机等级考试一级教程［M］．北京：高等教育出版，2002．
6. 高国红．计算机应用基础［M］．上海：上海交通大学出版社，2010．
7. 王宇，陈鸿俊，邹菊花．计算机应用基础［M］．长沙：湖南师范大学出版社，2013．
8. 余文果，施炜．计算机应用基础实训教程［M］．长沙：湖南师范大学出版社，2013．
9. 成洁，奚军．计算机应用基础［M］．北京：高等教育出版社，2013．